美英早期代数教科书研究

汪晓勤 等 著

A STUDY OF EARLY AMERICAN AND BRITISH ALGEBRA TEXTBOOKS

华东师范大学出版社
·上海·

图书在版编目(CIP)数据

美英早期代数教科书研究/汪晓勤等著. —上海：华东师
范大学出版社，2022
ISBN 978-7-5760-2721-1

Ⅰ.①美… Ⅱ.①汪… Ⅲ.①代数-教材-研究-美国
②代数-教材-研究-英国 Ⅳ.①O15

中国版本图书馆 CIP 数据核字(2022)第 043624 号

美英早期代数教科书研究
MEIYING ZAOQI DAISHU JIAOKESHU YANJIU

著　　者　汪晓勤　等
责任编辑　平　萍
责任校对　张亦弛　时东明
装帧设计　刘怡霖

出版发行　华东师范大学出版社
社　　址　上海市中山北路 3663 号　邮编 200062
网　　址　www.ecnupress.com.cn
电　　话　021-60821666　行政传真 021-62572105
客服电话　021-62865537　门市(邮购)电话 021-62869887
地　　址　上海市中山北路 3663 号华东师范大学校内先锋路口
网　　店　http://hdsdcbs.tmall.com

印　刷　者　上海中华商务联合印刷有限公司
开　　本　787×1092　16 开
印　　张　23
字　　数　385 千字
版　　次　2022 年 7 月第 1 版
印　　次　2022 年 7 月第 1 次
书　　号　ISBN 978-7-5760-2721-1
定　　价　88.00 元

出 版 人　王　焰

(如发现本版图书有印订质量问题,请寄回本社客服中心调换或电话 021-62865537 联系)

序　言

近年来,HPM 视角*下的数学教学因其在落实立德树人方面的有效性而受到人们的普遍关注。HPM 教学理念逐渐深入人心,HPM 专业学习共同体悄然诞生,越来越多的教师开始尝试将数学史融入数学教学设计之中。就像具有特定风味的一道好菜离不开优质的食材一样,HPM 视角下的一节好课离不开恰当的数学史材料,因而数学史素材的缺失是开展 HPM 课例研究的主要障碍。

在某一个数学主题上,要获得足够的数学史素材,就需要开展教育取向的历史研究,而教育取向的历史研究往往又有两条路径,其一是一般发展史,其二是教育史。以三角形内角和定理为例,从泰勒斯的发现,到毕达哥拉斯学派和欧几里得的证明,到普罗克拉斯避开平行线的尝试,到克莱罗的发生式设计,最终到提波特避开平行线的证明,构成了定理的一般发展历史,而该定理在 18—20 世纪几何教科书中的呈现,则属于它的教育史。当然,在很多情况下,一般发展史和教育史也并非泾渭分明,而是多有重叠和交叉。本套书采取后一条路径,对 20 世纪中叶以前出版的美英教科书(本套书称之为"美英早期教科书")进行系统地研究。

本套书的研究对象并非某一年出版的某一种或几种教科书,而是一个世纪、一个半世纪,甚至两个世纪间出版的几十种、上百种,甚至两百余种教科书。研究者并不关心教科书的外在形式(如栏目、插图、篇幅等),而是聚焦于教科书中的数学内容,具体从两个方向展开研究:一是对概念的不同定义、定理和公式的不同证明或推导方法、法则的不同解释、定理的不同应用以及数学史料的呈现方式、教育价值观等进行分类统计;二是在研究对象所在的整个时间段内,分析不同定义、方法、应用等的演变规律。

对于我的研究生来说,研究早期教科书时会遇到三点困难。

一是文献数量庞大。尚未接受过文献研究系统训练的研究生,初次面对数以百计的文献,对其分析、总结、提炼能力提出很大的挑战。实际上,教科书研究还不能仅仅局限于教科书,正如读者将要看到的那样,某些主题还涉及出版时间更早的拉丁文和

---

* HPM 原指"数学史与数学教学关系国际研究小组"(The International Study Group on the Relations between the History and Pedagogy of Mathematics),现也泛指"数学史与数学教学之关系"这一研究领域。所谓"HPM 视角",是指融入数学史以优化教学目标、促进数学学习、改善教学效果的视角。

法文文献。

二是书籍版本复杂。同一作者的同一本书,其中部分内容往往随着时间的推移而有变化,如勒让德的《几何基础》先后有 28 个版本,后来的版本往往会对某些主题进行修订,比如,关于命题"在同圆或等圆中,相等的圆心角所对的弧相等"的证明,1861 年及以前诸版本采用了叠合法,1863 年及以后诸版本则抛弃了叠合法而采用弧弦关系(等弦对等弧)法。又如,关于线面垂直判定定理,普莱费尔《几何基础》的第 1 版(1795)完全沿用了欧几里得的证明,而 1814 年、1819 年和 1822 年诸版本则改用勒让德的证明,1829 年的美国版本又采用了新的等腰三角形证法。

三是历史知识缺失。教科书中所呈现的概念定义、定理证明、公式推导,有些属于编者的首创,有些却只是复制了更早时期数学家的定义、证明或推导方法。如果研究者对于一个主题的宏观历史缺乏了解,就会陷入"只见树木,不见森林"的境地,从而难以对教科书作出客观的评价。

尽管如此,早期教科书研究对于促进作为研究者的职前教师的专业发展却具有十分重要的意义。

首先,聚焦某个主题、带着特定问题去研究早期系列教科书,研究者需要祛除心中的浮气,练好坐冷板凳的功夫。忽略一种教科书,或浮光掠影、一目十行,都可能意味着与一种独特的定义、巧妙的方法或精彩的问题失之交臂,唯有潜下心来一本一本地细读,才能获得客观全面的结果。

其次,文献研究是任何一项学术研究的第一步,早期教科书研究为文献研究提供了良好的机会,可以提升研究者的文献驾驭能力和分析、总结、归纳、提炼能力,为未来的数学教育研究打下坚实的基础。

再次,尽管研究者受过大学数学教育,但由于大学和中学数学教育的脱节,他们对中学数学的认识往往停留在中学时代用过的数学教科书中,而中学时代以应试为目标的数学教学往往重程序性理解而轻关系性理解。超越刷题应试这个目标来研究一系列教科书,走进另一个时代、另一种文化中的编者的心灵之中,研究者必将能够跨越大学和中学数学知识之间的鸿沟,更加深刻地理解有关知识。

最后,只有走进历史的长河中,教师才能感悟自己所熟悉的某种数学教科书,和历史上任何一种教科书一样,都不可能是教科书的顶点和终点,都只不过是匆匆过客,随着时间的推移,旧教科书会被新教科书取代,而新教科书很快又会成为被取代的旧教科书。对早期教科书的系统研究,将增强研究者的历史感,开阔他们的视野,培育他们的远见卓识。

早期教科书研究,让未来教师更优秀!

本套书所呈现的研究结果,对数学教学有着丰富的参考价值。

其一,从一个世纪或两个世纪的漫长时间里,我们可以很清晰地看到教科书所呈现的数学概念从不完善到完善的演进过程。例如,无理数概念从"开不尽的根"到"无限不循环小数",再到戴德金分割的发展;函数概念从"解析式"到"变量依赖关系",到"变量对应关系",再到"集合对应法则"的进化;棱柱概念从欧氏定义到改进的欧氏定义、从基于棱柱面的定义到基于棱柱空间的定义的演变;圆锥曲线从截线定义到几何性质定义、从焦半径定义到焦点—准线定义的更替;三角函数概念从锐角到钝角,再到任意角的扩充,这些正是人们认识概念曲折漫长过程的缩影,这种过程为今日教师预测学生认知、设计探究活动提供了重要参照。

其二,对于一个公式、定理或法则,不同时间出版的不同教科书往往给出不同的推导或证明,如几何中的圆面积和球体积公式的证明、代数中的一元二次方程和等差或等比数列前 n 项和的求解、解析几何中的点到直线的距离公式和椭圆标准方程的推导、平面三角中的正弦和余弦定理的证明等,通过对早期教科书的考察,可以对不同方法进行归类,并对方法的演变规律加以分析,为公式或命题的探究式教学提供参照,也为"古今对照"的评价方式提供依据。

其三,不同的教科书都有自己的逻辑体系,从整体上对其加以了解,可以帮助教师理解古今教科书的差异,从而更好地分析和把握现行教科书,进而提升教学水平。例如,关于"等腰三角形底角相等"这一定理,不同教科书的证明方法互有不同,有的采用作顶角平分线的方法,有的采用作底边上的高线的方法,有的则采用作底边上的中线的方法,不同方法的背后是不同的逻辑体系。

其四,对于早期教科书的研究,有助于教师建立不同知识点之间的联系,如几何中的三角形中位线定理与平行线分线段成比例定理、平行线等分线段定理、三角形一边平行线定理及其逆定理之间的联系,解析几何中的三种圆锥曲线的统一性,平面三角中的正弦定理、余弦定理、和角公式和射影公式之间的联系,等等。

其五,早期教科书(特别是 20 世纪 10 年代之后出版的教科书)留下了丰富多彩的数学文化素材,如数学价值观、数学的应用、数学的历史等,这些素材是今日教学的有益资源,也有助于教师树立正确的数学观。

华东师范大学出版社的副总编辑李文革先生对本套书的出版给予了鼎力支持和

重要指导,平萍、张亦弛、时东明等多位编辑就本书中的有关行文、图片、数据等问题提出了宝贵的意见或建议,美编刘怡霖为本书的版式和封面作了精心设计。在此一并致谢。

汪晓勤

2021 年 12 月 1 日

目　录

概 念 篇

1 负数

杨孝曼[*]

1.1 引言

德国数学家 F·克莱因（F. Klein，1849—1925）曾经说过："科学的教学方法只能是促使学生去科学地思考，绝不是一开始就叫他们面对一堆枯燥的科学辞藻。"（菲利克斯·克莱因，2008，p. 308）但数学概念一般都是用非常精炼、严密的语言来叙述的，因此，如何有效地进行概念教学，直接影响到学生对概念本质的理解和掌握。而早期教科书中对数学概念的叙述，反映了人们对相关数学概念的理解和认识，研究早期教科书中概念的演变方式，可以为今日教科书的编写和课堂教学提供丰富的素材和思想启迪。

负数是日常生活中最常用的数学概念之一，在温度计、股市报道、抗冻图表、电梯楼层等生活情境中都可以看到负数的身影。但是，这个今天看来稀松平常的数学概念在历史上被人们接受、理解和使用却经过了漫长的时间（汪晓勤，2017）。早在 2 000 年前，由于解方程的需要，中国汉代数学典籍《九章算术》引入负数的概念及其加减运算法则。西方对负数的认识较晚，甚至到了 19 世纪，数学家对负数存在的合理性仍存在争议。例如，英国数学家弗伦德（W. Frend，1757—1841）就认为，负数"有悖常理"，"只有那些喜欢信口开河、厌恶严肃思维的人才支持这种数的使用"。（Howson，1987，pp. 87—92）根据数学学习历史相似性的观点，负数概念迟缓产生和发展的历史提醒教师，在进行负数教学时，要关注学生的学习困难，不能急于求成。但是，我们从 HPM 视角来设计负数的教学时发现，有关历史素材却是十分匮乏的。

鉴于此，本章围绕负数概念的相关内容，对美英早期代数教科书进行考察，以试图回答以下问题：美英早期代数教科书是如何引入和定义负数的？引入方式和定义方

---

[*] 华东师范大学教师教育学院硕士研究生。

式又是如何演变的？我们希望通过对以上问题的回答，为 HPM 视角下负数课例的开发提供素材和思想启迪，同时，也为教科书的编写提供参考。

1.2 教科书的选取

从有关数据库中选取了 119 种美英早期代数教科书作为研究对象，其中，113 种出版于美国，6 种出版于英国。以 20 年为一个时间段进行统计，这些教科书的出版时间分布情况如图 1-1 所示。其中，对于同一作者再版的教科书，若内容无明显变化，则选择最早的版本；若内容有显著变化，则将其视为不同的教科书。*

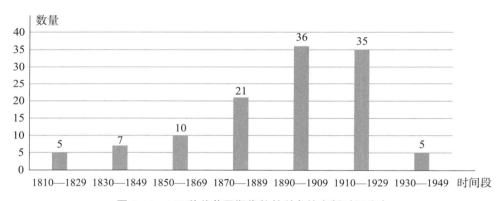

图 1-1　119 种美英早期代数教科书的出版时间分布

负数概念所在的章主要有"负数""引言""定义和符号""正数和负数""简单方程"和其他（如"正负号的解释""代数运算""代数语言"等）。表 1-1 为负数概念所在章的分布情况（若教科书中有多章涉及负数概念，则统计首次出现的一章），其中"正数和负数"章的占比最高。

表 1-1　负数概念在 119 种代数教科书中的章分布

章名	负数	引言	定义和符号	正数和负数	简单方程	其他
数量	16	17	25	32	1	28
比例	13.45%	14.29%	21.01%	26.89%	0.84%	23.53%

＊　以下各章对再版教科书的处理与此相同，不再赘述。

图 1-2 为含负数概念的章在各时间段的分布情况。由图可知,在 19 世纪 70 年代以前出版的教科书中,负数一般仅在"定义和符号""引言"等章中作为基础概念被简单介绍。19 世纪 70 年代起,早期代数教科书中开始出现聚焦负数的独立章,分别为"负数"章和"正数和负数"章,且占比越来越大,到了 20 世纪,负数成为教科书中的重点内容。此外,119 种教科书中仅有一种将负数概念安排在"简单方程"章。

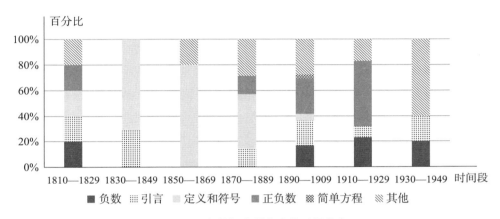

图 1-2　负数概念所在章的时间分布

本章采用的统计方法如下:首先按照年份摘录出研究对象中有关负数概念的引入和定义部分,再参考相关知识确定初步分类框架,并结合早期代数教科书中的具体情况进行适当调整,形成最终的分类框架,最后再依据此框架对负数概念的引入和定义方式进行分类。

1.3　负数概念的引入

考察发现,在 119 种代数教科书中,有 31 种直接给出了负数概念,其余 88 种共出现 3 种引入方式,即现实情境引入、数学内在需要引入和数轴引入。其中,有 56 种采用了 1 种引入方式,32 种采用了 2 种引入方式。

1.3.1　现实情境引入

有 59 种教科书通过现实生活中具有相反意义的量来引入负数,表 1-2 给出了若干典型例子。

表 1 - 2　现实情境引入的典型例子

类别	情境的描述	代表性教科书
负债问题	在商业交易中,亏损被视为与收益相反;负债被视为与资产相反。	Kent (1913)
时间问题	时间无始无终。从基督诞生日起 1000 年时间,可以是基督诞生之后的 1000 年,也可以是基督诞生之前的 1000 年。	Newcomb (1881)
温度问题	在温度计中,我们可以说高于零度的为"+",低于零度的为"-"。例如,+25°表示零上 25°,-10°表示零下 10°。	Wells (1885)
距离问题	在相反方向上测量或行驶的距离是相反的,因为当它们结合在一起时,在一个方向上行驶的任何距离都会抵消在相反方向行驶的相等距离。如果一个距离称为正,那么另一个称为负。	Taylor (1900)
海拔问题	在某些测量中,以海平面为基准,高于这个高度的距离称为正海拔,低于这个高度的距离称为负海拔。	Wentworth, Smith & Schlauch (1918)
拉力问题	两个男孩在绳子两端进行"拔河"。一个男孩用 50 磅的力拉,而另一个男孩用 45 磅的力拉。这可以很简单地描述为:一个男孩用 +50 磅的力拉(读作正 50 磅),而另一个男孩用 -45 磅的力拉(读作负 45 磅)。因此,两个符号"+"和"-"被用来表示两个拉力方向相反。	Ford & Ammerman (1919)
经纬问题	在给出海上船只的纬度时,仅仅说明它离赤道有多少度是不够的,我们还必须要说明它是在赤道以北还是以南,同样,对于经度也是如此。	Slaught & Lennes (1926)

图 1 - 3 给出了各类现实情境引入的时间分布情况。从图中可见,负债问题一直受到各个时期教科书编者的青睐。到 19 世纪中叶,距离问题和负债问题平分秋色。随后,其他问题开始出现,且温度问题大有后来居上的趋势。总体而言,美英早期代数教科书中负数概念的现实情境引入呈现多样化的特点。

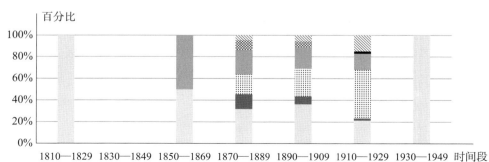

图 1 - 3　各类现实情境引入的时间分布情况

1.3.2　数学内在需要引入

有53种教科书从数学内在需要的角度来引入负数：一是在数学发展过程中出现"数不够用"的情形，需要对数系进行扩充，简称"数系扩充引入"；二是为了使方程的负根合理存在，简称"方程求解引入"。

（一）数系扩充引入

有47种教科书采用数系扩充的引入方式，表1-3给出了若干典型例子。

表1-3　数系扩充引入的典型例子

类别	描　　述	代表性教科书
减法封闭性	在正数范围内，当且仅当减数小于被减数时减法才是可能的，若想在任何情况下都可以进行减法运算，我们需要扩大数的概念，通过引入一类新的数（称为负数），以及一个单独成为一类的新数（称为零），来消除减法的限制。	Davisson(1910)
用字母表示数	如果代数中也存在这种限制，那么当有字母参与运算时，不考虑它们的具体数值就无法进行减法运算。	Milne(1901)
计数	数的基本关系是由计数决定的，而算术和代数的基本运算，在对整数进行运算并得到整数时，只是简单的计数方法。在算术上，我们可以无限地向前数，但向后数只能数到零。在代数中则是广义的，向后数被认为和向前数一样是无限的。	Gillet(1896)

（二）方程求解引入

有6种教科书采用方程求解的引入方式，表1-4给出了若干典型例子。

早在汉代，中国数学家在解多元一次方程组时已经使用了负数，《九章算术》中提出了正负数的加减运算法则，远早于印度。Comstock & Sykes(1922)误将负数归功于印度人，乃是西方人对中国数学史知之甚少的反映。

表1-4　方程求解引入的典型例子

类别	描　　述	代表性教科书
简单方程	考虑方程 $3x = 2x - 5$，两边同减 $2x$，得到 $x = 0 - 5$，或 $x = -5$，若要使用这样的方程，则需扩充数的概念，以便给 -5 这样的表达式赋予意义。	Taylor(1900)
字母方程	考虑方程 $x + b = a$，解得 $x = a - b$，当 $b > a$ 时，在算术中求解时就遇到了困难。对此，人们思考了很多年，直到5、6世纪的印度教徒，他们不满足于让问题停留在那里，发明了一种克服困难的方法。	Comstock & Sykes (1922)

1.3.3　数轴引入

将原来从零出发正向无限延伸的射线,拓展为双向无限延伸的直线,进而引入负数,这种方法简称为"数轴引入"。共有 8 种教科书采用此方式。例如,Wilczynski & Slaught(1916)称:"我们可以从点 O 向相反方向(即 OX' 方向)延长直线 OX(见图 1 - 4),从而在两个相反方向上都得到一些线段,例如 OC 和 OB',这些线段不仅长度不同,而且方向也不同。我们用符号'+'和'−'来表示方向上的差异。以这种方式引入的新数称为负数。"

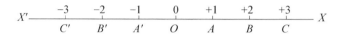

图 1 - 4　Wilczynski & Slaught(1916)中的数轴

1.3.4　引入方式的演变

图 1 - 5 给出了各种引入方式的时间分布情况。从图中可见,19 世纪前半叶的代数教科书倾向于直接给出负数的定义,从 19 世纪 90 年代开始,教科书中负数概念的引入方式开始呈现多元化。其中,现实情境引入和数系扩充引入分别从数学外部和内部出发说明引入负数概念的必要性,受到教科书编者的青睐,成了主流的引入方式。19 世纪前 20 年只有两种教科书涉及负数概念的引入,其中一种已采用方程求解引入,但并未受到重视。此后,仅在 20 世纪的教科书中偶尔出现过几次。而数轴引入直到 20 世纪初才开始出现。

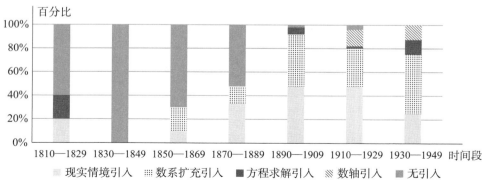

图 1 - 5　引入方式的时间分布

1.4 负数的定义

统计和分析发现,早期代数教科书中的负数定义可分为算术定义、运算定义、相反量定义、相对定义和描述性定义 5 类,其中,描述性定义又可分为符号定义、数轴定义和举例定义 3 类。有 4 种教科书没有明确给出负数定义,30 种教科书给出了 2 种定义,85 种教科书仅给出了 1 种定义。

1.4.1 算术定义

有 5 种教科书将负数定义为需要减去的量,这类定义称为算术定义。例如,Day (1814)称:"负数是需要减去的量。"负号在算术中只是一种运算符号,但在代数中更多地被用来表征数量的性质。此种定义方式并没有抽象出负数的代数内涵,因而仅出现于 19 世纪上半叶的教科书中,随着人们对负数概念认识的深入,算术定义逐渐退出历史舞台。

1.4.2 运算定义

有 3 种教科书通过减法运算来定义负数,这类定义称为运算定义。例如,Colburn (1825)称:"正如我们已经看到的那样,由于问题条件中的某种错误假设,减数可能会大于被减数,在这种情况下,整个式子,或者说减法的结果,将是负的。它被称为负量。"Stone & Millis(1905)称:"当减数大于被减数时,我们将差表示为在旧的算术数中找不到的另一类新数。这些新数被称为负数。"虽然该定义仅出现于 3 种教科书中,但它有助于学生对负数概念形成过程的理解。

1.4.3 相反量定义

有 16 种教科书将负数定义为与正数相反的量,这类定义称为相反量定义。例如,Taylor (1893)称:"在性质上相反的两个量中,一个为正,另一个为负。"Durell & Arnold(1920)称:"负数是与另一个正数在某些方面正好相反的数。"这种定义揭示了正负数被用来表示一对意义相反的量的本质特征。

1.4.4 相对定义

有 15 种教科书从与零的大小关系角度定义负数,这类定义称为相对定义。例如,

Fisher & Schwatt(1898)的定义为:"小于零的数称为负数。"Colaw & Ellwood(1903)的定义为:"代数还处理与正数相关的小于零的数,这些数被称为负数。"

1.4.5　描述性定义

直接通过文字语言或图形符号来描述负数概念的基本特征,这种定义称为描述性定义,共出现了 105 次。根据描述方式的不同,又可具体分为符号定义、数轴定义和举例定义 3 类。在 119 种早期代数教科书中,这 3 类定义分别出现了 79 次、16 次和 10 次。其中,数轴定义和举例定义都出现于 19 世纪 70 年代以后。

(一) 符号定义

描述符号特征的定义称为符号定义。这类定义在早期代数教科书中出现最多,表 1-5 给出了典型的例子。

表 1-5　符号定义的典型例子

定义的叙述	代表性教科书
负数是前面带有符号"—"的数。	Newcomb (1882)
以符号"—"作为前缀的量称为负数。	Smith (1896)
带有负号的数称为负数。	Shoup (1874)

(二) 数轴定义

通过将从 0 出发正向延伸的数射线拓展为双向延伸的数轴来定义负数,这类定义称为数轴定义。如 Ficklin(1874)利用图 1-6 来定义负数:"正、负量之间的关系可通过图 1-6 来直观地呈现。从零点 A 到直线 BC 上任一点的距离,按照该点位于 A 的右侧或左侧,被相应地称为正的或负的。"

图 1-6　数轴定义

类似地,Newcomb(1881)给出的定义为:"代数中的数被认为是从 0 向两个相反的方向递增。一个方向上的数称为正的;另一个方向上的数称为负的。正数和负数可以看成离直线上一个固定点的距离,一个方向上的距离为正,另一个方向上的距离为负。"

在今天看来,"负的距离""从 0 向两个相反方向递增"之类的说法都是不合理的,反映了历史上人们对实数轴上"序关系"的错误认识。

(三)举例定义

枚举具体例子的定义称为举例定义,例如 Hawkes, Luby & Touton(1919)称:"诸如—1、—2、—3 等数称为负数。"这也是国内现行教科书中普遍采用的定义方式。

图 1-7 给出了以上 5 类定义的时间分布情况。从图中可见,描述性定义在各个时间段都占有压倒性优势。算术定义和运算定义主要出现在 19 世纪,且表现出递减趋势。19 世纪 70 年代开始出现相反量定义,后又出现相对定义,但仍然以描述性定义为主流。

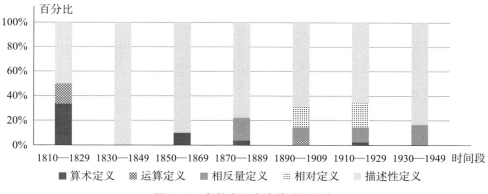

图 1-7 负数定义方式的时间分布

1.5 结论与启示

以上可见,与今天的教科书相比,美英早期代数教科书中负数概念的引入和定义方式均呈现出多样化的特点。在引入上,现实情境引入和数系扩充引入比较普遍,这两种方式分别从数学的外部和内部说明了引入负数概念的必要性。现实情境包括温度问题、负债问题、时间问题、距离问题、海拔问题、拉力问题等,其中最常见的是负债问题、温度问题和距离问题。此外,方程求解引入从另一个角度给出了引入负数的意义。而数轴引入通过反向延伸数轴来引入负数。在定义上,运算定义有助于学生理解负数的来源;符号定义和举例定义侧重于形式;相反量定义强调了正负数表示意义相反量的本质;相对定义说明了负数小于 0;数轴定义则从数形结合的角度将从 0 出发的数射线拓展为双向无限延伸的直线。

从负数概念的引入和定义方式的演变来看,19 世纪 70 年代是一个分界点,在此之前,负数概念仍然处于发展阶段;在此之后,早期教科书中开始出现聚焦负数的独立章。同时,对负数概念的认识也逐渐明确:负数是前面带有负号的数,被用来表示与正数相反的量,且负数小于 0,在数轴上,负数位于 0 的左边。并且,在引入上也开始采用更加多样化的情境和方式。

早期代数教科书中负数概念引入和定义方式的多样性及其演变过程可以为今日教科书编写和课堂教学提供诸多启示。

在负数概念的引入上,与温度问题和海拔问题相比,利用负债问题和拉力问题引入会更自然,因为它们所包含的相反意义是自然的,而非人为规定的。同时,除了现实情境,还应该从数系扩充及方程求解的角度,揭示引入负数概念的必要性。如此,可以同时从数学的内部和外部揭示负数概念的来龙去脉,构建"知识之谐"。同时,还可以让学生经历数学家曾经遇到过的困难,以及他们经过不懈努力,拨开云雾见天日的过程,从而使"冰冷的数学概念"人性化,培养学生学习数学的兴趣和自信心,感悟数学背后的理性精神,树立动态的数学观,达成"德育之效"。

在负数的定义上,不仅要从形式上讲清楚什么是负数,更重要的是让学生抓住负数概念的本质,即表示相反意义的量,在这一点上,早期代数教科书中的相反量定义具有借鉴意义。同时,数轴定义实现了数形结合,有利于学生直观理解负数概念的本质,以及正负数与 0 的大小关系。教师还可以设计探究活动,让学生自己给负数下定义,并结合 HPM 微视频进行古今对照,帮助学生理解负数概念的本质,从而营造"探究之乐"。

最后,在负数的大小比较上,可以呈现历史上人们的错误认识,如"数轴上离原点越远的数越大"或"数轴上的数从原点出发朝两个相反方向不断递增",引导学生加以辨析,从而让他们更深刻地理解数轴上的"序关系",正确认识数学和数学活动的本质。

参考文献

菲利克斯·克莱因(2008).高观点下的初等数学.舒湘芹,等,译.上海:复旦大学出版社.
汪晓勤(2017).HPM:数学史与数学教育.北京:科学出版社.

Colaw, J. M. & Ellwood, J. K. (1903). *School Algebra*. Richmond: B. F. Johnson Publishing Company.

Colburn, W. (1825). *An Introduction to Algebra upon the Inductive Method of Instruction*. Boston: Cummings, Hilliard & Company.

Comstock, C. E. & Sykes, M. (1922). *Beginners' Algebra*. Chicago: Rand McNally & Company.

Davisson, S. C. (1910). *College Algebra*. New York: The Macmillian Company.

Day, J. (1814). *An Introduction to Algebra*. New Haven: Howe & Deforest.

Durell, F. & Arnold, E. E. (1920). *A First Book in Algebra*. New York: Charles E. Merrill Company.

Ficklin, J. (1874). *The Complete Algebra*. New York: Ivison, Blakeman, Taylor & Company.

Fisher, G. E. & Schwatt, I. J. (1898). *Text-book of Algebra*. Philadelphia: Fisher & Schwatt.

Ford, W. B. & Ammerman, C. (1919). *First Course in Algebra*. New York: The Macmillan Company.

Gillet, J. A. (1896). *Elementary Algebra*. New York: Henry Holt & Company.

Hawkes, H. E. , Luby, W. A. & Touton, F. C. (1919). *Complete School Algebra*. Boston: Ginn & Company.

Howson, G. (1987). *A History of Mathematics Education in England*. Cambridge: The University Press.

Kent, F. C. (1913). *A First Course in Algebra*. New York: Longmans, Green & Company.

Milne, W. J. (1901). *Academic Algebra*. New York: American Book Company.

Newcomb, S. (1881). *Algebra for Schools and Colleges*. New York: Henry Holt & Company.

Newcomb, S. (1882). *A School Algebra*. New York: Henry Holt & Company.

Shoup, F. A. (1874). *The Elements of Algebra*. New York: E. J. Hale & Son.

Slaught, H. E. & Lennes, N. J. (1926). *The New Algebra*. Boston: Allyn & Bacon.

Smith, C. (1896). *Elementary Algebra: for the Use of Preparatory Schools*. New York: The Macmillan Company.

Stone, J. C. & Millis, J. F. (1905). *Essentials of Algebra*. Boston: Benj. H. Sanborn & Company.

Taylor, J. M. (1893). *An Academic Algebra*. Boston: Allyn & Bacon.

Taylor, J. M. (1900). *Elements of Algebra*. Boston: Allyn & Bacon.

Wells, W. (1885). *A Complete Course in Algebra for Academies and High Schools*. Boston:

Leach, Shewell & Sanborn.

Wentworth, G. , Smith, D. E. & Schlauch, W. S. (1918). *Commercial Algebra* (I-II). Boston: Ginn & Company.

Wilczynski, E. J. & Slaught, H. E. (1916). *College Algebra*. Boston: Allyn & Bacon.

2 无理数

栗小妮[*]

2.1 引言

古希腊毕达哥拉斯学派认为"万物皆数",把数归结为整数或整数之比,在几何上这相当于说:对于任意给定的两条线段,总能找到第三条线段作为公共度量单位。但后来发现,存在不可公度的线段(如正方形的对角线与其一边),它们的长度之比就是后人所称的无理数,由此引发了历史上第一次数学危机。但不少数学家一开始并不接受无理数,无理数理论经历了缓慢而艰辛的发展过程,直到 2 300 多年后的 19 世纪末才出现了无理数的严格的定义和完善的理论。

现行初中数学教科书将有理数定义为"整数和分数",而采用"无限不循环小数"来定义无理数,与之前的有理数定义并无关联,且完全脱离了它最原始的来源。学生常常会问,这里的"有""无"与"整数和分数""无限不循环小数"之间有什么关系?无理数真的"没有道理"吗?为什么称为无理数?初中学生接触的无理数通常有三类:不尽根、π 和构造的无限不循环小数。通过一定课时的学习和周而复始的练习,大多数学生能够从形式上判断什么样的数是无理数,但并不理解到底什么是无限不循环小数,为什么无理数是无限不循环小数。已有研究表明,学生对无理数既"不能用整数和分数表示"同时也是"无限不循环小数"的理解存在障碍,对于无限不循环小数是无理数存在疑惑,常常忽视无限不循环小数的结构特征(Zazkis & Sirotic, 2004)。60% 的初中学生对无理数的无限不循环性缺乏坚定的信念,反映出学生对无理数概念的理解存在问题(Zazkis, 2005)。在一项对职前数学教师的调查中发现,虽然职前数学教师在高中和大学阶段已经接触过许多其他形式的无理数,但他们对无理数的印象依然停留

---

[*] 上海市长宁区教育学院高中数学教研员。

在"小数型"和"根号型",且对这两种形式的掌握也不尽理想,没有形成对无理数概念的整体性理解(Sirotic & Zazkis,2004)。

由此可见,用"无限不循环小数"定义无理数,脱离了学生先前所学的有理数知识,无理数定义与有理数定义相分离,不利于学生对实数体系的整体理解和掌握。美国数学史家卡约黎(F. Cajori,1859—1930)认为:"学生所遭遇的困难往往是相关学科的创建者经过长期思索和探讨后所克服的实际困难。"(Cajori,1899)另一位美国数学史家史密斯(D. E. Smith,1860—1944)认为:"困扰世界的东西也会困扰儿童,世界克服其困难的方式提示我们,儿童在其发展过程中会以类似的方式来克服类似的困难。"(Smith,1900,pp. 42—43)因此,了解前人对无理数的理解,对于认识今日学生的认知困难具有重要的借鉴意义。

本章通过对美国早期代数教科书中有关无理数内容的考察,以试图回答以下问题:早期代数教科书是如何定义无理数的? 定义又是如何演变的? 对今日教科书编写和课堂教学有何启示?

2.2 研究对象

选取 20 世纪 70 年代之前出版的 100 种美国代数教科书作为研究对象,以 10 年为一个时间段进行统计,这些教科书的出版时间分布情况如图 2-1 所示。

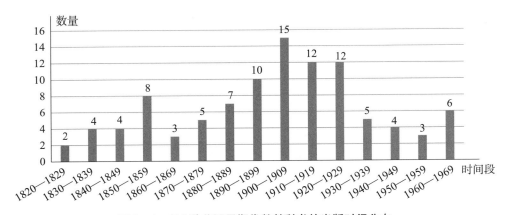

图 2-1 100 种美国早期代数教科书的出版时间分布

100 种代数教科书中,有 61 种是中学教科书,39 种是大学教科书。无理数的定义所在的章大致可以分为"根式""定义与公理""数""因式分解""数的运算"五类,其分布如表

2-1所示。其中,无理数定义最多出现在"根式"章,占64%;其次是"数"章,占20%。

表 2-1　无理数定义在 100 种代数教科书中的章分布

章名	根式	定义与公理	数	因式分解	数的运算
数量	64	12	20	2	2

以 30 年为一个时间段,图 2-2 给出的是"根式"和"数"章在每个时间段的分布情况,反映出早期人们对无理数类型的认识主要局限于"根号型",在 20 世纪 50 年代后的教科书中,无理数定义均出现在"数"这一章中,且实数均被单独列为一章。

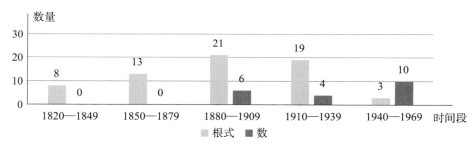

图 2-2　"根式"和"数"章的时间分布

2.3　无理数定义的分类

由于完整的实数理论体系直到 19 世纪末才得以建立,在 100 种代数教科书中,绝大多数并没有把无理数或实数单独列为一章,而是将其与"式"的研究放在一起。所以,本章涉及三种有关无理数的术语。

(1) 无理数(irrational numbers)。为实数中的一类,与现代教科书中所指相同。例如,Young & Jackson(1910)给出的定义是:"任何不是有理数的数称为无理数。"

(2) 无理量(irrational quantities)。一些教科书中所说的"无理量"指的就是无理数,例如,Lacroix(1831)给出的定义是:"一个非完全平方数的平方根,与单位 1 没有公因数,因为它不能用分数表示,无论如何划分单位 1,都没有足够小的分数可以同时量尽这个方根和单位 1。因此,非完全平方数的方根称为不可公度量或无理量,有时也称为不尽根。"而在另一些教科书中,"无理量"指的是无理式。例如,Bourdon(1831)给出的定义是:"带有'$\sqrt{}$'的量,如$\sqrt{98ab^4}$,这样表达的量称为根式(radical)或无理量,或者简单地说,是二次根式。"

(3) 无理式(irrational expression)。在 20 世纪初,实数理论体系形成后,部分代数教科书开始将无理式与无理数分开定义,数与式分别独立成章。例如,Milne(1902)给出的定义是:"若一个式子必须使用根号来表达,则称之为无理式;若一个数不能用分数或整数来表达,则称之为无理数。"

综上,我们将 100 种代数教科书中的无理数定义分为两大类,即"区分数与式的定义"和"不区分数与式的定义"。若定义之后没有具体例子说明是无理数还是无理式,则统一将其归为"不区分数与式的定义"一类。以 30 年为一个时间段,图 2 - 3 给出了两类定义的具体时间分布情况。从图中可见,随着 19 世纪末实数理论体系的建立,"不区分数与式的定义"逐渐退出历史舞台,数与式逐渐分离,成为初等代数的两个不同对象。

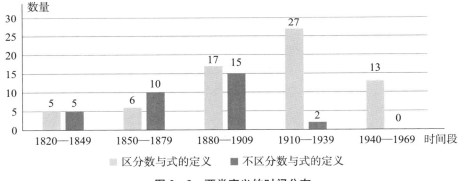

图 2 - 3 两类定义的时间分布

2.3.1 区分数与式的定义

100 种代数教科书共计给出了 100 种定义,区分无理数和无理式的共 68 种,占 68%。根据详尽的统计和分析,这些定义又可以分为表示定义、数值定义、形式定义、反向定义、分割定义、几何定义、混合定义、小数定义 8 类。这 8 类在 68 种定义中的分布情况如图 2 - 4 所示。其中,表示定义和形式定义占比相对较高。

(一) 表示定义

表示定义是用"不能用整数或分数表示"来定义无理数,占"区分数与式的定义"的 26%,不同教科书的表述略有不同。例如,对于 Lacroix(1831)给出的定义,Davies

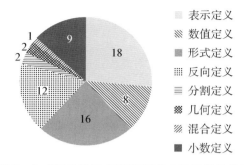

图 2－4 "区分数与式的定义"的 8 种类型的分布

(1835)也给出了类似的定义,并第一次给出了非完全平方数的正平方根不能用分数表示的证明,其证法与现行教科书中的证法略有不同,证法如下:

若 c 是一个非完全平方数,如果 $\sqrt{c}$ 能表示为一个分数,不妨设 $\sqrt{c}=\dfrac{a}{b}$,则 $c=\dfrac{a^2}{b^2}$,但是由于 c 是非完全平方数,所以 $\sqrt{c}$ 不是整数,因此 $\dfrac{a}{b}$ 是既约分数,或称 a 和 b 是互素的。若 a 不能被 b 整除,则 a^2 也不能被 b 整除,a^2 也不能被 b^2 整除,因为除以 b^2 就是用 b 除 a^2 两次。因此,$\dfrac{a^2}{b^2}$ 是既约分数,不能等于整数 c,故假设 $\sqrt{c}=\dfrac{a}{b}$ 不成立,或者说一个非完全平方数的根不能用分数表示。

这里用到了数论中的一个定理:"如果一个整数 P 整除两个整数的乘积,且 P 与其中一个互素,则 P 整除另外一个整数。"这些定义都只涉及无理数的一种类型——二次根号型,直到 Sherwin(1841)才提到"除了平方根外,其他次数的方根,与单位 1 没有公因数的也称为无理数"。Gillet(1896)则首次提及"根号型"以外的无理数,将无理数定义为"不能用整数或分数表示的数,也称为不可公度数",并指出了"不尽根"与"不可公度数"的区别——不尽根是不可公度数,但有许多不可公度数并非不尽根或不尽根的组合,如 π 和 e。

（二）数值定义

这一类定义对无理数的认识基本都局限于"根号型",认为无理数的值不能精确获得,只能得到其近似值,故以"值不能精确获得"来定义无理数,并将"无理数"等同于"不尽根",约占 12％。例如,Robinson(1866)将"无理数"定义为"一个非完全平方数的方根,其根值不能精确获得或表示"。这种定义方式在各个时间段均有出现,但较多出现在 19 世纪早中期。1900 年后逐渐消失,仅出现两次,如在 Hawkers(1918)中提到:

"一个用根号表示的数,其根值不能精确获得,这种用根号表征的数就是无理数。"

(三)形式定义

部分教科书对无理数的定义停留在对其根式形式的描述,例如,Thomson(1880)给出的定义是"非完全平方数的根称为不尽根,也常叫做无理量";Taylor(1900)给出的定义是"一个非 n 次幂的数的 n 次方根,称为不可公度方根或无理数";Wells(1906)给出的定义是"无理数是一个包含不尽根的数",类似这样的定义,我们均归为形式定义,约占 24%。

值得一提的是,Taylor(1900)对无理数和不可公度数进行了错误的区分,书中写道:"一个无理数或其他数,不是整数或分数的称为不可公度数。"即无理数是不可公度数的一部分,显然这是错误的,虽然之前的 Gillet(1896)已对"不尽根"和"不可公度数"进行了区分。可见,一个数学定义从形成到被广泛接受,会经历一个反复曲折的过程。

(四)反向定义

一些教科书先定义有理数,然后将无理数定义为"除有理数以外的数",我们将这一类定义归为"反向定义",约占 18%。我们将其与"表示定义"区分开来,是由于它们对"有理数"的定义不同,导致对"无理数"的定义也不同,从中可以看出早期人们对数的认识具有局限性。例如,Dickson(1902)给出的定义是:"有理数是正的和负的整数和分数,其他数都称为无理数。"根据这一定义,零应被归为无理数,所以该定义的问题在于忽略了零的定义。类似的定义还出现在 Cajori & Odell(1916)以及 Hawkes, Luby & Touton(1918)中。

在今天看来,Marsh(1907)的定义相对完善,即"所有的整数和分数称为有理量,所有其他的数称为无理量"。按该定义很容易判断,应将零归为有理数。但这也仅是我们用今天的知识作出的判断。我们有理由相信,在 20 世纪初期,人们对零的认识并不充分,常常忽略其存在性。例如,Lyman(1917)先定义虚数为"负数的偶次方根",再将实数定义为"包括所有的正整数和负整数,正分数和负分数,除负数的偶次方根以外的所有方根数",最后定义有理数和无理数:"实数分为有理数和无理数,能用整数或者两个整数的商表示的数称为有理数,其他实数称为无理数。"从其"实数"定义中,我们无法确定零属于哪一类,而从其有理数和无理数定义中,用现在的数学知识可以判断,零应归为有理数类。前后矛盾表明,作者在定义有理数时并没有考虑零,更确切地说,早期代数教科书中并未解决"零是否整数"的问题。

(五)分割定义

Fine(1904)利用有理数分类,即戴德金分割,来定义无理数。首先,证明 $\sqrt{2}$ 不能用分数表示：

假设 $\sqrt{2}=\dfrac{p}{q}$，则 $\left(\dfrac{p}{q}\right)^{2}=2$ 或者 $\dfrac{p^{2}}{q^{2}}=\dfrac{2}{1}$，但是 $\dfrac{p^{2}}{q^{2}}$ 是最简分数，利用已有结论，如果两个最简分数相等，则它们的分母和分子分别相等，所以 $p^{2}=2$，这是不可能的，因为 p 是整数。因此 $\sqrt{2}$ 不是有理数。

其次，给出有理数的两种不同分割。

第一种分割：例如，$\dfrac{1}{3}$ 把有理数分为两类，一类由所有小于或等于 $\dfrac{1}{3}$ 的有理数组

成，另一类由所有大于 $\dfrac{1}{3}$ 的有理数组成；

第二种分割：将整个有理数系分为 A_{1} 和 A_{2} 两部分，A_{1} 没有最后一个数，A_{2} 没有第一个数，例如，不存在有理数的平方为 2，每一个有理数或其平方小于 2，或其平方大于 2，让 A_{2} 由那些平方大于 2 的正有理数组成，而 A_{1} 由剩下的有理数组成。

最后，给出无理数的定义：

a 是无理数，由第二种分割定义，将有理数分为 A_{1} 和 A_{2} 两类，然后可以定义 a，它是在 A_{1} 所有元素和 A_{2} 所有元素之间的数。这里 A_{1} 和 A_{2} 中一定包含有理数，且同时 A_{1} 和 A_{2} 包含了整个有理数系。

该教科书后续还指出，有理数和无理数统称为实数，第一次建立实数理论体系，并证明了实数是有序的、稠密的、连续的数集。

（六）几何定义

Wilczynski & Slaught(1916)用几何表征来定义正无理数。首先指出，O 到 OX 上每一点的距离能用有理数表征，这种说法是错误的，并给出了 $\sqrt{2}$ 在数轴上的表示，如图 2-5 所示，证明了 $\sqrt{2}$ 不是有理数，与现在证法也不同，证法如下：

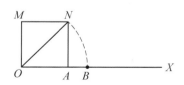

图 2 - 5　Wilczynski & Slaught（1916）中 $\sqrt{2}$ 的几何表示

假设 $\sqrt{2}=\dfrac{p}{q}$，p 和 q 是正整数且没有公因数，即

$\dfrac{p}{q}$ 是最简分数，q 不等于 1，否则 $\sqrt{2}$ 是整数，显然不存在整数的平方是 2。则 p 的质因数与 q 的质因数都不相同，由于 p^{2} 的质因数和 p 相同，且每个出现的次数是 p 的两倍，

同理 q^2 的质因数和 q 相同,且每个出现的次数是 q 的两倍,所以 p^2 的质因数和 q^2 的质因数不同,但是如果假设成立,则 $2q^2 = p^2$, p^2 能被 q^2 整除,也就是说, q^2 的所有质因数都是 p^2 的质因数,矛盾,所以假设不成立。

正无理数被定义为 OX 上线段的长度不是有理数的数。又指出, OX 上线段对应的是正数(正有理数或正无理数),反过来每一个正数都对应 OX 上的线段。无理数可以看成对应不可公度线段的存在,并介绍了数的发展历史。在另一章"线性函数和级数"中提到,如果把无理数表示成小数,则其小数位不能循环,也不是有限的。虽然早在 17 世纪,笛卡儿(R. Descartes,1596—1650)创立了坐标系,负数得到了几何解释和实际意义,但在约 200 年后的这本教科书中,依然忽视负无理数的存在和负无理数的几何表示,仅定义了正无理数。

类似的定义方式还出现在 Schultze(1925)中,但与上述定义有所不同,该教科书给出了负数的几何表示。

(七) 混合定义

在 Long & Brenke(1913)中,最初给出的定义是:"像 $\sqrt{3}$ 、 $\sqrt{5}$ 、 $\sqrt{7}$ 等,值可以近似表达,但不能用分数或者有限小数表示的数称为无理数。"而在这一章的最后,又一次解释无理数为"除有理数以外的其他数",融合了形式定义、表示定义和反向定义,但由于其对有理数的定义为"正的或负的整数,或者两个这样的整数的商称为有理数",导致前后定义矛盾,再次说明早期人们对零的不完善的认识。

(八) 小数定义

小数定义是指应用小数表征的定义,代表了人们认识无理数的又一个新阶段,约占 13%。Merrill & Smith(1923)最早给出构造的无限不循环小数之例,将无理数定义为"形如 0. 313113111311113……, 0. 487488748887……这样的数称为无理数",并指出这样的数并不是不合理的,而是不能用比来表征的数。易见,上述定义是不完善的。Miller & Thrall(1950)第一次正式用"无限不循环小数"来定义无理数。表 2-2 列举了所考察的 100 种代数教科书中出现的不同形式的小数定义。

从表中可见,用"无限不循环小数"来定义无理数并非一蹴而就,从 1923 年第一次出现无限不循环小数到无限不循环小数定义的出现,经历了 27 年;而从 20 世纪 50 年代末开始,无限不循环小数定义才被教科书广泛采用,且凡是采用小数定义的教科书中都会另外说明无理数不能用分数和整数表示。

表 2 - 2　不同形式的小数定义

类别	表　　述	代表性教科书
构造	形如 0.3131131113111113……，0.487488748887……这样的数称为无理数。	Merrill ＆ Smith (1923)
分类	实数由有限小数和无限小数组成。有限小数和无限循环小数是有理数；将 $\sqrt{2}$ 用小数表示，类似这样的无限小数称为无理数。	Weiss(1949)
表征	实数可以表示为无限小数。无限循环小数是有理数，无限不循环小数是无理数。	Miller ＆ Thrall (1950)
	能用小数表示的数称为实数。不是有限小数且没有循环节的小数称为无理数。	Feinstein ＆ Murphy(1957)
对象	无限不循环小数称为无理数。	Brumfiel，Eicholz ＆ Shanks(1961)
否定	非有限或循环的小数称为无理数。	Miller ＆ Green (1962)
运算	不能用两个整数的商表示的数叫做无理数，若写成小数则是无限但没有循环节的小数。	Koo，Blyth ＆ Burchenal (1963)

2.3.2　不区分数与式的定义

由于 19 世纪早中期对无理数认识的不完善，人们认为式也是数的一种表达形式，并未对数与式作出严格的区分。在我们所考察的 100 种代数教科书中，有 32 种将数与式混在一起编排，占 32％。例如，Hackler(1847)先将"不尽根"定义为："一个单项式不是另一个单项式的平方，除非它的系数是一个完全平方数，不同字母的指数都是偶数。因此，$98ab^4$ 不是完全平方数，因为 98 不是一个平方数，a 的指数不是偶数，因此用符号'$\sqrt{\ \ }$'表示，写成 $\sqrt{98ab^4}$，这种表达形式称为不尽根或二次根。"然后，在"不尽根"的备注中提到："不尽根也称为不可公度数，与单位 1 没有公因数，也称为无理数，因为它们和单位 1 的比不能用分数表示。"Wentworth(1892)给出的定义是"一个数的根值不能精确获得，则称之为不尽根或无理数"，而后续给出的例子中出现了无理式 $b\sqrt{a}$。

不区分数与式的定义主要分为两类，即数值定义和形式定义。与区分数与式的定义分类原则类似，不再赘述。其中，数值定义约占 56％，而形式定义约占 44％，两者基本持平。

2.4 分布及讨论

2.4.1 分布

我们发现,除分割定义仅出现在大学教科书中外,其余定义在中学和大学教科书中均有出现。小数定义最早出现在中学教科书中,后又陆续出现在大学教科书中,而在1960年后均出现在中学教科书中。反向定义均出现在1900年后,且若排除零的影响,反向定义基本等同于将无理数定义为"不能用整数或分数表示的数",因此将反向定义归为表示定义,而几何定义、分割定义、混合定义这三类都出现在1900年后,且各自仅出现一次或两次,故暂且不予考虑。若将"区分数与式的定义"和"不区分数与式的定义"两种情形合在一起,以30年为一个时间段进行统计,则其中的表示定义、数值定义、形式定义和小数定义的分布情况如图2-6所示。

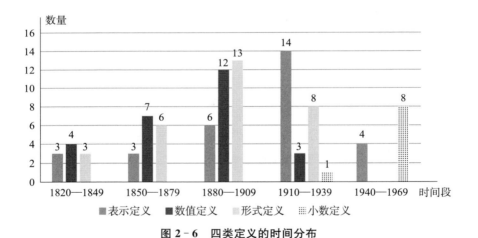

图2-6 四类定义的时间分布

图2-7给出了教科书所呈现的无理数类型的演进过程。

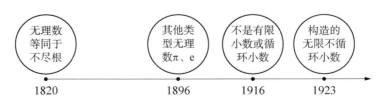

图2-7 教科书中无理数类型的演变

2.4.2 无理数理论的历史

公元前 470 年左右,毕达哥拉斯学派发现了无理数的存在,在此后的很长时间内,虽然数学家对无理数的使用越来越广泛,但对无理数究竟是不是真正的数一直存在分歧,直到 18 世纪,数学家仍然没有弄清楚无理数的概念。

18 世纪是无理数理论体系建立的萌芽时期。1734 年,由贝克莱(G. Berkeley,1685—1753)挑起的数学分析大论战引发第二次数学危机,促使以无理数理论为核心的实数理论的建立。在这一个世纪中,欧拉(L. Euler, 1707—1783)基本证明了 e、e^2 是无理数,兰伯特(J. H. Lambert, 1728—1777)证明了 π 是无理数。

19 世纪是无理数理论体系从模糊到逐渐清晰的时期。1821 年,柯西(A. L. Cauchy, 1789—1897)用有理数序列的极限定义无理数,但根据他的定义,该无理数应是预先给定的数。1872 年,康托尔(G. Cantor, 1845—1918)引入实数的概念,用有理数的"基本序列"来定义无理数,他证明了每一基本序列都存在极限,该极限若不是有理数,则定义了无理数。戴德金(R. Dedekind, 1831—1916)则吸取了柯西的教训,避免采用极限方法,在直线划分的启发下采用分割有理数来定义无理数。魏尔斯特拉斯(F. Weierstrass, 1815—1897)同样避免使用极限概念,用递增有界数列定义无理数。斯托尔兹(O. Stolz, 1842—1905)证明了"每一个无理数均可表示成不循环小数",并认为可用这一事实来定义无理数。

2.4.3 讨论

综上,数值定义和形式定义对无理数的认识均停留在表层,体现了早期人们对无理数认识的局限性,而表示定义是无理数发现和定义的起源,小数定义是实数理论体系完备后新出现的定义,从表示定义到小数定义也体现了数学发展从潜无穷到实无穷的转变。在漫长的一个半世纪里,无理数始于数值定义而终于小数定义,反映了人们对无理数的认识,经历了从模糊到逐渐清晰的过程。形式定义由于其表征直观而出现于每一个时期,数值定义曾一度占据上风,但随着无理数理论体系的建立而逐渐销声匿迹。19 世纪早期,虽然无理数的表示定义相对比重最高,但人们对无理数的认识依然停留在"不尽根",基本上将无理数与不尽根混为一谈。在后续的 100 年间,该定义所占比重有下降趋势。直到 19 世纪末,实数理论体系建立,表示定义才重新占据主要地位,并与小数定义并驾齐驱。教科书对无理数的定义及表征的发展,虽有一定的滞后性,但与无理数理论的发展基本一致。无理数表征的演进历史表明,今日学生对无理数的认识具有较为显著的历史相似性。

2.5 结论与启示

无理数并非"没有道理",只是"不能用整数或分数表示",历史上人们对无理数的认识,最早是从"根号型"开始,之后陆续发现其他类型无理数的存在,如 π、e 等。而学生对无理数的认识与无理数的发展具有历史相似性,已有研究表明,虽然高中和大学阶段会学习很多除"根号型"和 π 以外的无理数,但学生最为熟悉的还是最初的这两种类型。现代教科书中均采用"无限不循环小数"来定义无理数,这已完全脱离了无理数最初的起源,是"深加工"的结果,学生对无理数的理解往往停留在表面,仅会从形式上判断是不是无理数,而不能从知识的本质上理解无理数的定义。早期教科书中的无理数定义从不完善到完善的过程,为我们今日教科书编写和课堂教学带来诸多启示。

2.5.1 对教科书编写的启示

首先,教科书是我们向前延续传输知识的有力工具,教科书中无理数定义的演变过程基本反映了数学研究领域无理数定义的演进过程。但一些教科书中的无理数定义也出现了错误和倒退现象,如前述所提对零的忽略和几何定义中对负无理数的忽略。所以这就要求教科书编者对当下的数学学科领域的发展有一定的了解,才能把握教科书知识内容的正确性和适切性。

其次,用"无限不循环小数"表征定义无理数,虽从形式上能够让学生迅速掌握如何判断一个数是不是无理数,但知识并非"速食品",缺乏整体性理解的知识迟早会随着时间的流逝而消失,并不能让学生理解为什么需要无理数? 在数系扩充的过程中无理数如何产生? 有何用途? 与有理数有什么本质区别? 虽然有现行教科书中采用"用两个边长为 1 的正方形拼成一个新的正方形"来引入无理数,说明无理数 $\sqrt{2}$ 的存在,但并没有说明这个数与已存在的有理数有何区别,为什么属于新的数系。因此,教科书编写应体现无理数定义的多样化,指出类似 $\sqrt{2}$ 的数与有理数的区别在于不能用整数或者分数表示,体现知识的本源以及发生和发展过程,让学生了解一个术语的产生不是凭空而来,而是从旧知中衍生而来。

2.5.2 对教学的启示

我们可以借鉴无理数定义的发展过程,运用重构历史的方式来设计无理数概念的教学,让学生从现实问题中体会无理数存在的必要性和无理数与有理数的区别,在此基础上给无理数下定义——不能用分数或整数表示,再根据有理数的小数表征,揭示无理数的小数表征,加深学生对无理数概念和表征的理解。同时可以附加式运用历史知识,介绍无理数发展的历史,让学生了解数学并非无中生有,而是从现实生活中产生。历史上无理数概念的曲折发展,也可以渗透数学学科的德育功能,让学生体会人们对任何新事物的认识都是伴随着曲折往复而螺旋上升的,同样学习也是螺旋上升的过程。虽然高中及后续学段不再专门学习无理数,但在认识新类型的无理数时,需要教师帮助学生进一步理解无理数的类型。同时,鉴于初中知识的深度,不可能详细讲述无理数其他更多的定义,教师可以设下伏笔,以备学生在后续学习中完善对无理数以及实数的认识。

参考文献

Bourdon, M. (1831). *Elements of Algebra*. Boston: Hilliard, Gray, Little & Wilkins.

Brumfiel, C. F., Eicholz, R. E. & Shanks, M. E. (1961). *Algebra I*. Reading, Massachusetts: Addison-Wesley Publishing Company.

Cajori, F. & Odell, L. R. (1916). *Elementary Algebra: Second Year Course*. New York: The Macmillan Company.

Cajori, F. (1899). The pedagogic value of the history of physics. *The School Review*, 7(5): 278 – 285.

Davies, C. (1835). *Elements of Algebra*. New York: Wiley & Long.

Dickson, L. E. (1902). *College Algebra*. New York: J. Wiley & Sons.

Feinstein, I. K. & Murphy, K. H. (1957). *College Algebra*. Ames, Iowa: Littlefield, Adams & Company.

Fine, H. B. (1904). *A College Algebra*. Boston: Ginn & Company.

Fine, H. B. (1961). *College Algebra*. New York: Dover Publications.

Gillet, J. A. (1896). *Elementary Algebra*. New York: Henry Holt & Company.

Hackler, C. W. (1847). *An Elementary Treatise on Algebra*. New York: Harper & Brothers.

Hawkes, H. E., Luby, W. A. & Touton, F. C. (1918). *Second Course in Algebra*. Boston:

Ginn & Company.

Koo, D. , Blyth, M. I. & Burchenal, J. M. (1963). *First Course in Modern Algebra*. New York: F. Ungar Publishing Company.

Lacroix, S. F. (1831). *Elements of Algebra*. Boston: Hilliard, Gray, Little & Wilkins.

Long, E. & Brenke, W. C. (1913). *Algebra, First Course*. New York: The Century Company.

Lyman, D. (1917). *Elementary Algebra*. New York: American Book Company.

Marsh, W. R. (1907). *Elementary Algebra*. New York: C. Scribner's Sons.

Merrill, H. A. & Smith, C. E. (1923). *A First Course in Higher Algebra*. New York: The Macmillan Company.

Miller, E. B. & Thrall, R. M. (1950). *College Algebra*. New York: Ronald Press Company.

Miller, I. & Green, S. (1962). *Algebra and Trigonometry*. Englewood Cliffs, N. J. : Prentice-Hall.

Milne, W. J. (1902). *Advanced Algebra for College and Schools*. New York: American Book Company.

Robinson, H. N. (1866). *New Elementary Algebra*. New York: Ivison, Phinney, Blakeman & Company.

Schultze, A. (1925). *Elementary and Intermediate Algebra*. New York: The Macmillan Company.

Sherwin, T. (1841). *An Elementary Treatise on Algebra*. Boston: Hall & Whiting.

Sirotic, N. & Zazkis, R. (2004). Irrational numbers: the gap between formal and intuitive knowledge. *Educational Studies in Mathematics*, 65(1): 49 - 76.

Smith, D. E. (1900). *Teaching of Elementary Mathematics*. New York: The Macmillan Company.

Tanner, J. H. (1907). *High School Algebra*. New York: American Book Company.

Taylor, J. M. (1900). *Elements of Algebra*. Boston: Allyn & Bacon.

Thomson, J. B. (1880). *New Practical Algebra*. New York: Clark & Maynard.

Weiss, M. J. (1949). *Higher Algebra for the Undergraduate*. New York: John Wiley & Sons.

Wells, W. (1906). *Algebra for Secondary Schools*. Boston: D. C. Health & Company.

Wentworth, G. A. (1892). *A College Algebra*. Boston: Ginn & Company.

Wilczynski, E. J. & Slaught, H. E. (1916). *College algebra*. Boston: Allyn & Bacon.

Young, J. W. A. & Jackson, L. L. (1910). *Elementary Algebra*. New York: D. Appleton & Company.

Zazkis R. & Sirotic N. （2004）. Making sense of irrational numbers: Focusing on representation. In: M. J. Hoines, A. B. Fuglestad（Eds.）. *Proceedings of the 28th International Conference for Psychology of Mathematics Education*. Norway: Bergen. 497 - 504.

Zazkis R. （2005）. Representing members: prime and irrational. *International Journal of Mathematical Education in Science and Technology*, 36(2 - 3): 207 - 218.

3 复数

狄 迈[*]

3.1 引言

众所周知,虚数概念从滥觞到被人们普遍接受,经历了漫长的过程。17世纪,笛卡儿将"负数平方根"命名为"虚数",意指"想象中的数";18世纪,欧拉将其称为"不可能的数",认为这种数"只存在于想象之中";19世纪,德摩根(A. de Morgan,1806—1871)仍以"荒谬"来形容它。(汪晓勤,2017)历史告诉我们,早期数学家在虚数的认识上存在很大的障碍。

美国数学史家史密斯认为:"困扰世界的东西也会困扰儿童,世界克服其困难的方式提示我们,儿童在其发展过程中会以类似的方式来克服类似的困难。"(Smith,1900,pp. 42—43)研究表明,学生在初学虚数时,也像数学家一样对其充满疑惑,学生在复数的定义与分类上存在一定的误解。例如,学生会根据 $a+bi$,误认为复数=实数+虚数、复数是实数与虚数的代数和;将虚数单位 i 看作判断复数的依据;将实数排除在复数之外等(卢成娴,等,2019)。研究发现,这些错误观点与历史上人们对复数的认识是相似的,因此,通过复数概念的历史,可以预测学生的认知困难。另一方面,尽管数学教师对复数的一般历史已经有所了解,但他们对于西方早期教科书中复数概念的呈现方式却知之甚少。开展对早期代数教科书的研究,乃是 HPM 视角下复数概念教学的需要。

鉴于此,本章聚焦复数概念的定义,对1800—1959年间出版的美英代数教科书进行考察,归纳定义类别,搜集教学素材,探寻错误之源,为今日教学提供参考。

---

[*] 华东师范大学教师教育学院硕士研究生。

3.2 早期教科书的选取

从有关数据库中选取 201 种美英早期代数教科书作为研究对象,以 20 年为一个时间段进行统计,这些教科书的出版时间分布情况如图 3－1 所示。

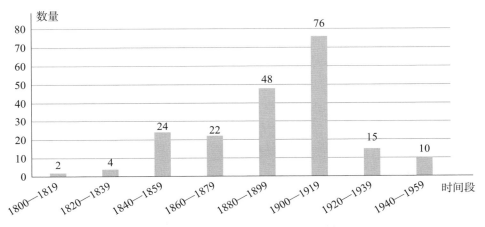

图 3－1　201 种美英早期代数教科书的出版时间分布

201 种代数教科书中,复数定义所在章大致可以分为"方程的解""幂与方根""无理数""无理数与复数""数""虚数与复数"6 类,如图 3－2 所示。其中复数定义最多出现在"虚数与复数"章,占 45%;其次是"幂与方根"章,占 30%;再次为"方程的解"章,占 13%。

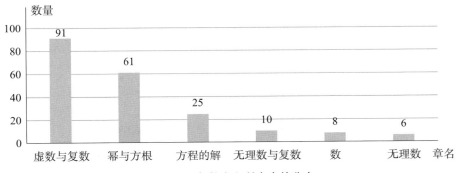

图 3－2　复数定义所在章的分布

我们对复数定义进行归类，并对其在 160 年间的演变规律作一讨论。

3.3　复数定义的分类

3.3.1　未涉及复数概念的虚数定义

201 种教科书中，有 98 种（占 48%）仅给出了虚数概念，而未涉及复数概念。进一步分析发现，虚数的定义又可以分为根式定义、符号定义和运算定义 3 类。

（一）根式定义

根式定义可分为"负数平方（偶次方）根"与"含有负数平方（偶次方）根的式子"两类。

有 81 种教科书采用了"负数平方（偶次方）根"定义。例如，Taylor（1893）提出："虚数是负的偶次方根。"Wells & Hart（1913）给出定义："虚数是负数的平方根，所有虚数都可表示成虚数单位 i 与一个实数的乘积。"Perkins（1942）给出定义："虚数是负数的偶次方根，它们可以化为 $b\sqrt{-1}$ 的形式。"这里，Wells & Hart（1913）与 Perkins（1942）对虚数与纯虚数不加区分，负数的高于 2 次的偶次方根也不能表示为纯虚数的形式。

有 5 种教科书采用了"含有负数平方（偶次方）根的式子"定义。例如，Robinson（1850）将虚数定义为"包含符号 $\sqrt{-b}$ 的数"，Van Velzer & Slichter（1890）将虚数定义为"包含负数偶次方根的式子"，这类定义在一定程度上对虚数有了更好的认识，但在之后出版的教科书中，错误定义依然反复出现。

（二）符号定义

1920 年之前，有 7 种教科书用符号来定义虚数。例如，Lacroix（1818）给出的定义是"形如 $a+\sqrt{-b}$ 与 $\sqrt{-b}$ 的式子称为虚数"；Hall（1840）给出的定义是"形如 $a\pm\sqrt{-b}$ 的式子称为虚数"；Ford & Ammerman（1919）给出的定义是"形如 $\sqrt{-b}$ 的式子称为虚数"。在默认 $b>0$ 的情况下，上述第一个定义并未区分虚数与纯虚数，第三个定义则局限于纯虚数。复数的概念似乎并未进入教科书编者的视野。

（三）运算定义

有 5 种教科书从"能否实施计算"或"能否取得准确值或近似值"的角度来定义实数与虚数。Davies（1859）指出："虚数是负数平方根这样无法进行运算的数。"Robinson

(1862)指出:"能进行逼近或准确表达的都是实数,虚数是无法算出的数,是不可能的数,它们与实数相对。"

可见,在 19 世纪中叶,人们对于虚数的普遍理解依然停留在运算层面,对于虚数的引入与表达,也只为了满足运算与方程求解的需要,并未真正探索虚数的实际意义与价值。

3.3.2 复数的定义

有 103 种教科书(占 52%)给出了复数定义。根据分析,这些定义又可以分为根式定义、符号定义、形式定义、数对定义和组合定义5 类,其分布情况如图 3 - 3 所示。其中,形式定义与符号定义占比最高。

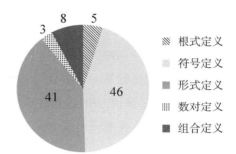

图 3 - 3 复数定义的 5 种类型分布

(一)根式定义

涉及复数概念的 103 种教科书中,仅有 5 种使用根式来定义复数。Evans(1899)将复数定义为"负数的平方根",在今天看来,这显然是错误的。Wentworth(1888)提出,复数是"包含负数偶次方根的式子",这实际上是虚数的定义,与未涉及复数概念的教科书所提出的虚数定义相同。可见,早期人们对虚数与复数的认识是相当模糊的,并未明确对两者加以区别,Slaught & Lennes(1912)则明确将两者等同起来,即"包含负数偶次方根的式子称为虚数,亦称复数"。

(二)符号定义

有 46 种教科书用符号来定义复数,即将复数定义为"形如 $a+bi$""形如 $a+\sqrt{-b}$"或"形如 $a+b\sqrt{-1}$"的式子或数。

Davis(1890)提出:"复数是形如 $a+bi$ 的式子,其中 a 为实部,bi 为 虚部。"此类定义在形式上与现行教科书相似,但今日所称的虚部为实数 b,而非纯虚数 bi。Rietz & Crathorne(1909)给出了正确的定义:"形如 $a+bi$ 的式子称为复数,其中 a 和 b 都是实数。"

表 3-1 列举了教科书中出现复数定义不同形式的符号定义。从表中可见,符号定义多出现在 19 世纪 90 年代后,符号的表述与当今的定义基本相同,对虚数与复数的理解也日趋完善,但仍有未指明 a 和 b 取值范围的情况。

表 3-1　复数定义不同形式的符号定义

定　　义	代表性教科书
形如 $a+bi$ 的式子称为复数,其中 a 是实部,bi 是虚部。	Davis(1890)
复数是形如 $a+bi$ 的式子,亦称为虚数,a 是实数,bi 是纯虚数。	Fine(1904)
形如 $a+bi$ 的式子称为复数,其中 a 和 b 都是实数。当 $a=0$ 时,$a+bi$ 是虚数。	Rietz & Crathorne(1909)

(三) 形式定义

有 41 种教科书用"实数与虚数的代数和"来定义复数。例如,Bradbury & Emery(1889)指出:"复数是一个实数与一个虚数之和。"Cowles & Thompson(1947)指出:"虚数是负数的偶次方根;纯虚数是一个实数与虚数单位 i 的乘积;复数是一个实数与一个纯虚数之和或差。"

以上几种定义将复数看成实数与虚数(或纯虚数)的代数和,从而将实数排斥于复数之外。

(四) 数对定义

爱尔兰数学家哈密尔顿(R. Hamilton,1805—1865)指出:与 2+3 不同,$a+bi$ 并非真正意义上的和,加号的使用只是历史的偶然,bi 并不能加到 a 上去;$a+bi$ 只不过是一个有序实数对 (a, b) 而已。有 3 种教科书采用数对的形式来定义复数。Weiss(1949)给出定义:"复数为有序的一对实数 $(a, b)=a+bi$;实数属于复数,$(a, 0)=a$,$(0, 1)=i$。"此类定义方式与复数的向量表示有着千丝万缕的联系,是 20 世纪中叶人们普遍认识复数几何意义的结果。

(五) 组合定义

有 8 种教科书采用此类定义。例如,Durell & Robbins(1909)定义复数为"由实部与虚部组成的数"。此类定义将 $a+bi$ 中的"+"看作一个连接符号,而非代数和,从而更加准确地表达了复数的内涵。

3.4　复数定义的演变

以 20 年为一个时间段,图 3-4 呈现了"未涉及复数概念的虚数定义"与"复数定义"的具体时间分布情况。

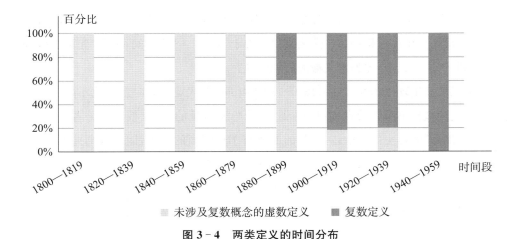

图 3 - 4　两类定义的时间分布

从图中可见,由于教科书相对于复数概念的历史发展有一定的滞后性,在 19 世纪 80 年代之前,教科书中未出现复数概念的踪迹,人们对虚数的认识大多停留在"负数平方根",并常常将虚数与纯虚数等同起来。19 世纪,德国数学家高斯(C. F. Gauss, 1777—1855)引入复平面概念,将复数表示为复平面上的点,从而完善了复数的几何表示,并引入复数这一术语。因此,19 世纪末至 20 世纪初,引入复数概念的教科书数量激增;1940 年后,所有教科书都给出了复数定义。

以 20 年为一个时间段进行统计,1840—1959 年间出版的代数教科书中的虚数定义和复数定义的分布情况如图 3-5 所示。

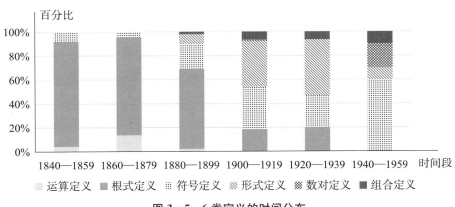

图 3 - 5　6 类定义的时间分布

从图中可见,1880 年以前,复数的定义方式较为单一,以运算定义、根式定义与符号定义为主,其中根式定义占主导地位。随着复数理论的逐渐完善,根式定义占比逐渐下降,最终退出历史舞台。运算定义仅出现于 1840—1880 年间,呈现"先增后减"的趋势,到了 19 世纪末,此类定义被人们彻底抛弃。

形式定义出现于 1880 年后,1880—1939 年间,形式定义的时段占比不断递增,其直观性受到教科书编者的青睐;1940 年后,受哈密尔顿的影响,教科书编者意识到复数使用"加号"的历史偶然性,对复数的本质有了更清晰的认识,因而逐渐抛弃了这一不准确的定义。组合定义自 1880 年出现后始终占有一席之地,但 1940 年之后,数对定义闪亮登场,后来居上。

符号定义因表达简洁直观、突出复数特点,在 1880 年后占比呈递增趋势,到 1940 年后已占据半壁江山。

图 3-6 给出了教科书所呈现的复数定义的演进过程。

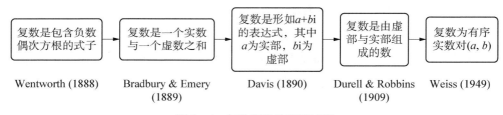

图 3-6 复数定义的演进过程

可见,早期人们局限于已有知识与复数在数学内部的应用,用"根式"来定义虚数,对于虚数的认识仅停留在表面上,未能跳出原有的一维世界。随着时间的推移,到了 19 世纪末期,符号定义与形式定义因形象直观而迅速发展起来,它们的出现也更有利于虚数与复数的分类,但人们仅仅局限于外在的形式,将复数看作实数与虚数的代数和,从而将实数排斥于复数之外。到了 20 世纪初,复数的图形表示、实际应用以及哈密尔顿对于复数中"加号"的解释加深了人们对复数本质的认识,二维观取代了一维观,组合定义和数对定义登上了历史舞台。

3.5 关于复数概念的错误认识

从上文可见,早期教科书所呈现的虚数和复数定义存在许多不完善之处,其主要体现在虚数和复数定义以及虚数和复数关系两个方面。

3.5.1 虚数和复数定义中的错误

表 3-2 给出了早期代数教科书中虚数和复数典型定义中的错误。

表 3-2 虚数和复数定义中的错误

教科书	类别	定　义	错　误
Wentworth (1888)	根式定义	复数是包含负数偶次方根的式子。	将复数与虚数等同起来,未将实数归入复数之中。
Evans (1899)	根式定义	复数是负数的平方根。	将复数等同于纯虚数;未将实数与一般虚数归入复数之中。
Rietz & Crathorne (1909)	符号定义	形如 $a+bi$ 的式子称为复数,其中 a 和 b 都是实数。当 $a=0$ 时,$a+bi$ 是虚数。	将纯虚数与一般虚数等同起来;忽略复数表达式中 $b=0$ 的情形,因而未明确复数与实数之间的关系。
Slaught & Lennes (1912)	根式定义	虚数是负数的偶次方根,复数是包含负数偶次方根的数。	将复数与虚数等同起来,未将实数归入复数之中。
Perkins (1942)	根式定义	虚数是负数的偶次方根,可化为 $b\sqrt{-1}$ 的形式。	未区分一般虚数与纯虚数,以纯虚数代替所有虚数;误认为负数的高于 2 次的偶次方根为纯虚数。
Cowles & Thompson (1947)	形式定义	虚数是负数的偶次方根;纯虚数是一个实数与虚数单位 i 的乘积;复数是一个实数与一个纯虚数之和或差。	将复数与虚数等同起来,未将实数归入复数之中;将"+"视为通常意义下的求和符号。

从表中可见,早期代数教科书中虚数和复数定义中的错误在于未厘清复数、实数、虚数、纯虚数之间的关系,或将实数排斥于复数之外,或将复数与虚数混为一谈,或以纯虚数代替所有虚数。

3.5.2 对虚数与复数关系的错误认识

数系扩充到复数后,复数、实数和虚数之间具有如下关系:

$$复数\ a+bi\begin{cases}实数(b=0)\\虚数(b\neq0)(a=0\ 时为纯虚数)\end{cases}$$

早期代数教科书中对虚数与复数关系的错误认识见表 3-3。

表 3 - 3 对虚数与复数关系的错误认识

教科书	虚数与复数的关系	错误
Skinner(1917)	虚数与复数都属于虚数。	将虚数与复数等同起来,对两者之间的包含关系认识错误,将实数排斥在复数之外。
Wentworth (1888)	虚数与复数都是包含负数偶次方根的式子。	将虚数与复数等同起来,将实数排斥在复数之外。

除此之外,一些教科书对数进行了错误的分类,如 Ford & Ammerman(1920)对数作如下分类:

$$
代数中的数
\begin{cases}
实数 \begin{cases} 有理数 \\ 无理数 \end{cases} \\
虚数 \begin{cases} 纯虚数 \\ 复数 \end{cases}
\end{cases}
$$

可见,部分教科书将复数与一般虚数混为一谈,或将复数视为虚数的一类,或认为复数与实数无关。

3.6 结论与启示

虚数并非"虚幻的数"或"不存在的数"。我们知道,虚数实际上是与其他任何数一样"真实"的,但是"虚数"这个古老的名字,仍然保留于数学文献之中。早期代数教科书中的定义形式与错误与复数的历史发展大体一致。复数始于卡丹的"分十"问题,在其被赋予几何意义之前人们多将其看作负数的方根,为解决某些方程而存在,对复数的认识始终囿于一维世界;维塞尔、阿甘德和高斯相继给出了复数的图形直观表示,哈密尔顿建立了完善的复数理论体系,人们的思想最终跳出一维世界走向二维世界,使用数对形式对其进行定义。早期代数教科书中虚数与复数概念的发展,为 HPM 视角下的复数概念教学提供了丰富的教学素材和教学启示。

(1) 从历史上看,在很长一段时间里,人们的头脑中并没有"复数"这一概念。为了解决"负数开方"的问题,才给出了"虚数"的定义,并且多将"负数的偶次方根""形如 $a + bi$ 的表达"都定义为虚数。数学家在对复数的几何意义进行研究之后,才给出了复数的定义,进而研究二元数,对数系进行了扩充。因此,复数的几何意义与图形表示或可成为帮助学生理解复数概念、虚数概念、复数与虚数之间关系的抓手,通过复数与复平面上点的对应,直观地认识虚数与复数。

(2) 对早期教科书中复数概念与定义方式的研究,可以让教师了解如今看似简单概念背后的历史轨迹,知道复数的本质为二元数,而非简单的代数和。同时,通过了解历史上数学家认识复数这一概念的曲折过程以及复数定义方式的演变,教师可以预测学生的认知障碍,根据已有的历史素材,如 Slaught(1912)、Skinner(1917)中的错误理解,采用复制式,让学生进行复数概念的辨析,帮助学生深入剖析虚数、纯虚数与复数之间的关系,避免产生如历史上一样的错误理解。

(3) 教师在完成虚数与复数概念的讲解后,可以介绍复数概念在历史及早期教科书中的演进过程,通过古今思想的碰撞,让学生体会到古人也有和自己一样的困惑,使学生感受到数学家刻苦探求的精神,懂得在原有世界中解决不了的问题需要寻求更广阔的世界才能得以解决,帮助学生体会到数学中的理性价值与人文精神,构建动态的数学观。

(4) 早期教科书从数对入手定义复数为我们的教学提供了新的思路,复数作为与向量、三角函数、有序数对紧密联系的知识,在课堂中不应将几何与代数剥离,在讲述复数的概念时注意其与几何之间的联系,帮助学生实现不同表征方式之间的转化,也可以通过问题的设置达到数学知识之间的普遍联系。

(5) 复数是中学阶段最后一次数系的扩充,也是数由一元向二元的一次跨越。起初对虚数的定义起源于已有数系的运算困难,而虚数引入的前提就是其满足实数范围内的开方与乘方运算,使已知世界的规则适用于未知世界,确保数学内部法则的一致性。因此,在复数知识的教学过程中,要让学生懂得如何在面对未知问题时跳出原有思维的桎梏,学会数学推广的一般方法。

参考文献

卢成娴,汪晓勤,沈中宇(2019). HPM 视角下复数概念教学的反馈研究. 中小学数学(高中版),Z2:8-11.

汪晓勤(2017). HPM:数学史与数学教育. 北京:科学出版社.

Bradbury, W. F. & Emery, G. C. (1889). *The Academic Algebra*. Boston:Thompson, Brown.

Cowles, W. H. & Thompson, J. E. (1947). *Algebra for Colleges and Engineering Schools*. New York:D. Van Nostrand Company.

Davies, C. (1859). *New Elementary Algebra*. New York: A. S. Barnes & Company.

Davis, E. W. (1890). *An Introduction to the Logic of Algebra*. New York: John Wiley & Sons.

Durell, F. & Robbins, E. R. (1909). *A Grammar School Algebra*. New York: Charles E. Merrill Company.

Evans, G. W. (1899). *Algebra for Schools*. New York: Henry Holt & Company.

Fine, H. B. (1904). *A College Algebra*. Boston: Ginn & Company.

Ford, W. B. & Ammerman, C. (1919). *First Course in Algebra*. New York: The Macmillan Company.

Ford, W. B. & Ammerman, C. (1920). *Second Course in Algebra*. New York: The Macmillan Company.

Hall, T. G. (1840). *The Elements of Algebra*. London: John W. Parker.

Lacroix, S. F. & Farrar, J. (1818). *Elements of Algebra*. Cambridge: The University Press.

Myers, G. W. & Atwood, G. E. (1916). *Elementary Algebra*. Chicago: Scott, Foresman & Company.

Perkins, G. R. (1842). *A Treatise on Algebra*. Utica: O. Hutchinson.

Rietz, H. L. & Crathorne, A. R. (1909). *College Algebra*. New York: Henry Holt & Company.

Robinson, H. N. (1850). *A Theoretical and Practical Treatise on Algebra*. Cincinnati: Jacob Ernst.

Robinson, H. N. (1862). *New University Algebra*. New York: Ivison, Phinney & Company.

Skinner, E. B. (1917). *College Algebra*. New York: The Macmillan Company.

Slaught, H. E. & Lennes, N. J. (1912). *First Principles of Algebra*. Boston: Allyn & Bacon.

Smith, D. E. (1900). *Teaching of Elementary Mathematics*. New York: The Macmillan Company.

Taylor, J. M. (1893). *An Academic Algebra*. Boston: Allyn & Bacon.

Van Velzer, C. A. & Slichter, C. S. (1890). *School Algebra*. Madison: Tracy, Gibbs & Company.

Weiss, M. J. (1949). *Higher Algebra for the Undergraduate*. New York: John Wiley & Sons.

Wells, W. & Hart, W. W. (1912). *First Year Algebra*. Boston: D. C. Heath & Company.

Wentworth, G. A. (1888). *A College Algebra*. Boston: Ginn & Company.

4 方程

杨孝曼[*]

4.1 引言

方程是代数学的基石,是用数学符号刻画现实世界的重要工具。在古代,虽然还没有形成方程的概念,但由于实践需要,人们已经会用方程解决实际问题了。"方程"这个名词最早见于我国汉代数学典籍《九章算术》,指的是多元线性方程组。刘徽注称:"程,课程也。群物总杂,各列有数,总言其实。令每行为率,二物者再程,三物者三程,皆如物数程之,并列为行,故谓之方程。"(郭书春,2014,p. 327)"如物数程之"的意思是需要求有几个未知数就要列几个方程。晚清数学家李善兰(1811—1882)和英国传教士伟烈亚力(A. Wylie,1815—1887)在翻译德摩根的《代数学》时,首次将"equation"译为"方程"。至此,"方程"这个中国古代数学术语被注入了新的内涵而沿用至今。

人教版和苏教版五年级数学教科书均将"方程"定义为"含有未知数的等式",并在例题和课后习题中设有方程的判断题。该定义体现了教材重形式、轻本质的特点。据了解,在实际教学过程中,一些教师甚至会用"含有字母的等式"来代替方程的定义,这种过度解读非常不利于学生对方程本质的理解。同时,"含有未知数的等式"这个定义也带来了很多引起争议的问题,例如很多教师和学生都存在这样的疑问:$x=1$ 是方程吗?$x+1=x+2$ 是方程吗? 在英语里用"equation"表示方程,而"equation"原来就是等式的意思,那么前人在翻译这个单词时,为什么不直接用等式? 方程与等式的联系与区别到底在哪里?

若要回答以上问题,就必须真正理解方程的本质。美国著名数学史家 M·克莱因(M. Kline,1908—1992)曾说:"课本上字斟句酌的叙述,未能表现出创造过程中的斗

---

* 华东师范大学教师教育学院硕士研究生。

争、挫折,以及建立一个可观结构之前,数学家经历的艰苦漫长的道路。"(M·克莱因,2002,序言)数学史是展示人类认识数学这一连续过程的最好媒介,它不仅追溯数学内容、思想和方法的演变及发展过程,并且探索影响这种过程的各种因素。不同时期数学教科书中的方程定义及其演变,展示了人类对方程概念的认识过程,为今日教科书的编写和课堂教学带来很多启示。因此,本章考察 1820—1959 年之间出版的美国和英国代数教科书中有关方程定义的内容,以试图回答以下问题:美英早期代数教科书是如何定义方程的? 方程定义是如何演变的? 方程定义的历史对我们今天认识方程有何启示? 对于今日方程的教学又有何启示?

4.2 研究方法

从有关数据库中选取 120 种美英早期代数教科书作为研究对象,以 20 年为一个时间段进行统计,这些教科书的出版时间分布情况如图 4-1 所示。

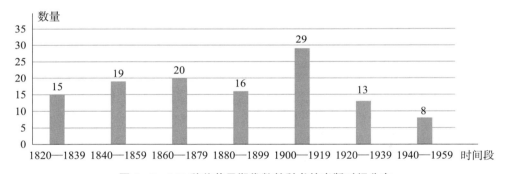

图 4-1 120 种美英早期代数教科书的出版时间分布

首先,按照年份查找并摘录出各教科书中的方程定义以及相关内容;接着,参考相关知识和文献(周曙,2019),以关键词为参照,确定分类框架。目前对数学概念的定义方式并没有形成共识,常见的提法有:属加种差定义法,发生定义法,形式定义法等(周曙,2019)。基于对方程定义表述方式的不同,本章首先建立初步的分类框架,运用该框架对早期代数教科书中的方程定义进行统计;再根据统计情况对分类框架进行适当修正,最终形成正式的分类框架,见表 4-1;最后,根据分类框架,对所考察的 120 种教科书中的方程定义进行分类与统计。

表 4-1　方程定义的分类框架

类别	内　　涵
属加种差定义	运用数学概念的邻近的属和种差所组成的定义。
描述性定义	运用范例或描述的方式对数学概念进行简洁、形象、定性的陈述。
函数定义	从函数的角度来定义数学概念。

4.3　方程的定义

　　方程作为一个数学概念,它是一种数学逻辑构造,是抽象逻辑的产物。统计结果表明,属加种差定义、描述性定义和函数定义占比依次为 8.27%、90.08% 和 1.65%,其中描述性定义占比最大。

4.3.1　属加种差定义

　　属加种差定义法可以简单地表述为:被定义项＝种差＋邻近的属。在 120 种教科书中,共有 10 种采用了此类定义法,主要集中在 19 世纪末到 20 世纪初。表 4-2 给出了属加种差定义的典型例子。

表 4-2　属加种差定义的典型例子

特点	定义的叙述	教科书
两个代数表达式＋等式	方程是两个代数表达式的等式。	Shoup（1874）
只对某些值成立＋等式	方程是一个等式,它只对其未知量的某些值或值的集合成立。	Taylor（1889）
等式中除去恒等式	不是恒等式的等式是方程。	Taylor（1900）

4.3.2　描述性定义

　　描述性定义重在对方程形式的描述,有 108 种教科书采用此类定义法,占据大多数。根据定义叙述的中心词,描述性定义又分为表达式定义、命题式定义、陈述法定义、比较法定义、典例法定义和组成法定义 6 种。图 4-2 给出了这 6 种定义方式的分布情况。

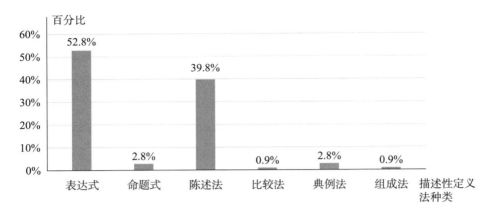

图 4－2　6 种描述性定义的分布情况

（一）表达式定义

表达式定义将方程视为用等号连接的一种表达式，有 57 种教科书采用这种定义。表 4－3 给出了表达式定义的典型例子。

表 4－3　表达式定义的典型例子

特点	定义的叙述	教科书
两个量的表达式	两个量之间相等的表达式称为方程。	Colburn（1825）
代数表达式	方程是一个代数表达式，由两个相等的量组成，它们之间用等号连接。	Lawren（1853）
命题表达式	方程是一个代数性质的命题表达式，即一组量与另一组量之间的相等，或同一个量的不同表达式之间的相等。	Day ＆ Thomson（1844）

（二）命题式定义

中心词是"命题"的定义称为命题式定义。仅有 3 种教科书采用这种定义，将方程看作一种命题。表 4－4 给出了命题式定义的典型例子。

表 4－4　命题式定义的典型例子

特点	定义的描述	教科书
已知量和未知量＋命题	方程是由已知量和未知量组成的命题，用等式符号连接在一起。	Bayley（1830）
代数表示＋命题	方程是一个用代数表示的两个量相等的命题。	Loomis（1862）

（三）陈述法定义

以"阐述""描述"或"陈述"等为关键词的定义称为陈述法定义。有 43 种教科书采用这种定义，在描述性定义法中占比仅次于表达式定义。表 4-5 给出了陈述法定义的典型例子。

表 4-5　陈述法定义的典型例子

特点	定义的叙述	教科书
阐述	方程是某些特定问题的代数阐述。	Docharty（1852）
描述	关于量相等的描述称为方程。	Sherwin（1841）
陈述	方程是两个表达式相等的陈述。	Fisher & Schwatt（1921）

（四）比较法定义

将方程看作两个量之间的比较的定义称为比较法定义。Williams（1840）将方程定义为："当两个相等的量用符号'＝'连接时，这种比较称为方程。"虽然仅有 1 种教科书采用这种定义，但是该定义值得关注，因为它将等号两边看作是地位平等的两个量，这有助于打破学生认为"＝"仅代表运算结果的固有思维，从而更好地理解方程两边的等量关系。

（五）典例法定义

基于典型例子的定义称为典例法定义。有 3 种教科书采用这种定义方式。例如 Hind（1837）将方程定义为："像 $ax+b=cx+d$ 这样，符号'＝'两边的量彼此相等，整体称为等式或方程。"Lilley（1892）将方程定义为："形如 $3x+5=5x-7$ 的等式叫做方程。"这种定义方式的特点就是从形式上说清楚了"什么是"，但是忽略了方程概念的本质。

（六）组成法定义

聚焦方程组成成份的定义称为组成法定义。仅有 Ficklin（1874）采用这种定义，具体表述为："一个方程由两个用等号连接的表达式组成。"

图 4-3 给出了上述 6 种描述性定义的时间分布情况。

从图中可见，19 世纪 80 年代之前表达式定义占有绝对优势，19 世纪末占比开始减少。反之，陈述法定义的占比逐渐增加，到 20 世纪发展成为主流定义方式。而命题

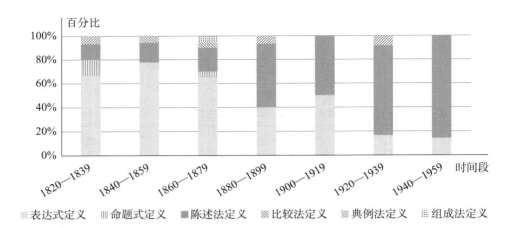

图 4‑3　6 种描述性定义的时间分布

式定义、比较法定义、典例法定义和组成法定义都是在少数几个时间段昙花一现。

4.3.3　函数定义

从函数角度出发的定义称为函数定义，有 2 种教科书采用此类定义。Urner & Orange(1937)将方程定义为："要求 x 的一个值，使函数 $f(x)$ 和 $g(x)$ 具有相同的值，则 $f(x)=g(x)$ 称为方程。"Whyburn & Daus (1955)给出方程的定义如下："如果将含有一个或多个未知数的两个函数设为相等，并且对某些数而不是对所有值都成立，在这种情况下，它被称为条件方程。"这种定义方式虽然在形式上将方程等号两边看作两个函数，但编者并未将未知数和变量严格区分开来。20 世纪初，德国数学家 F·克莱因提出以函数概念统一数学教育内容的思想（马忠林，2001），这种思想导致函数定义的诞生。

4.4　方程与等式

在英语中，"equation"这个单词本身就是等式的意思，数学中公式、函数、纯数字算式等都是等式的形式。所考察的 120 种教科书在定义方程时，有的将方程与等式进行了区分，有的则不加区分。具体主要分为以下三类。

第一类：不区分方程和等式。

19 世纪早期的教科书倾向于不区分方程和等式,部分教科书明确表示纯数字的等式也是方程。表 4-6 给出了第一类定义的典型例子。

表 4-6　第一类定义的典型例子

特点	定义	教科书
未提到 equality	如果一个量等于另一个量,或等于零,并且这个等式用代数形式表示,它就构成了一个方程。	Wood(1815)
明确不区分 equality 和 equation	像 $ax-b=cx+d$ 这样,符号"="两边的量彼此相等,整体称为等式或方程。	Hind(1837)
明确说明纯数字的等式也是方程	方程是一个代数性质的命题表达式,即一组量与另一组量之间的相等,或同一个量的不同表达式之间的相等。因此, $x+a=b+c$ 和 $5+8=17-4$ 都是方程。	Day & Thomson (1844)

第二类：没有明确区分方程和等式,但明确说明了方程含有未知数。

第二类定义虽然没有明确区分方程和等式,但是提到了"方程通常含有未知数"。这类定义在 19 世纪初占比最大,之后逐渐减少。表 4-7 给出了第二类定义的典型例子。

表 4-7　第二类定义的典型例子

特点	定义	教科书
方程是从未知到已知的"桥梁"	用等号连接的两个相等量的表达式叫做方程。通过方程我们可以从未知到已知。	Mudie (1836)
方程含有已知量和未知量两部分	方程通常由已知的某些量和未知量组成。	Loomis (1862)
通过两个关于 x 的函数相等来定义方程	要求 x 的一个值,使函数 $f(x)$ 和 $g(x)$ 具有相同的值,则 $f(x)=g(x)$ 就称为方程。	Urner & Orange (1937)

第三类：区分方程和恒等式。

第三类定义突出方程包含未知数的特点,将方程作为等式的一种情形独立出来,强调只有某些特定值代入方程所含未知数后等式才成立,而通过已知部分和等量关系确定这些特定值进而求出未知数的过程就叫做解方程。表 4-8 给出了第三类定义的典型例子。

表 4 - 8　第三类定义的典型例子

特点	定　义	教科书
说明方程是特殊的等式	某些等式直到将特定的值代入表示未知量的一个或多个字母后才被验证,那些特定的值取决于等式中已知和给定的数字。为了区别这类等式,我们称之为方程。	Bourdon(1831)
分别定义恒等式和方程	两个代数表达式可能是如此的相关,以至于无论对其所涉及的字母赋予什么值,它们都彼此相等,则表示这两个代数式相等的表达式就叫做恒等式。但一般来说,两个表达式只有在一定条件下才是相等的,这两个不同的表达式相等的表述称为方程,有时称为条件方程。	Elsee(1879)
明确说明纯数字等式不是方程	只由某些特定值代入代表未知量的字母才成立的等式称为方程。2+3＝5 这个表达式是一个等式,但它不是一个方程。	Beman ＆ Smith (1900)

在 10 个属加种差定义中,3 个属于第一类,1 个属于第二类,6 个属于第三类。2 个函数定义分别属于第二类和第三类。在 108 个描述性定义中,39 个属于第一类,20 个属于第二类,49 个属于第三类。

以 20 年为一个时间段进行统计,上述三类定义的分布情况如图 4 - 4 所示。

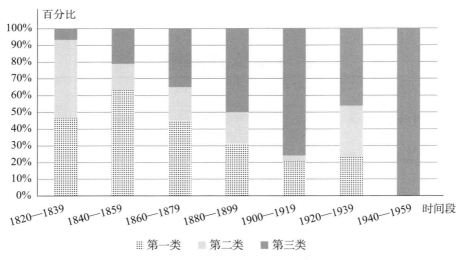

图 4 - 4　120 种教科书中方程定义类别的时间分布

从图中可见,19 世纪初,第一类和第二类的占比较大,第三类占比最少。随后第一类在 1840—1859 年短暂增加后,开始逐渐减少;第二类的占比大体上也呈递减趋势,到 20 世纪中叶第一类和第二类的占比都为零;第三类的占比逐渐增加,到 20 世纪中叶仅剩下这类定义。早期代数教科书并没有将方程和等式进行区分；随着时间的推移，教科书在定义方程时越来越倾向于强调"方程通常含有未知数"。进入 20 世纪，将方程和恒等式区分开的方式逐渐成为主流。

4.5　方程的意义

Bartoo & Osborne(1937)在"方程"章的开篇记载了这样一个故事：一个人在工作岗位上遇到了难题，在百思不得其解后，领导告诉他其实这就是他在学校里学习的代数。由此可见，方程不只是书本上的一个知识点，更是解决实际生活问题的数学工具。

方程的本质体现在它将一个问题的已知部分和未知部分通过等号连接起来，并由此求出对我们有价值的未知数，进而解决实际问题。匈牙利著名数学家波利亚（G. Pólya，1887—1985）也曾说过："方程的核心思想是借助一组等式关系求解未知数。"（Pólya，1965）

在所考察的 120 种教科书中，有 49 种在给出方程的定义时，明确提到方程在解决实际问题和数学研究方面的意义。例如，Mudie(1836)将问题的已知部分和未知部分比作一条河的两岸，而得到它们之间的等量关系即建立方程，就是建造连通两岸的桥梁。Feinstein & Murphy(1957)则言简意赅地指出：方程本质上是一个问题，而不是一个陈述。

我国著名数学教育家张奠宙（1933—2018）先生也多次对教科书上关于方程的定义提出过质疑，并提议将方程定义为："方程，是为了求未知数，在已知数和未知数之间建立起来的一组等式关系。"（邹佳晨，张奠宙，汪晓勤，李旭辉，2015）张先生给出的定义非常严谨且清晰地揭示了方程的本质和意义，不仅符合西方代数教科书中强调的等式关系，而且将求未知数这个功能说清楚了，同时也让学生明白方程不是一个自然存在的公式，而是建立数学模型的过程。

4.6　结论与启示

在 120 种美英早期代数教科书中，出现了属加种差定义、描述性定义和函数定义 3 类定义，其中描述性定义占比最大，又可具体分为表达式定义、命题式定义、陈述法定义、比较法定义、典例法定义和组成法定义 6 个子类。19 世纪 80 年代之前，表达式定义占有绝对优势,随后陈述法定义的占比逐渐增加,到 20 世纪发展成为主流定义。同时,方程的定义也经历了从模糊到清晰的过程,早期代数教科书倾向于不区分方程和等式,到 19 世纪末,方程才逐步从等式中独立出来。从本质上来说,方程是一个问题,它的意义在于通过等量关系连接问题的已知和未知,进而求解未知数,方程的建立是一个数学建模的过程。

早期代数教科书中方程定义的多样性以及方程定义的演变过程可以为今日教学提供有益的参考。

首先,早期代数教科书给出的一些定义或观点有助于我们澄清有关方程定义的争议。如:无论按照何种定义,$x=1$ 当然是方程,但按照 Feinstein & Murphy(1957)的观点"方程本质上是一个问题,而不是一个陈述"以及 Smith & Reeve(1925)的观点"我们可以把条件方程看作疑问句,它询问在什么条件下这个等式是成立的",$x=1$ 是一个陈述 —— 未知数等于 1,而不是一个问题 —— x 等于多少时等式成立,因而可以说它不是真正的方程。至于 $x+1=x+2$,根据比较法定义,它是一个不等关系,并不属于方程。

其次,方程概念从不完善到完善的演进过程为今日 HPM 视角下的方程概念教学提供了参照。教师可以设计教学活动,让学生在课堂上用自己的语言给方程下定义,并进行古今对照,从而促进学生对方程概念的理解。教师可以引用早期代数教科书中的精彩观点,如"方程是沟通已知与未知的桥梁",让学生感悟数学对于人类认识世界的价值,彰显数学的文化之魅。教师还可以制作以"方程定义的历史"为主题的 HPM 微视频,让学生感悟数学概念的演进过程,树立动态的数学观,达成德育之效。

参考文献

郭书春(2014). 九章算术新校. 合肥:中国科学技术大学出版社.

马忠林(2001). 数学教育史. 南宁:广西教育出版社.

M·克莱因(2002). 古今数学思想. 张理京,等,译. 上海:上海科学技术出版社.

张容溪(2009). 以方程为例的数学史与数学教育整合探究. 上海中学数学,(11):3 - 6.

周曙(2019). 基于定义方式的初中数学概念分类及其教学建议. 中学数学教学参考,(11):2 - 4.

邹佳晨,张奠宙,汪晓勤,李旭辉(2015). 访谈录:究竟什么是方程? —— 析"含有字母的等式叫方程"之误. 数学教学,(01):1 - 4.

Bartoo, G. C. & Osborne, J. (1937). *First-year Algebra*. Washington:Webster Publishing

Company.

Bayley, J. (1830). *A Treatise on the Elements of Algebra*. London: Whittaker, Treacher & Company.

Beman, W. W. & Smith, D. E. (1900). *Elements of Algebra*. Boston: Ginn & Company.

Bourdon, M. (1831). *Elements of Algebra*. New York: E. B. Clayton.

Colburn, W. (1825). *An Introduction to Algebra*. Boston: Cummings, Hilliard & Company.

Day, J. & Thomson, J. B. (1844). *Elements of Algebra*. New Haven: Durrie & Peck.

Docharty, G. B. (1852). *The Institutes of Algebra*. New York: Harper & Brothers.

Elsee, C. (1879). *Elements of algebra*. Cambridge: Deighton, Bell & Company.

Feinstein, I. K. & Murphy, K. H. (1957). *College Algebra*. Ames, Iowa: Littlefield, Adams & Company.

Ficklin, J. (1874). *The Complete Algebra*. New York: Ivison, Blakeman, Taylor & Company.

Fisher, G. E. & Schwatt, I. J. (1921). *Complete Secondary Algebra*. New York: The Macmillan Company.

Hind, J. (1837). *The Elements of Algebra*. Cambridge: John William Parker.

Lawrence, C. D. (1853). *Elements of Algebra*. New York: Alden, Beardsley & Company.

Lilley, G. (1892). *The Elements of Algebra*. Boston: Silver, Burdett & Company.

Loomis, E. (1862). *The Elements of Algebra*. New York: Harper & Brothers.

Mudie, R. (1836). *Popular Mathematics*. London: Orr & Smith.

Pólya, G. (1965). *Mathematical Discovery*. New York: John Wiley & Sons.

Sherwin, T. (1841). *An Elementary Treatise on Algebra*. Boston: Hall & Whiting.

Shoup, F. A. (1874). *The Elements of Algebra*. New York: E. J. Hale & Son.

Smith, D. E. & Reeve, W. D. (1925). *Essentials of Algebra*. Boston: Ginn & Company.

Taylor, J. M. (1889). *A College Algebra*. Boston: Allyn & Bacon.

Taylor, J. M. (1900). *Elements of Algebra*. Boston: Allyn & Bacon.

Urner, S. E. & Orange, W. B. (1937). *Intermediate Algebra*. New York: McGraw-Hill Book Company.

Whyburn, W. M. & Daus, P. H. (1955). *Algebra for College Students*. New York: Prentice-Hall.

Williams, J. D. (1840). *An Elementary Treatise on Algebra*. Boston: Hilliard, Gray & Company.

Wood, J. (1815). *The Elements of Algebra*. Cambridge: J. Smith.

5 正比例函数

杨舒捷[*]

5.1 引言

现行初中数学教科书中,人教版教科书先介绍正比例函数,接着介绍一次函数;北师大版和苏科版教科书将正比例函数作为特殊的一次函数来处理;沪教版教科书则是先介绍正比例概念,再引入正比例函数,紧接着呈现反比例函数的内容。不同教科书的处理方式不同,但都是先给出一般的函数概念,再给出正比例函数概念。

美国数学家约瑟夫·雷伊(J. Ray,1807—1855)在其《高等算术》一书中写道:"变化(variation)是常用的表达比例的一般方法,包括正变化(direct variation)和反变化(inverse variation)。若两个量同时增大或同时减小,则它们之间存在正变化,例如,船以一定的速度行驶时,路程与时间成正变化,即在一定速度下行驶的路程之比与时间之比相等。"(Ray,1856,p. 178)在今天看来,引文中的"正变化"就是"正比例函数"。

无论是在教科书上还是在课堂中,人们都几乎看不到正比例函数历史的影子,相关的 HPM 教学案例付之阙如。要开发正比例函数的 HPM 课例,教师需要了解正比例函数概念的产生和发展过程,从而采用重构式策略进行教学设计,同时,也需要搜集相关的教学素材,用于探究任务的设计。

鉴于此,本章聚焦正比例函数概念,对美国早期代数教科书进行考察,以试图回答以下问题:早期代数教科书是如何引入和定义正比例函数的? 正比例函数引入和定义的方式又是如何演变的? 希望通过对以上问题的回答,为今日正比例函数教学和教科书的编写提供参考。

---

[*] 华东师范大学教师教育学院硕士研究生。

5.2　教科书的选取

从有关数据库中选取 20 世纪 60 年代之前出版的 83 种美国代数教科书作为研究对象,以 20 年为一个时间段进行统计,这些教科书的出版时间分布情况如图 5－1 所示。

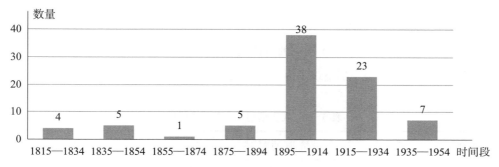

图 5－1　83 种美国早期代数教科书的出版时间分布

正比例函数概念所在章主要有"比率、比例和变化""变化""比率与比例""不定方程与变量""变量与函数""幂函数与指数函数"等,表 5－1 给出了正比例函数所在章的分布情况。其中,"比率、比例和变化"章的占比最高,其次是"变化"章。

表 5－1　正比例函数概念所在章的分布

章名	比率、比例和变化	变化	比率与比例	不定方程与变量	变量与函数	其他
数量	46	19	5	2	2	9
比例	55.4％	22.9％	6％	2.4％	2.4％	10.9％

本章采用的统计方法如下:首先,按照年份查找并摘录出研究对象中有关正比例函数的引入和定义部分;然后,参考相关知识确定初步分类框架,并结合早期代数教科书中的具体情况进行适当调整,形成最终的分类框架;最后,依据此框架对研究对象进行分类与统计。

5.3 正比例函数概念的引入

考察发现,在 83 种早期代数教科书中,有 37 种直接给出了"正变化"概念,其余 46 种教科书中,共出现了 3 种引入方式,分别是现实情境引入、内部需要引入和科学应用引入,其中,有 35 种采用 1 种引入方式,11 种采用 2 种引入方式。

5.3.1 现实情境引入

有 23 种教科书通过现实生活中的具体例子来引入"正变化"概念,表 5－2 给出了若干典型例子。这些例子都呈现了两个变量之间"等比例变化"的依赖关系。

表 5－2 现实情境引入的典型例子

类别	情境的描述	教科书
酬金问题	如果一个人被雇来工作,每天得到一定的酬金,那么他所收到的酬金数将随他工作的天数而变化,这种变化也可以这样表示:$x = mt$ 或者 $\frac{x}{t} = m$,其中 m 表示每天的酬金。	Durell & Robbins (1897)
旅费问题	沿某铁路旅行,每英里要花费 3 美分,因此,旅行的费用取决于旅行的英里数,即 $c = 0.3m$,其中 c 表示旅行费用(单位为美元),m 表示旅行英里数。	Bartoo & Osborne (1937)
价格问题	每磅黄油 5 便士,所支付的金额随购买的磅数而变化。	Hedrick (1908)
质量问题	若 100 英尺长的铜线重 32 磅,则对于同样的铜线,200 英尺长重 64 磅,300 英尺长重 96 磅,以此类推。这里有 W(重量)和 L(长度)两个变量,W 的值依赖于 L 的值,W 随着 L 的增加而成比例地增加。	Hawkes, Luby & Touton (1910)
行程问题	如果火车速度是每小时 42 英里,那么 3 分钟的行程为 2.1 英里,4 分钟的行程为 2.8 英里,5 分钟的行程为 3.5 英里。考察"3、4、5"和"2.1、2.8、3.5"两组数,第二组中的数是由第一组中相应的数乘以 0.7 得到的,因此,$3:4:5 = 2.1:2.8:3.5$。	Hopkins & Underwood (1912)
注水问题	用一根水管将水注入桶里,记 w 为 t 分钟后桶内水的重量,则 w 和 t 是变量,若水的流速是均匀的,q 表示单位时间内流入桶中的水的重量,则 $w = qt$,其中 q 对于给定的水管而言是常数。	Myers & Atwood (1916)

图 5－2 为各类问题的时间分布情况。从图中可见,自 19 世纪 90 年代起,教科书

编者逐渐开始使用现实情境引入,其中行程问题一直受到各个时期编者的青睐。到了20 世纪 30 年代,行程问题和价格问题成为教科书普遍采用的引例。

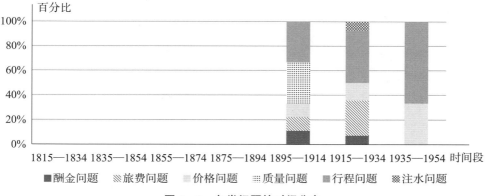

图 5 - 2 各类问题的时间分布

5.3.2 内部需要引入

有 33 种教科书从数学内部需要的角度来引入正比例函数,可分为以下两种:一是通过与比例的关系引入,有 9 种教科书采用此方式;二是通过函数关系引入,有 24 种教科书采用此方式。表 5 - 3 给出了若干典型例子。

表 5 - 3 内部需要引入的典型例子

类别	描 述	教科书
比例关系引入	在研究相互依赖的变量之间的关系时,每个比例只用两项来表达,比保留四项更容易得出结论,但是,尽管在考虑这些量的变化时只表达了两项,但要记住,实际上涉及了四项,该运算实际上是比例运算。	Lewis(1826)
	当一个量的变化与另一个量的变化之间存在某种规律时,我们就说这个量随另一个量变化。若 y 是 x 的函数,则当 x 发生变化时,y 也发生变化。最简单的变化情形与比和比例密切相关,事实上,正变化只不过是比例的一个新的表达形式而已。	Collins(1893)
	处理两个及以上变量的数值关系的问题称为变化问题。变化问题实际上涉及比例问题,在研究了后面给出的各种变化之后,这一事实将变得昭然若揭。	Hawkes, Luby & Touton(1919)
函数关系引入	如果 y 是 x 的函数,那么一般情况下,当 x 变化时,y 也变化,我们可以说 y 随 x 的变化而变化。但这里的"变化"一词有其特定的含义。	Rietz & Crathorne (1909)

类别	描　　述	教科书
函数关系引入	有些变量之间的联系十分紧密,其中一个变量的值依赖于另一个变量的值,这些变量之间的关系可以用函数来表示。	Stone & Millis (1912)
	幂函数关系经常用变化语言来表示。如果两个变量 x 和 y 具有幂函数关系 $y = kx^n$,其中 k 和 n 是常数,则称 y 随 x^n 的变化而变化,k 称为变化常数或比例因子。	Smail(1931)
	任何一个函数都可以看作是描述变化的函数。……在这个主题中,我们将研究和应用一些非常简单和特殊的变化类型。	Feinstein & Murphy (1957)

图 5-3 给出了以上两类内部需要引入方式的时间分布情况。从图中可见,19 世纪初的教科书主要通过比例关系来引入正变化,到了 19 世纪 30 年代,比例引入与函数引入平分秋色,而到了 20 世纪初,函数引入以压倒性优势成为主流的引入方式。

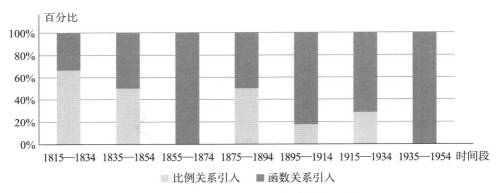

图 5-3　两类内部需要引入方式的时间分布

5.3.3　科学应用引入

Davis(1942)从其他学科领域的需要引入正变化:"变化的概念在物理、工程、化学和其他学科中都有广泛的应用,因为这些研究领域中的许多定律都是用变化的语言来表达的。例如,牛顿提出的著名的万有引力定律常常被表述为:两个相互吸引的物体之间的引力与它们质量的乘积成正比。……理想气体的压力与绝对温度成正比。当这些定律被表述成代数语言时,它们就变得十分清晰。"

5.3.4　引入方式的演变

图 5-4 给出了各类引入方式的时间分布情况。从图中可见,19 世纪的教科书主要从数学内部需要来引入或以开门见山的方式给出"正变化"概念。到了 19 世纪末到 20 世纪初,开始出现现实情境引入,且采用该引入方式的教科书占比呈现递增趋势,而直接给出正比例函数定义的教科书的比例则呈现递减趋势,采用开门见山方式和内部需要引入方式的教科书占比都呈现递减趋势。这种变化与 20 世纪初的数学教育改革运动有关,1901 年英国数学家培利(J. Perry,1850—1920)提出了"实用数学"的倡议(马忠林,2001),导致当时的教科书编者开始重视现实情境引入的方式。

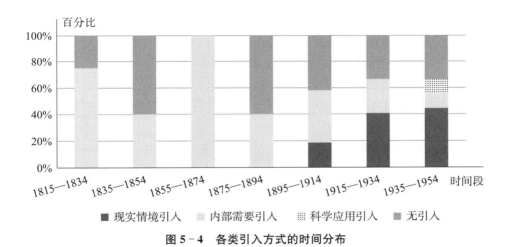

图 5-4　各类引入方式的时间分布

5.4　正比例函数的定义

根据定义中的关键词和性质,美国早期代数教科书中的"正变化"定义可以分为比例定义、比值定义和表达式定义 3 类。有 56 种教科书给出了 1 种定义,27 种教科书给出了 2 种定义。

"比例定义"是从一个量随另一个量等比例变化的角度看待正变化;"比值定义"强调无论两个变量如何变化,二者的比值始终为定值;"表达式定义"则是从函数的角度直接给出解析式 $y = kx$(k 为常数,$k \neq 0$)。 表 5-4 给出了正比例函数定义的典型例子。

表 5-4   正比例函数定义的典型例子

类型	定义的叙述	教科书
比例定义	如果两个量满足这样的函数关系,当前一个量变化时,后一个量以相同的比例变化,则称后一个量随前一个量正变化。也就是说,如果 B 是 A 的函数,当 A 变为 a 时,B 就变为 b,且 $A:a=B:b$,那么 A 随 B 正变化,记为 $A \propto B$。	Lewis(1826)
	如果两个变量以相同的比例同时增加或减少,那么其中一个变量随另一个变量正变化。	Loomis(1846)
	对于两个相关联的变量,如果其中一个量的任意两个值与另一个量的相应值具有相同的比值,那么后一个量随前一个量正变化。	Newcomb(1882)
比值定义	对于两个变量,若无论它们的值如何变化,二者的比值都保持不变,则这两个量成正比。也就是说,若无论 x 和 y 怎样变化,$\frac{y}{x}$ 都保持不变,则 y 随 x 正变化,或 y 和 x 成正比。	Clarke(1881)
	如果一个变量 y 与另一个变量 x 的比值是常数,即 $\frac{y}{x}=k$,k 为常数,那么 y 随 x 正变化。	Fisher & Schwatt (1899)
表达式定义	如果 y 等于 x 乘以一个常数,即 $y=kx$(k 为常数),那么 y 随 x 正变化,或 y 和 x 成正比,常用 $y \propto x$ 表示。	Rietz & Crathorne (1909)
	如果两个变量 x 和 y 具有幂函数关系 $y=kx^n$,其中 k 和 n 为常数,对于 $n=1$,我们可以进一步定义:如果两个变量 x 和 y 的比值总是常数,即 $\frac{y}{x}=k$ 或 $y=kx$,我们说 y 随 x 正变化。	Smail(1931)

美国早期代数教科书中并没有出现"正比例函数"(proportional function)一词。18 世纪,欧拉虽未提出"正比例函数"概念,但他已关注一类特殊函数,即"倍"函数,并给出了相关例子:$2z$,$3z$,$\frac{3}{5}z$,az 等。(Euler,1988,p. 4)之后,教科书常用"一个量随另一个量正变化"来描述正比例函数(Lewis,1826),后来则一般用"正变化"(direct variation)一词来命名正比例函数(Newcomb,1882),这与早期教科书编者对正比例函数的认识有关,当时的正比例函数多从两个量成正比例变化谈起,所在章大多与比例或"变化"有关。

图 5-5 呈现了以上 3 类定义的时间分布情况。由图可知,19 世纪初期的教科书主要使用"比例"来定义正变化,后来逐渐出现了表达式定义和比值定义,19 世纪 30

年代到 20 世纪初,表达式定义一直占据主流地位,20 世纪以后,教科书编者更倾向于使用比值定义,比例定义呈现出递减趋势。

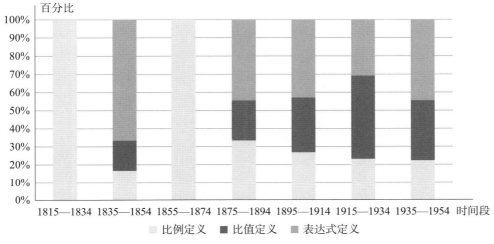

图 5‐5　3 类定义的时间分布

5.5　结论与启示

美国早期代数教科书将我们今天所熟悉的“正比例函数”称为“正变化”,主要采用现实情境、内部需要和科学应用 3 种引入方式以及比例、比值和表达式 3 种定义。19 世纪末以前,教科书大多从数学内部需要来引入或开门见山地给出“正变化”概念,19 世纪末到 20 世纪初,开始出现现实情境引入方式。19 世纪 30 年代以前,教科书主要采用比例定义,19 世纪 30 年代以后出现了表达式定义和比值定义,此后 3 种定义并存,但比例定义呈现递减趋势。

早期教科书中的“正变化”相关内容为今日正比例函数教学提供了诸多启示。

首先,教师可以借鉴正比例函数概念的发展过程来设计教学,让学生在注水、行程、价格、酬金等现实问题中抽象出两个变量之间的依赖关系,并用解析式加以表达,从中归纳出正比例函数的概念。

其次,教师可以让学生自己给“正比例函数”下定义,并参照历史上的不同定义,通过古今对照,加以评价。

再次,教师可以引导学生思考"正比例函数"与"正比例"之间的关系,从而更深刻地理解概念。

最后,教师可以制作微视频,呈现正比例函数概念的历史,让学生了解正比例函数的"前世"——正变化,感悟数学概念的演进性,增强历史感,并思考函数概念的"变化"特征以及正比例函数作为最简单函数的重要意义。

参考文献

马忠林(2001). 数学教育史. 南宁:广西教育出版社.

Bartoo, G. C., Osborne, J. (1937). *First-year Algebra:A Text-Workbook*. Washington: Webster Publishing Company.

Clarke, J. B. (1881). *Algebra*. San Francisco:A. L. Bancroft & Company.

Collins, J. V. (1893). *Text-book of Algebra*. Chicago:Albert, Scott & Company.

Davis, H. T. (1942). *College Algebra*. New York:Prentice-Hall.

Durell, F. & Robbins, E. R. (1897). *A School Algebra Complete*. New York:Maynard, Merrill, & Company.

Euler, L. (1988). *Introduction to Analysis of the Infinite*. New York:Springer-Verlag.

Feinstein, I. K. & Murphy, K. H. (1957). *College Algebra*. Ames, Iowa:Littlefield, Adams.

Fisher, G. E. & Schwatt, I. J. (1899). *Elements of Algebra*. New York:The Macmillan Company.

Hawkes, H. E., Luby, W. A. & Touton, F. C. (1910). *A First Course in Algebra*. Boston: Ginn & Company.

Hawkes, H. E., Luby, W. A. & Touton, F. C. (1919). *Complete School Algebra*. Boston: Ginn & Company.

Hedrick, E. R. (1908). *An Algebra for Secondary Schools*. New York:American Book Company.

Hopkins, J. W. & Underwood, P. H. (1912). *Elementary Algebra*. New York:The Macmillan Company.

Lewis, E. (1826). *A Treatise on Algebra*. Philadelphia:Kimber & Sharpless.

Loomis, E. (1846). *A Treatise on Algebra*. New York:Harper & Brothers.

Myers, G. W. & Atwood, G. E. (1916). *Elementary Algebra*. Chicago:Scott, Foresman & Company.

Newcomb, S. (1882). *A School Algebra*. New York: Henry Holt & Company.

Ray, J. (1856). *Ray's New Higher Arithmetic*. Cincinnati: Wilson, Hinkle & Company.

Rietz, H. L. & Crathorne, A. R. (1909). *College Algebra*. New York: Henry Holt & Company.

Smail, L. L. (1931). *College Algebra*. New York: McGraw-Hill Book Company.

Stone, J. C. & Millis, J. F. (1912). *Elementary Algebra*. Boston: Benj H. Sanborn & Company.

6 反比例函数

杨舒捷[*]

6.1 引言

现行初中数学教科书中,人教版、北师大版和苏科版教科书都是在独立的"反比例函数"章中介绍反比例函数,直接将"形如 $y=\dfrac{k}{x}$(k 为常数,$k \neq 0$)的函数"定义为反比例函数;而沪教版教科书则是在正比例函数之后,先介绍反比例概念,再介绍反比例函数概念。不同教科书的处理方式不同,但都是借助解析式来定义反比例函数,在内容介绍上也基本都是从一些具体的实例引入,然后概括出反比例函数的本质特征,从而得到反比例函数的定义(李海东,2010)。

历史上,早在 19 世纪就已出现反比例函数概念,但我们所熟悉的名称却姗姗来迟。美国数学家约瑟夫·雷伊在《高等算术》一书中写道:"变化是常用的表达比例的一般方法,包括正变化和反变化。……若一个量随着另一个量的减小而增大,则它们之间存在反变化。例如,完成一项工作所需要的时间随着所雇人数反变化,即指两个时间之比等于所雇人数之反比。"(Ray,1856,p. 178)引文中的"反变化"就是我们今天所说的"反比例函数"。

任何数学概念都有其产生和发展的历史,反比例函数也不例外,但人们对其知之甚少。反比例函数概念相关历史素材的缺失是阻碍教师以 HPM 视角开展课例研究的主要障碍。鉴于此,本章聚焦反比例函数概念,对美国早期代数教科书进行考察,以试图回答以下问题:早期代数教科书是如何引入和定义反比例函数的? 反比例函数的引入和定义方式是如何演变的? 对今日反比例函数教学有何启示?

---
[*] 华东师范大学教师教育学院硕士研究生。

6.2 教科书的选取

从有关数据库中选取 1815—1954 年间出版的 79 种美英代数教科书作为研究对象,以 20 年为一个时间段进行统计,这些教科书的出版时间分布情况如图 6-1 所示。

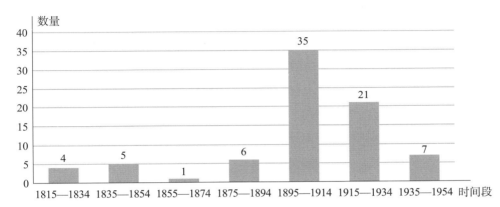

图 6-1 79 种美英早期代数教科书的出版时间分布

反比例函数概念所在的章主要有"比率、比例和变化""变化""变量与函数""不定方程与变量"等,表 6-1 给出了反比例函数概念所在章的分布情况。其中,"比率、比例和变化"章的占比最高,其次是"变化"章。由此可见,早期教科书编者主要从比例或变化的角度来理解反比例函数。

表 6-1 反比例函数概念在 79 种代数教科书中的章分布

章名	比率、比例和变化	变化	变量与函数	不定方程与变量	其他
数量	48	19	2	2	8
比例	60.8%	24.1%	2.5%	2.5%	10.1%

本章采用的统计方法如下:首先,按照年份查找并摘录出研究对象中有关反比例函数的引入和定义部分;然后,参考相关文献确定初步分类框架,并结合早期代数教科书中的具体情况进行适当调整,形成最终的分类框架;最后,依据此框架进行分类与

统计。

6.3 反比例函数概念的引入

考察发现,在 79 种早期代数教科书中,有 31 种直接给出了"反变化"概念,其余 48 种教科书中,共出现了 3 种引入方式,分别是现实情境引入、比例关系引入和函数关系引入,其中,有 46 种仅采用了 1 种引入方式,2 种采用了 2 种引入方式。

6.3.1 现实情境引入

有 13 种教科书通过现实生活中的具体例子来引入"反变化"概念,表 6 - 2 给出了若干典型例子。

表 6 - 2 现实情境引入的典型例子

类别	情境的描述	教科书
排水问题	一个装满水的水箱通过一个平滑的开口向外排水,若排水口的面积为 1 平方英寸时,排空水箱需要 24 分钟,则排水口面积为 2 平方英寸时,排空水箱需要 12 分钟,排水口面积为 3 平方英寸时,排空水箱需要 8 分钟。	Hawkes, Luby & Touton (1910)
矩形问题	一个矩形场地的面积为 200 平方码,如果用 l 表示长度,w 表示宽度,那么 $lw = 200$。如果 l 增加,w 也增加吗?如果 w 减小,l 减小吗?如果 l 减小,w 会减小吗?如果 w 增加,l 会增加吗?如果我们正确地回答了这些问题,就会发现,当其中一个变量增加时,另一个变量会减小,反之亦然。	Engelhardt & Haertter (1926)
雇工问题	雇佣若干人完成某项工作,如果雇佣的人数是原来人数的 2 倍,那么完成工作所需的时间应为原来的时间除以 2;如果人数是 3 倍,时间就除以 3;以此类推。如果人数为 n,完成这项工作所需的天数为 t,则上述关系可以用 $t = \dfrac{k}{n}$ 表示,其中 k 为常数,取决于要完成的工作。	Slaught & Lennes (1915)
行驶问题	两个城市之间的距离是一个常数,但由于不同驾驶者的驾驶速度不同,所以在两个城市之间通勤所需时间也不同,公式 $rt = d$ 表示时间和速度之间的关系。若行驶速度为 32 英里 / 时,两地通勤需要 4 小时,则行驶速度为 16 英里 / 时时两地通勤需多长时间?	Baker(1924)

6.3.2　比例关系引入

有 9 种教科书通过比例关系引入"反变化"概念。例如，Lewis(1826)称："在研究相互依赖的变量之间的关系时，每个比例中只用两项来表达，比保留所有四项更容易得出结论，但是，尽管在考虑这些量的变化时只用两项来表达，但必须记住，实际上涉及四项，用来得出结论的运算实际上是比例运算。"Collins(1893)称："最简单的变化类型与比率和比例密切相关，事实上，反变化只不过是比例的一种新的表达形式。"

6.3.3　函数关系引入

有 28 种教科书通过函数关系引入"反变化"概念，表 6 - 3 给出了若干典型例子。从表中可见，有关教科书都是从"变量的依赖关系"角度来理解函数概念的。

表 6 - 3　函数关系引入的典型例子

描　　述	教科书
如果 y 是 x 的函数，那么一般情况下，当 x 变化时，y 也会变化。我们可以说，y 随 x 的变化而变化，但这里的"变化"一词有其特定的含义。	Rietz　&　Crathorne(1909)
一个变量的变化通常会导致一个或多个其他变量的变化，这样的变量称为相关变量，一个变量的每一个值都对应另一个或多个变量的值，本章就是研究一些相关变量的规律。	Wells & Hart(1912)
有些变量之间的联系十分紧密，其中一个变量的值依赖于另一个变量的值，这些变量之间的关系可以用函数来表示。	Stone & Millis(1912)
幂函数关系经常用变化的语言来表示。如果两个变量 x 和 y 通过幂函数关系 $y = kx^n$ 相联系，其中 k 和 n 为常数，我们说 y 随 x^n 的变化而变化，因子 k 称为变化常数或比例因子。	Smail(1931)

6.3.4　引入方式的演变

比例关系和函数关系都属于数学内部引入方式，图 6 - 2 给出了以上 2 种引入方式的时间分布情况。从图中可见，19 世纪初的教科书主要借助比例来引入"反变化"概念，到了 19 世纪 30 年代，比例关系引入与函数关系引入平分秋色，而到了 20 世纪初，函数关系以压倒性优势成了主流的引入方式。

图 6 - 3 给出了现实情境引入、比例关系引入、函数关系引入以及无引入 4 种方式的时间分布情况。由图可知，函数关系引入方式一直受到各个时期教科书编者的青

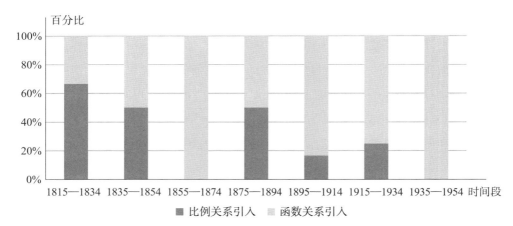

图 6-2　2种数学内部引入方式的时间分布

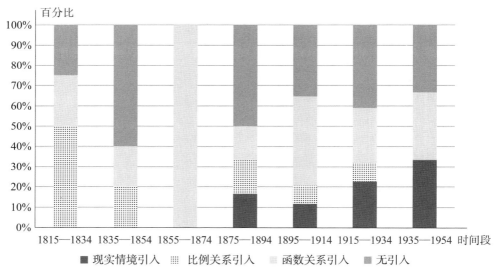

图 6-3　4种引入方式的时间分布

昧。19世纪的教科书主要采取开门见山的方式或比例关系与函数关系的引入方式；到了19世纪70年代，开始出现现实情境引入方式；从19世纪末到20世纪初开始，现实情境引入的占比呈现递增趋势，而开门见山方式和比例关系引入方式的占比则呈现递减趋势。这种变化与20世纪初的数学教育改革运动有关，1901年英国数学家培利提出了"实用数学"的倡议，倡导数学教学应该引发学生兴趣，并且结合学生的实际生活，此次运动对当时的美国也产生了很大的影响（马忠林，2001），导致当时的教科书编者开始重视现实情境引入方式。

6.4 反比例函数的定义

经过统计和分析,美国早期代数教科书中的"反变化"定义可分为比例定义、乘积定义、比值定义、表达式定义和函数定义 5 类,其中,有 70 种教科书给出了 1 种定义,9 种教科书给出了 2 种定义。

6.4.1 比例定义

有 39 种教科书利用"比例"来定义反变化,表 6 - 4 给出了典型的例子。

表 6 - 4 比例定义的典型例子

定　义　的　叙　述	教科书
若一个量与另一个量的倒数成正比,则这两个量成反比,例如,当 $x \infty \dfrac{1}{y}$ 时,x 与 y 成反比。此为"反变化"之例。	Clarke(1881)
若一个量增加时,另一个量以相同的比率减小,则称其中一个量随另一个量的变化而反变化。	Seaver & Walton(1882)
当一个量的任意两个值的比值是另一个量的相应值的反比时,我们说一个量随另一个量的变化而反变化。	Newcomb(1882)
若一个量与另一个量的倒数按相同的比例变化,则称前者随后者的变化而反变化。例如,当 A 变为 a 时,B 变为 b,使得 $A:a = \dfrac{1}{B}:\dfrac{1}{b}$ 或 $A:a = b:B$,则 A 随 B 的变化而反变化$\left(A \infty \dfrac{1}{B}\right)$。	Wood(1815)

6.4.2 乘积定义

有 17 种教科书利用"乘积"来定义反变化。例如,Hackley(1846)称:"如果变量 x 和 y 的乘积是常数,则因 $xy = x'y' = C$,故有 $x:x' = \dfrac{1}{y}:\dfrac{1}{y'}$。此时,$x$ 随着 y 的倒数的变化而变化,称 x 随 y 的变化而反变化,其符号表达式为 $x \infty \dfrac{1}{y}$。"Slaught & Lennes(1912)称:"当两个变量按以下方式相关联,对于任意一对对应的值,它们的乘积都保持不变,则其中一个变量随另一个变量的变化而反变化。"Metzler, Roe & Bullard

（1908）给出的定义是："若乘积 $xy=k$ 或 $x=\dfrac{k}{y}$，其中 k 为常数，则称 x 随着 y 的变化而反变化，有时写成 $x \propto \dfrac{1}{y}$。"

6.4.3 比值定义

有 7 种教科书利用"比值"来定义反变化。例如，Durell & Robbins（1897）给出如下定义："若 x 随着 y 的变化而反变化（即 x 增大时 y 减小，x 减小时 y 增大），则 x 与 $\dfrac{1}{y}$ 的比值为常数，即 $x \propto \dfrac{1}{y}$ 或 $x=\dfrac{m}{y}$，称之为反变化。"

Wentworth（1902）给出类似的定义："若 x 和 y 具有如下关系：y 和 $\dfrac{1}{x}$ 的比值为常数，则称 y 随着 x 的变化而反变化，记作 $y \propto \dfrac{1}{x}$。" Marsh（1905）则称："若一个变量与另一个变量的倒数之比为常数，则称这两个变量具有反变化关系。"

6.4.4 表达式定义

有 23 种教科书用表达式来定义反变化，表 6-5 给出了典型的例子。

表 6-5 表达式定义的典型例子

定义的叙述	教科书
若 $y=m \cdot \dfrac{1}{x}$，则称 y 随着 x 的变化而反变化，即 x 减小时 y 增加，反之亦然。	Gillet（1896）
若 $y=\dfrac{k}{x}$，则称 y 随着 x 的变化而反变化。	Aley & Rothrock（1904）
若变量 y 随 x 的倒数的变化而变化，即 y 等于 x 的倒数的常数倍，则称 y 随着 x 的变化而反变化。于是，若 $y=\dfrac{c}{x}$，其中 c 为常数，则 y 随 x 的变化而反变化。	Hallett & Anderson（1917）

6.4.5 函数定义

有 2 种教科书借助函数关系来定义反变化。例如，Lewis（1826）称："称一个量随着另一个量的变化而反变化,如果后者是前者的函数,当其中一个量增大或减小时,另一个量以同样的比减小或增大。例如,若 B 是 A 的函数,当 A 变成 a 时,B 变成 b,使得 $A：a＝b：B$,则称 A 随着 B 的变化而反变化,记为 $A \propto \dfrac{1}{B}$。"这种表达方式与今天不同,若 $A \propto \dfrac{1}{B}$,我们今天会说 A 是 B 的函数,而不是相反。 Smail(1931)的表达则与今天的完全一致:"若两个变量 x 和 y 之间存在幂函数关系 $y＝kx^n$,其中 k 为常数,则当 $n＝-1$ 时,$xy＝k$ 或 $y＝\dfrac{k}{x}＝kx^{-1}$,我们就说 y 随着 x 的变化而反变化。"

6.4.7　反比例函数定义的演变

美国早期代数教科书中并没有出现"反比例函数"(inverse proportional function)一词,一开始用"一个量随着另一个量的变化而反变化"来描述反比例函数(Wood,1815,p. 104;Lewis,1826,p. 97),后来则常用"反变化"(inverse variation)一词来称谓反比例函数(Clarke,1881)。

图 6-4 给出了以上 5 类定义的时间分布情况。

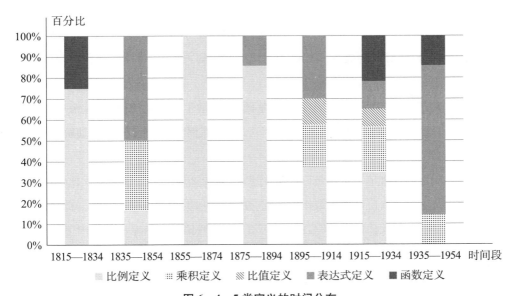

图 6-4　5 类定义的时间分布

从图中可见,比例定义一直受到各个时期教科书编者的青睐。19 世纪 70 年代前,"反变化"的定义有比例定义、函数定义、乘积定义和表达式定义,以比例定义为主;19 世纪 70 年代后,又出现了比值定义,比例定义逐渐减少,表达式定义和乘积定义后来居上;到 20 世纪 30 年代,表达式定义占据了主流地位。

6.5　结论与启示

在所考察的美国早期代数教科书中,"反变化"的引入方式主要有现实情境引入、比例关系引入和函数关系引入 3 种,"反变化"的定义主要有比例定义、乘积定义、比值定义、表达式定义和函数定义 5 类。20 世纪 70 年代之前,反变化概念主要出现在"变化"章中,大多数教科书采用开门见山方式或借助比例关系与函数关系引入,且主要采用比例定义。在此之后,反变化概念主要出现在"比率、比例和变化"章中,与比率、比例的内容共同呈现,教科书开始采用现实情境引入方式,比例定义逐渐减少,表达式定义后来居上,最终占据主流地位。

早期代数教科书中反变化概念引入和定义方式的多样性及其演变过程为今日教学提供了诸多启示。

其一,构建知识之谐。在反比例函数的引入上,可采用内、外结合的方式。一方面,可利用现实情境,如雇工问题、矩形问题、行驶问题等,让学生从中归纳出变量关系的共性;另一方面,让学生类比正比例和正比例函数的关系,思考反比例所对应的函数关系,从而引出新的概念。

其二,实现古今对话。在上述引入的基础上,让学生类比正比例函数,给反比例函数下定义,通过古今联系,让学生与数学家对话,从而促进他们对概念的理解,并增强主人翁的意识。

其三,深化概念理解。教师可以让学生思考,为什么历史上数学家将反比例函数称为"反变化",从而感悟反比例函数作为研究"变化"的一类数学模型的意义。此外,教师还可以让学生思考"反比例函数"名称中"反"的意义,对比古今差异,消除心中的疑惑。

其四,完善数学信念。教师可以制作追溯反比例函数概念历史的微视频,呈现早期代数教科书中关于反比例函数的不完善表达:一方面说"A 随 B 的变化而反变化"或"$A \propto \dfrac{1}{B}$",另一方面又说"B 是 A 的函数",表明早期教科书编者对于函数概念的认识还不清晰,由此让学生理解数学概念的演进性,从而形成动态的数学观。

参考文献

李海东(2010).从各版课标教材的比较谈初中函数教学.数学通报,49(12)：1-5.

李红婷(2005).课改新视域：数学史走进新课程.课程·教材·教法,(09)：51-54.

马忠林(2001).数学教育史.南宁：广西教育出版社.

Aley, R. J. & Rothrock, D. A. (1904). *The Essentials of Algebra for Secondary Schools*. New York：Silver, Burdett & Company.

Baker, H. B. (1924) *A First Book in Algebra*. New York：D. Appleton & Company.

Clarke, J. B. (1881). *Algebra for the Use of High Schools, Academies and Colleges*. San Francisco：A. L. Bancroft & Company.

Collins, J. V. (1893). *Text-book of Algebra*. Chicago：Albert, Scott & Company.

Durell, F. & Robbins, E. R. (1897). *A School Algebra Complete*. New York：Charles E. Merrill Company.

Engelhardt, F. & Haertter, L. D. (1926). *First Course in Algebra*. Philadelphia：The John C. Winston Company.

Gillet, J. A. (1896). *Elementary Algebra*. New York：Henry Holt & Company.

Hackley, C. W. (1846). *A Treatise on Algebra*. New York：Harper & Brothers.

Hallet, G. H. & Anderson, R. F. (1917). *Elementary Algebra*. Boston：Silver, Burdett & Company.

Hawkes, H. E., Touton, F. C. & Luby, W. A. (1910). *First Course in Algebra*. Boston：Ginn & Company.

Hopkins, J. W. & Underwood, P. H. (1912). *Elementary Algebra*. New York：The Macmillan Company.

Lewis, E. (1826). *A Treatise on Algebra*. Philadelphia：Kimber & Sharpless.

Marsh, W. R. (1905). *Elementary Algebra*. New York：Charles Scribner's Sons.

Metzler, W. H., Roe, E. D. & Bullard, W. G. (1908). *College Algebra*. New York：Longmans, Green, & Company.

Newcomb, S. (1882). *A School Algebra*. New York：Henry Holt & Company.

Ray, J. (1856). *Ray's New Higher Arithmetic*. Cincinnati：Wilson, Hinkle & Company.

Rietz, H. L. & Crathorne, A. R. (1909). *College Algebra*. New York：Henry Holt & Company.

Seaver, E. P. & Walton, G. (1882). *The Franklin Elementary Algebra*. Philadelphia：J. H. Butler.

Slaught, H. E. & Lennes, N. J. (1912). *First Principles of Algebra: Advanced Course*. Boston: Allyn & Bacon.

Slaught, H. E. & Lennes, N. J. (1915). *Elementary Algebra*. Boston: Allyn & Bacon.

Smail, L. L. (1931). *College Algebra*. New York: McGraw-Hill Book Company.

Stone, J. C. & Millis, J. F. (1912). *Elementary Algebra: Second Course*. Boston: Benj H. Sanborn & Company.

Wells, W. & Hart, W. W. (1912). *First Year Algebra*. Boston: D. C. Heath & Company.

Wentwarth, G. A. (1902). *A College Algebra*. Boston: Ginn & Company.

Wood, J. (1815). *The Elements of Algebra*. Cambridge: J. Smith.

7 集合

闫　欣[*]

7.1　引言

　　集合作为现代数学的基本语言,可以简洁、准确地概括、表达数学内容。在 19 世纪之前,虽然 set 作为一个名词经常出现在人们的日常生活语言中,但其含义类似于 collection,概念模糊,并无确切的定义。19 世纪 70 年代,德国数学家康托尔创立了集合论。他在解决涉及无限量的数学问题时,跳出传统数集的研究,提出了一般性的集合概念。无穷概念抽象而准确的表达、无穷集合与其真子集的一一对应、由罗素悖论引发的第三次数学危机,促使了集合论一步一步走向公理化,同时也促进了其他数学领域,如微积分、实变函数论、代数拓扑等的发展(彭文静,2015)。经过半个世纪的演变,集合论在 20 世纪 20 年代的数学理论体系中已经拥有无可比拟的重要地位,现代数学各个分支几乎所有成果都离不开严格的集合论支撑。

　　人教版教科书将集合定义为研究对象组成的总体,并设置了判断某些元素的全体是否组成集合的课后习题。作为高中数学的第一节课,集合不仅衔接了初中与高中数学,也体现了高中数学更加抽象、更加严谨的思维要求。有学生不免会问:学习集合概念有什么用?我们为什么要在高中第一节课学习集合?数学上的"集合"与我们日常生活中熟知的"集合"有什么区别?教师也会思考:在课堂教学中,如何更好地刻画集合的概念、厘清集合的关系、把握集合的运算?

　　为了解决以上问题,我们需要了解集合概念的历史。集合概念在数学教科书中的演变过程反映了人们在认识上的逐渐完善过程。同时,参考早期教科书,也是站在前

---

* 华东师范大学教师教师教育学院硕士研究生。

人的肩膀上,可以帮助我们从更高的视角来更好地讲授集合概念。

鉴于此,本章对美国早期代数教科书中有关集合的内容进行考察,以试图解答以下问题:美国早期代数教科书呈现了哪些有关集合的内容? 又是如何呈现的? 与今日教科书有何不同? 对今日教学有何启示?

7.2 教科书的选取

从相关数据库中选取上 14 种美国早期代数教科书作为研究对象,其中,出版于 1958、1959 和 1961 年的各有 1 种,出版于 1954 和 1963 年的各有 2 种,出版于 1960 年的有 1 种,出版于 1962 年的有 4 种。

考察发现,有 8 种教科书设置了专门介绍集合及其相关内容的章节,如"集合和数轴""命题""变量""函数"等;其余 6 种则在有关预备知识的章节中介绍集合概念,如"自然数""数学语言""概率""等价关系""函数"等。14 种教科书中,有 11 种含有独立介绍集合的小节;3 种没有独立介绍集合的小节,集合的相关概念出现在其他主题中,如"数学符号与运算""概率事件""等价关系"等。

14 种教科书中,集合的相关内容主要可分为定义、表示、关系和运算 4 个板块。

7.3 集合的概念

7.3.1 集合概念的引入

作为通常的生活用语,set 一词至迟出现于英国数学家弗伦德(W. Frend,1757—1841)的《代数学原理》(Frend,1796)中,之后,常常被数学教科书所采用。现代数学意义上的"集合"(德文 menge,法文 ensemble)一词源于集合论创立者康托尔。在英文中,作为数学专有名词的 set 一词直到 20 世纪初才出现。

到了 20 世纪中叶,集合概念进入数学教科书。一些教科书在引入集合概念时,往往会交代学习该概念的缘由,主要包括集合的地位、意义、用途等,见表 7-1。

表 7 - 1　集合概念的引入

类别	具 体 叙 述	教科书
集合的地位	集合是数学中的常用名词、基础概念、原始术语。	Levi(1954)
集合的意义	集合论的语言和符号将贯穿整个课程。	Dubisch & Kelley(1960)
	集合可以用于表示其他数学抽象概念。	Kelley(1960)
	集合能极大地增强代数主题之间的连贯性和交互性。	Haag(1960)
	集合是学习实数系统时不可或缺的概念,可用于对数进行分类、验证数字运算的性质、解方程和不等式、学习函数。	SMSG(1962)
	集合是现代数学基本概念的基础,在统计学、电气开关设计、保险问题和其他领域中也有多种多样的广泛应用。	Hall & Kattsoff(1962)
集合的用途	总结归纳数学中某一类别(如有理数)的性质。	Maria(1958)
	定义和学习函数(两个集合之间的对应关系)。	Brumfiel, Eicholz & Shanks(1962)
	论证概率论样本空间的相关理论。	Miller & Green(1962)
	对生活情境中常见的、模糊的集合进行准确定义。	SMSG(1959)

多数教科书都论及集合论在数学上的重要地位。Koo,Blyth & Burchenal(1963)还解释了用 set 而不用 collection 来表达数学上的"集合"的缘由:人们默认"collection"是由相似的物品组成,比如玩具、邮票、硬币,有"收集"之意;而"set"可以由完全没有任何相似之处的物品组成,因而更符合数学上的涵义。

7.3.2　集合的定义

多数教科书在引入集合概念后,对其进行了定义。表 7 - 2 给出了教科书中若干典型的定义。

表 7 - 2　集合的定义

类别	具 体 叙 述	教科书
直接定义	具有某种共同特征(客观或抽象)的元素组成的整体。	Maria(1958)
间接定义	集合中的元素不一定相似或相关,可以随意搭配,比如金鱼、旱冰鞋、汽车。	Levi(1954)
	集合是未定义的概念,比如所有美国的州、所有天上的星星、所有大于 17 的实数的集合。	Hall & Kattsoff(1962)
	对任何一个元素,都有标准判断其是否属于一个集合。	Rosenbaum(1963)

由表可知，Rosenbaum(1963)强调了集合元素的"确定性"，即：对于任何一个集合，都有相关标准来判断一个元素是否属于该集合，并称之为"完备的集合定义"。14种教科书中，有6种体现了集合元素的"确定性"。

但除了"确定性"，早期代数教科书很少涉及集合元素的其他性质，只有2种教科书间接体现了"无序性"，2种教科书间接体现了"互异性"。Kelley(1960)举例论述了3种性质。

7.3.3 集合的表示

14种教科书中，有11种使用大写字母 A、B、C……来表示集合，8种使用小写字母 a、b、c……来表示元素，6种采用了"属于"和"不属于"的符号（$a \in A$，$a \notin A$）。

集合的表示方法有自然语言、列举法和描述法3种，其中，自然语言即通过日常语句概括、描述、表示集合的共同特征；列举法即一一枚举集合中的元素，并用花括号将其括起来，如果元素过多且符合某项特征规律，可使用省略号；描述法即仅使用抽象的数学符号来概括、描述、表示集合的共同特征。

14种教科书中，有7种使用了自然语言，10种使用了列举法，2种使用了描述法。由于自然语言能帮助学生准确概括集合的共同特征，列举法能帮助学生清晰、准确地逐个给出集合中的元素，因此，多种教科书同时使用了自然语言和列举法。但由于描述法的抽象程度较高，所以鲜有教科书采用。Artin(1954)同时采用了3种表示方法，并以 **Z** 表示整数集，**Q** 表示有理数集，**R** 表示实数集，**C** 表示复数集。

7.3.4 集合的分类

少数教科书从集合论的视角给出了有限集和无限集的定义。Levi(1954)将有限集定义为"可以与标准集 $\{1, 2, 3, \cdots, n\}$ 建立一一对应关系的集合"，将无限集定义为"可以与自己的真子集建立一一对应关系的集合"。SMSG(1959)将有限集定义为"可以从头至尾一一数出其中的元素的集合"，将无限集定义为"不能从头至尾一一数出其中的元素的集合"。Haag(1960)则将有限集定义为"不能与自己的真子集建立一一对应关系的集合"。Levi(1954)还给出了基数的概念："与标准集 $\{1, 2, 3, \cdots, n\}$ 建立一一对应关系的集合的基数为 n。"

7.4 集合的关系与运算

7.4.1 集合之间的关系

有 13 种教科书给出了子集的定义：若集合 A 中的所有元素都是集合 B 中的元素，就称集合 A 为集合 B 的子集。

关于真子集，Levi(1954)给出定义："若集合 A 是集合 B 的子集，且 B 中存在某个元素 x 不是 A 的元素，则称集合 A 是集合 B 的真子集。"Haag(1960)的定义为："集合 A 是集合 B 的子集，且 A 和 B 不相等，则集合 A 是集合 B 的真子集。"

有 6 种教科书采用了包含关系的符号：若集合 A 是集合 B 的子集，则 B 包含 A，即 $A \subset B$，$B \supset A$。 Rosenbaum(1963)则用 $A \subseteq B$ 表示"A 是 B 的子集"，$A \subset B$ 表示"A 是 B 的真子集"。

关于集合的相等，Levi(1954)给出的定义为"若构成两个集合的元素相同，则称两个集合相等"；Artin(1954)的定义为"集合 A 包含集合 B，集合 B 包含集合 A，则集合 A 和集合 B 相等"。

关于空集，Levi(1954)的定义为"不含任何元素的集合"，而 Artin(1954)的定义为"集合 A 相对于集合 A 的补集"。 SMSG(1959)和 SMSG(1961)特别指出：集合 $\{0\}$ 不是空集，它包含了元素 0。Kelley(1960)指出：空集不代表无，就像"一个空盒子不同于完全没有盒子"一样，同时，空集也不等于以空集为元素的集合。Koo，Blyth & Burchenal(1963)交代了空集符号 $\varnothing$ 及其读法。

一些教科书给出了有关子集和空集的性质：

- 空集是任何集合的一个子集(SMSG，1961)；
- 任何一个集合都是其自身的一个子集(SMSG，1961)；
- 一个集合的最大子集是它本身，最小子集是空集(Kelley，1960)；
- 空集的子集只有空集(Kelley，1960)；
- 若 A 是 B 的子集，B 是 C 的子集，则 A 是 C 的子集(Kelley，1960)；
- 若集合 A 的真子集一定是空集，则 A 只有一个元素(Levi，1954)。

此外，有 3 种教科书还给出了集合之间的一一对应关系：对于集合 A 中的每个元素，都有集合 B 中的某个元素与之对应，反之亦然，且一个集合中的不同元素，不会有另一个集合中的同一个元素与之对应。

7.4.2　集合的运算

表 7-3、7-4、7-5 分别给出了早期代数教科书中的并集、交集和补集的不同定义。Levi(1954)给出了任意数量的集合的并集、交集定义,Miller & Green(1962)在概率论样本空间基础之上,类比数的加法、乘法给出集合的并集、交集定义,并以数字 0 类比空集,数字 1 类比样本空间。

表 7-3　并集的定义

类别	具 体 叙 述	教科书
直接定义	由所有属于集合 A 或属于集合 B 的元素组成的集合,称为集合 A 与 B 的并集。	Dubisch & Kelley(1960)
一般定义	给定集合,至少属于其中一个集合的元素组成的集合称为这些集合的并集。	Levi(1954)
类比定义	类比加法。在集合 A 中,或在集合 B 中,或同时在集合 A 和集合 B 中的元素组成的集合称为集合 A 和集合 B 的并集。	Miller & Green(1962)

表 7-4　交集的定义

类别	具 体 叙 述	教科书
直接定义	由所有属于集合 A 且属于集合 B 的元素组成的集合,称为集合 A 与 B 的交集。	Dubisch & Kelley(1960)
一般定义	给定若干集合,同时属于所有这些集合的元素组成的集合称为这些集合的交集。	Levi(1954)
类比定义	类比数的乘法。所有同时在集合 A 和集合 B 中的元素组成的集合称为集合 A 和集合 B 的交集。	Miller & Green(1962)
间接定义	集合 A 和集合 B 中相同、共有的元素组成的集合称为集合 A 和集合 B 的交集。	Brumfiel, Eicholz & Shanks(1962)

表 7-5　补集的定义

类别	具 体 叙 述	教科书
直接定义	全集 U 中不属于集合 A 的所有元素组成的集合称为集合 A 相对全集 U 的补集。	Miller & Green(1962)
一般定义	集合 A 是集合 B 的子集,由集合 B 中不属于集合 A 的所有元素组成的集合称为集合 A 相对于集合 B 的补集。	Artin(1954)

在定义并集和交集概念的教科书中,有 8 种采用了符号 $A \bigcup B$ 和 $A \bigcap B$。 Kelley

（1960）用"$A \sim B$"表示集合 B 相对于集合 A 的补集；Hall & Kattsoff(1962)用"$U-C$"表示集合 C 相对于全集 U 的补集。 Artin(1954)讨论了任意多个集合的并集、交集和积集。

Kelley(1960)使用韦恩图来表示交集、并集运算法则和德摩根律，如图 7 - 1 所示。

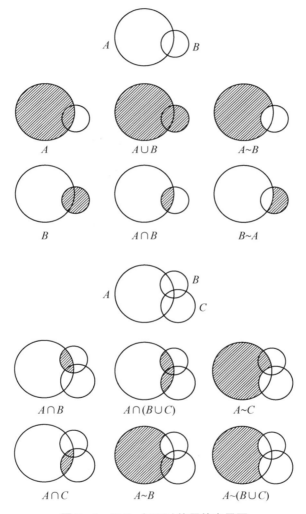

图 7 - 1　Kelley(1960)使用的韦恩图

Miller & Green(1962)强调韦恩图的作用：韦恩图可以使集合运算可视化、直观展示集合之间的关系，并采用了各类韦恩图，类比实数运算法则，推导出一些交集、并集的运算法则，如图 7 - 2 所示。

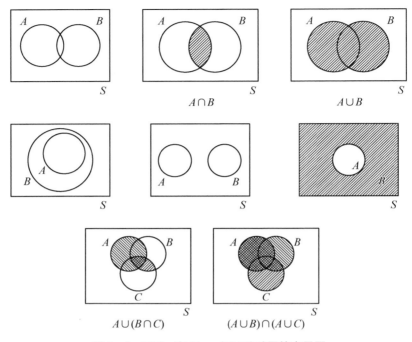

图 7 - 2　**Miller 和 Green(1962)采用的韦恩图**

　　Brumfiel，Eicholz & Shanks(1962)利用矩形韦恩图来表示集合的并集和交集，如图 7 - 3 所示。

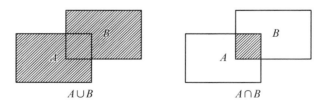

图 7 - 3　**Brumfiel, Eicholz & Shanks(1962)采用的韦恩图**

　　除去以上类型的集合运算，有 4 种教科书给出笛卡儿积集的概念：集合 A 中元素 a 和集合 B 中元素 b 组成的有序数对 (a, b) 组成的集合，符号表示为 $A \times B$。Brumfiel，Eicholz & Shanks(1962)还指出，如果集合 A 中有 m 个元素，集合 B 中有 n 个元素，那么集合 $A \times B$ 中有 mn 个元素，这也是为何称之为积集并使用乘法符号的原因。

7.5 集合的应用

在高中数学中,集合用于定义函数的对应关系、刻画不等式的解集。早期代数教科书中的集合应用多属高等数学范畴,如利用集合的有界性证明$\sqrt{2}$是无理数,进一步学习连续性定理和阿基米德公理,或是定义集合的等价关系和偏序集,推导佐恩引理。表 7-6 列出了早期代数教科书中出现的高中数学范畴内集合的应用方式。

表 7-6 集合的应用

应 用	教科书
表示变量的取值范围。	Levi(1954)
定义集合之间的映射(函数)。	Artin(1954)
利用集合语言,如元素、子集、集合来推理三段论。	Kelley(1960)
概率论、计算机设计(为符号逻辑提供了数学基础)。	Miller & Green(1962)

早在初中阶段学习初等函数和不等式时,学生就已知道解集的含义。早期代数教科书中,SMSG(1959)、Haag(1960)、Kelley(1960)将解集定义为:所有使得开命题变为真命题的元素组成的集合。Hall & Kattsoff(1962)通过利用两个方程的解集的交集求得其公共解。

值得一提的是,部分教科书,如 SMSG(1959)、Haag(1960)、Brumfiel, Eicholz & Shanks(1962)、Hall & Kattsoff(1962)等给出了数集图像(The graph of a set)的定义:与集合中的数字相对应的实数轴上的点组成的集合即为集合的图像。其中,元素是点的坐标表示,点是元素的图像表示。Kelley(1960)在平面直角坐标系上画出满足 $y=x+1$ 的有序数对(x, y)的集合的图像;Hall & Kattsoff(1962)将横轴与纵轴的积集称为笛卡儿平面,并利用横实数轴上、下的点组成的集合与纵实数轴左、右的点组成的集合的交集表示出第一、二、三、四象限的定义。

7.6 教学启示

以上我们看到,关于集合概念,早期代数教科书呈现了引入、定义、性质、运算、应用等丰富的内容,为今日课堂教学提供了许多启示。

其一,关于为什么要学习集合,而且为什么要在高中第一节课学习集合概念的问题,早期教科书指出,集合是常见的数学语言,可以对数学研究对象进行分类归纳,是各个数学分支(映射函数、逻辑推理、概率统计)的基础,在现代数学中影响深远。

其二,从早期教科书表示集合的方法中可以看出,对于刚刚接触集合概念的学生来说,列举法能够帮助他们清晰、直观地表示集合,加深集合定义的刻画;自然语言能够帮助他们准确、简洁地表示集合,培养概括数学对象的能力;描述法在早期教科书中出现较少,这说明描述法对于学生来说可能存在归纳提取、抽象表述元素共同特征等方面的学习障碍。

其三,部分早期教科书通过现实情境帮助学生理解集合的相关概念和集合之间的关系,如:空集并不代表没有集合,就像"空盒子不同于没有盒子"一样。在集合的教学中,教师可以充分利用现实情境,例如,教师可以这样打比方:以空集为元素的集合并不等于空集,就像"含有空盒子的抽屉不同于空抽屉"一样;集合{0}并不等于空集,就像"含有一张标有 0 的卡片的盒子不是空盒子"一样。

其四,关于学习集合有什么用的问题,早期教科书给出了不同维度的解答。对学生来说,从短期来看,学习集合可以帮助他们更加清晰地刻画函数定义、更加准确地表示方程和不等式的解集、更加严谨地推导三段论;从长期来看,学习集合可以通过进一步建立等价关系从而得到划分下的商集,进一步论述"无穷"的内涵,解答"0 和 1 之间的有理数多还是无理数多"等抽象数学问题。

其五,多数教科书只强调集合元素的确定性,而忽略其无序性和互异性,这提示我们,今天的学生也可能会出现同样的错误,教师在课堂上可以通过集合相等的概念,让学生发现,即使元素顺序不同,集合也保持不变,而集合本身的含义就要求了其元素两两不同。教师也可以设计反例,让学生加以辨析。

参考文献

彭文静(2015). 基于 HPM 视角下的集合概念教学研究. 中学数学参考,(05):5-6.

汪晓勤,周保良(2006). 高中生对实无穷概念的理解. 数学教育学报,15(04):90-93.

Artin, E. (1954). *Selected Topics in Modern Algebra*. North Carolina: Chapel Hill.

Brumfiel, C. F., Eicholz, R. E. & Shanks, M. E. (1962). *Algebra* II. Reading,

Massachusetts: Addison-Wesley Publishing Company.

Dubisch, R. & Kelley, J. L. (1960). *Student Manual for the Study of Introduction to Modern Algebra*. Princeton: D. Van Nostrand Company.

Frend, W. (1796). *The Principles of Algebra*. London: J. Davis.

Haag, V. H. (1960). *Structure of Elementary Algebra*. New Haven: Yale University Press.

Hall, D. W. & Kattsoff, L. O. (1962). *Unified Algebra and Trigonometry*. New York: John Wiley & Sons.

Kelley, J. L. (1960). *Introduction to Modern Algebra*. Princeton: D. Van Nostrand Company.

Koo, D. , Blyth, M. I. & Burchenal, J. M. (1963). *First Course in Modern Algebra*. New York: F. Ungar Publishing Company.

Levi, H. (1954). *Elements of Algebra*. New York: Chelsea Publishing Company.

Maria, M. H. (1958). *The Structure of Arithmetic and Algebra*. New York: John Wiley & Sons.

Miller, I. & Green, S. (1962). *Algebra and Trigonometry*. Englewood Cliffs, N. J. : Prentice-Hall.

Rosenbaum, R. A. (1963). *Introduction to Projective Geometry and Modern Algebra*. Michigan: Addison-Wesley Publishing Company.

School Mathematics Study Group (1959). *Mathematics for High School: First Course in Algebra*. Ann Arbor: Cushing Malloy.

School Mathematics Study Group (1961). *Introduction to Algebra*. Ann Arbor: Cushing Malloy.

School Mathematics Study Group (1962). *Introduction to Algebra*. New Haven: Yale University Press.

$\boldsymbol{8}$ 根式

栗小妮[*]

8.1   引言

  16 世纪法国数学家韦达(F. Viète，1540—1603)在他的《分析引论》中使用字母表示未知数和已知数，使得数学从缩略代数阶段进入符号代数阶段(汪晓勤 & 樊校，2011)。用字母表示数大大方便了数学的表达和运算，但也产生了一些问题。在 19 世纪末实数理论体系建立后，数学家对数进行了严格的定义和分类，但由于"式"的本质用途在于简便表达和运算，所以并无一致的分类。

  在现行人教版、苏科版和沪教版的初中数学教科书中，都设有"二次根式"这一章，且均采用"形如 $\sqrt{a}\,(a \geqslant 0)$ 的式子叫做二次根式"来定义二次根式，并在定义后附有一些常见二次根式类型的例子。该定义本身简单明了，形象地表达了二次根式的常见形式，易于为学生所理解和接受，但一些爱钻研的学生往往会问：按照这样的定义，$\sqrt{x^2}$ 或 $\sqrt{4}$ 是二次根式吗？ 不同教师对此持有不同的观点，这些观点大致可分为三类：第一类认为两者都是，因为他们均符合定义所要求的形式；第二类认为 $\sqrt{x^2}$ 是，而 $\sqrt{4}$ 不是，因为 $\sqrt{4}$ 本质是 2，并不带有根号；第三类认为 $\sqrt{x^2}$ 和 $\sqrt{4}$ 均不是，因为 $\sqrt{x^2} = |\,x\,|$，$\sqrt{4} = 2$，两者化简后都不带有根号。

  对类似于 $\sqrt{x^2}$ 和 $\sqrt{4}$ 是否属于二次根式的不同理解，会导致二次根式与无理式关系的不同认识。在初中阶段，非完全平方数的二次方根是学生和教师非常熟悉的一类无理数，受初中所学无理数类型"负迁移"的影响，很多教师往往认为二次根式是无理式的一部分(萨如拉，2011)，但事实上人们对于根式和无理式之间的关系也并无一致

定论。教师无法给出令学生信服的回答,而学生对此也只能模糊处理。

数学教育研究表明,学生对数学概念的理解过程与数学概念的历史发展过程具有一定的相似性,历史上数学家所遭遇的困难往往正是学生所经历的学习障碍。匈牙利著名数学家和数学教育家波利亚曾指出:"只有理解人类如何获得某些事实或概念的知识,我们才能对人类的儿童应该如何获得这样的知识作出更好的判断。"(Pólya,1965,pp. 132—133)荷兰数学家和数学教育家弗赖登塔尔(H. Freudenthal,1905—1990)也有类似观点,称"年轻的学习者重蹈人类的学习过程,尽管方式改变了"(Ernest,1998)。美国数学史家 M·克莱因也说:"历史顺序是教学的指南。"(Albers,1985)鉴于此,本章对美国早期代数教科书中有关根式内容进行考察,以试图回答以下问题:美国早期代数教科书是如何定义根式的?根式定义是如何演变的?根式定义的历史对我们今天认识二次根式有何启示?对今日二次根式概念的教科书编写和课堂教学又有何启示?

8.2 研究对象

选取 20 世纪中叶之前出版的 81 种美国代数教科书,其中 70 种为中学教科书,11 种为大学教科书。以 10 年为一个时间段进行统计,这些教科书的出版时间分布情况如图 8-1 所示。81 种代数教科书均将有关根式的内容单独列为一章,其中有 68 种在定义后给出了用来进一步解释定义的例子,约占 84%。

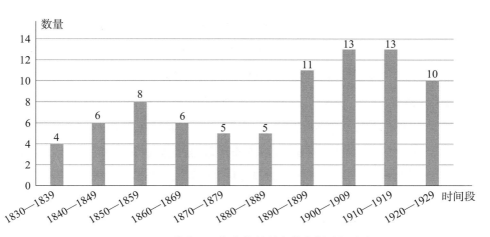

图 8-1 81 种美国早期代数教科书的出版时间分布

8.3　根式的定义

在美国早期代数教科书中,"根式"一章的主要内容均为平方根、二次根式、分数指数幂及其运算。实施开方运算后的式子有 2 种名称,一种为根式(radicals),另一种为不尽根式(surds)。一些教科书对根式和不尽根式均给出了定义,一些仅定义了根式或仅定义了不尽根式。以 20 年为一个时间段进行统计,则 3 种定义方式的时间分布情况如图 8-2 所示。

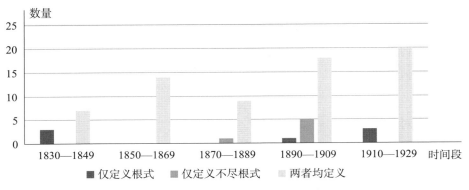

图 8-2　3 种定义方式的时间分布

8.3.1　仅定义根式

有 7 种教科书仅定义了根式,其中,1830—1849 年间出版的有 3 种,1900—1919 年间出版的有 4 种。前 3 种均将根式定义为"非完全平方数(式)的根,根值不能精确获得",本质上与不尽根式等同,如 Smyth(1830)称:"根值不能精确获得的式子称为根式。"后 4 种将根式定义为"形如 $\sqrt[n]{a}$ 的式子",如 Cajori & Odell(1916)称:"任何代数式的根,用根号表示称为根式,如 $\sqrt{9}$、$\sqrt[3]{6}$、$\sqrt{a^2-a-6}$ 等。 从该定义可推知,根式可能是有理式,也可能是无理式。"可见,前后两个阶段,根式的定义并不一致,第一阶段教科书中的根式等同于不尽根式,第二阶段教科书中的根式与不尽根式并不等同。

8.3.2　仅定义不尽根式

有 6 种教科书仅定义了不尽根式。其中,5 种教科书将其定义为"用根号表示,根值不能精确获得"。Taylor(1900)则先定义有理式为"不包含根式的式子",定义无理式为"包含 n 次方根的式子,且被开方式不是 n 次幂的形式",然后定义不尽根式为"被开方式为有理式的无理式",并指出类似于 $\sqrt{3+\sqrt{2}}$ 的数不是不尽根式,因为它的被开方式不是有理式。

8.3.3　分别定义根式和不尽根式

对根式和不尽根式分别给出定义的教科书有 68 种,约占 84%。经过详尽统计和分析发现,这些定义又可以分为两类,一类将根式等同于不尽根式,共有 19 种,约占 28%;另一类对两者进行了严格区分,共有 49 种,约占 72%。表 8-1 给出的是等同定义的典型形式。

表 8-1　不区分根式与不尽根式的典型定义

教科书	定　义
Davies(1835)	用根号表示的量称为根式,如 $\sqrt{98ab^2}$,也称为不尽根式。
Sherwin(1841)	根值不能精确获得,用根号或分数指数幂的形式表示的量称为不尽根式或根式。
Chase(1849)	非完全平方量的平方根称为根式或不尽根式。
Bowser(1893)	根值不能精确获得的量称为根式或不尽根式。
Stone & Millis (1905)	不尽根式是有理式的根且根值不能精确获得,一个含有一个或多个不尽根的式子称为不尽根式或无理式。任何有理式都可以表示为不尽根的形式。

不区分根式与不尽根式的教科书仅仅将两者看作同一个概念的不同称谓而已。如 Ray(1866)在"根式"章的注记中提到:"对于根式,英国作者通常称之为不尽根式;而法国作者通常称之为根式,来源于拉丁文 radix。"Stone & Millis(1905)要求不尽根式的被开方式必须是有理式,认为 $\sqrt{1+\sqrt{3}}$ 并非不尽根式,且给出了不尽根式和无理式之间的关系。19 种教科书中,除 Davies(1835)外,其余均倾向于将根式定义为"离开根号或分数指数幂就无法表达的式子",也就是说,类似于 $\sqrt{x^2}$ 或 $\sqrt{4}$ 的量并不是根式。

表 8-2 给出了区分根式与不尽根式的一些典型定义。Thomson & Day(1843)首次给出了严格区分根式与不尽根式的定义,但并未举例加以说明。Greenleaf(1866)给出了类似的定义:"根式是用根号或分数指数幂表示的量的根,如 $\sqrt{a}$、$a^{\frac{7}{8}}$、

$2\sqrt[3]{1+a}$。"书中给出了是根式但并非不尽根式的例子$\sqrt[3]{27a^3}$。

表 8－2　区分根式与不尽根式的典型定义

教科书	定　　义
Thomson & Day(1843)	用根号或分数指数幂表示的量称为根式;根值不能精确获得的根式称为不尽根式。
Stoddard & Henkle(1857)	根式是包含一个或多个用根号或分数指数幂表示的式子;离开根号就无法表达的式子称为不尽根式。
Thomson(1880)	用根号或分数指数幂表示的式子称为根式;非完全平方量的根称为不尽根式。
Milne(1902)	用根号或分数指数幂表示的式子称为根式;有理式的方根,根值不能精确获得,称为不尽根式。

区分根式与不尽根式的教科书大多将根式定义为"用根号或分数指数幂表达的式子",将不尽根式定义为"离开根号或分数指数幂就无法表达的式子"。细微的区别在于,1900—1920 年间的多数不尽根式定义强调被开方式为有理式,而这一要求在 1920 年以后的定义中又趋于弱化,仅要求"根值不能精确获得",例如,Milne(1902)在定义根式后所给出的例子中包含$\sqrt{a^2+2ab+b^2}$,且认为$\sqrt{1+\sqrt{3}}$、$\sqrt{\pi}$不是不尽根式,因为它们的被开方数不是有理量。

8.3.4　无理式的定义

在《代数基础》中,英国著名数学家德摩根将代数式分为有理式和无理式,有理式中仅包含字母的整数次幂,而无理式中含有根号或分数指数幂,如$ax^{\frac{1}{2}}+b$、$\sqrt{a^2+x^2}$等(De Morgan,1835,pp. 168—178),并未特别指出类似于$\sqrt{x^2}$的式子是否属于无理式。

81 种教科书中,也有一些明确给出了无理式定义,如 Lilley(1892)将无理式定义为"包含不尽根式的式子,如$\sqrt{3}$、$a+b\sqrt[n]{c^m}$等"。Taylor(1900)称"无理式是包含非 n 次幂的 n 次方根的式子,如$\sqrt[3]{x^2}$、$\sqrt{a+b}$等"。Stone & Millis(1905)将不尽根定义为"根值不能精确获得的有理式的根",将无理式定义为"包含一个或多个不尽根式的式子"。按照上述定义,$\sqrt{x^2}$并非无理式。

8.3.5 若干特点

在所考察的 81 种美国代数教科书中,根式的定义有以下特点:

(1)均将数归为式,如 $\sqrt{2}$、$\sqrt[3]{2}$ 也属于根式,与今日教科书一致。

(2)同一时间段中,教科书所给出的定义有一定的相似性,例如,仅定义根式的两个时间段,1830—1849 年间的教科书均将其等同于不尽根式,而 1900—1919 年间的教科书均将其定义为"用根号表示的式子"。1900—1920 年间的 26 种教科书中,有 14 种均要求不尽根式的被开方式为"有理式",认为类似于 $\sqrt{1+\sqrt{3}}$ 的式子不是不尽根式,而在其他时间段均无这一要求,仅要求"根值不能精确获得"。

(3)由于 19 世纪末才建立实数理论体系,此前的数学家早已开始使用虚数,美国早期代数教科书中早已出现虚数概念,无理数和虚数概念同步发展,所以 81 种教科书均未刻意强调被开方数是非负数,如 Lyman & Darnell(1917)所举根式的例子中包含 $\sqrt{-4}$。

8.4 根式定义的演变

从仅定义根式或者仅定义不尽根式的处理方式中,无法看出作者对根式与不尽根式关系的认识。对于同时定义两者的教科书,以 20 年为一个时间段,对两种不同的认识作了统计,图 8‐3 给出了统计结果。

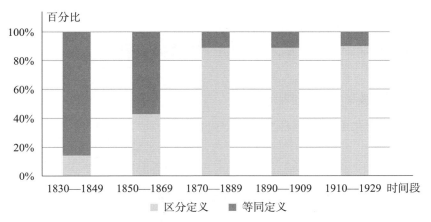

图 8‐3 教科书对根式与不尽根式关系的不同认识的时间分布

从图中可见,在所考察的时间段内,早期代数教科书大多将根式等同于不尽根式,而随着时间的推移,持这种认识的教科书逐渐减少,对两者作出严格区分的教科书逐渐增加,最终,绝大多数教科书将两者区分开来。这一点也可以从仅定义根式的 7 种教科书的两个不同时间段的不同特征得到佐证。

8.5 结论与启示

基于对美国早期教科书的考察,我们很清楚地看到,根式概念经历了一个内涵逐渐扩展的过程:一开始,人们并不区分根式与不尽根式,两者完全是等同的;之后,人们将根式与不尽根式严格区别开来,根式概念的外延大于不尽根式,不尽根式只是根式的一部分,因此,人们一开始并不把诸如 $\sqrt{4}$、$\sqrt{x^2}$ 这样的式子看作根式,因为它们并非不尽根式;但后来,人们逐渐将其归入根式。另外,一些教科书均将无理式定义为"含有不尽根式的式子",也就是说,诸如 $\sqrt{4}$、$\sqrt{x^2}$ 这样的式子是二次根式,但不是无理式。

结合美国早期代数教科书以及我国现行教科书中的定义,二次根式是"含有根号的式子",那么 $\sqrt{4}$、$\sqrt{x^2}$ 应该属于二次根式,但二次根式并非无理式的子集。对于学生而言,教科书中的形式定义本身有利于学生的理解和掌握,符合学生的认知基础,是较好的定义方式,但学生会对一些特殊的式子是否是二次根式或无理式产生疑惑,这就需要教师对定义本身有更高层次的认识和理解,对二次根式及其与无理式之间的关系有清晰的分类,以丰富教师的专门内容知识(SCK)和水平内容知识(HCK)。美国早期代数教科书中根式定义的发展为我们提供了借鉴。

8.5.1 对教科书编写的启示

现行沪教版初中数学教科书中称:"代数式 $\sqrt{a}(a \geqslant 0)$ 叫做二次根式,如 $\sqrt{2}$、$\sqrt{\dfrac{2}{3}}$、$\sqrt{a^2+1}$、$\sqrt{b^2-4ac}\,(b^2-4ac \geqslant 0)$、$\sqrt{\dfrac{1}{x-2}}\,(x>2)$ 等都是二次根式。"后续在这一章中又补充"形如 $m\sqrt{a}\,(a \geqslant 0)$ 的式子也叫做二次根式",但举例中并未出现类似于 $\sqrt{4}$、$\sqrt{x^2}$ 这样的式子,也并未特别指明这类式子究竟是否二次根式。我们认为,$\sqrt{4}$、$\sqrt{x^2}$ 也是二次根式,教科书有必要给出这类特例,给学生一个明确的判别标准,从而为学生释疑解惑。相应地,二次根式并非无理式的子集,教师或学生都不能受无理数类型"负迁移"的影响而认为二次根式是无理式的一部分。

8.5.2　对教学设计的启示

传统数学课堂通常将数学看成是既定事实,是"纯粹的、封闭呆板的、冰冷无情且一成不变的",学生只要接受已有的事实即可,而数学史告诉我们,事实并非如此。二次根式的概念教学中,可采用"重构式",利用数学史,让学生自行探究判断类似于$\sqrt{4}$、$\sqrt{x^2}$ 或$\sqrt{1+\sqrt{3}}$ 这样的式子是否二次根式,并给出自己的理由,体会"探究之乐"。教师可以将学生的观点与历史上教科书编者的认识相对照,让学生感受根式概念的演变过程,从而改变学生传统的数学观。课程标准以及教科书中并没有给出无理式与有理式的定义以及二次根式与无理式之间的关系,对此也并无特定学习要求。教学中,教师不能自行将二次根式归为无理式一类。基于二次根式的定义,教师可以让学生探讨二次根式与无理式之间的关系,让他们提出自己的见解,并给出合理的解释,从而加深对相关概念的理解。

参考文献

萨如拉(2011).教学引入中的整体感悟——"二次根式概念"教育案例.教育实践与研究,(1):38 - 40.

汪晓勤,樊校(2011).用字母表示数的历史.数学教学,(9):24 - 27.

Albers, D. J. & Alexanderson, G. L. (1985). *Mathematical People: Profiles and Interview*. Boston: John Birkhäuser.

Bowser, E. A. (1893). *College Algebra*. Boston: D. C. Heath & Company.

Cajori, F. & Odell, L. R. (1916). *Elementary Algebra: Second Year Course*. New York: The Macmillan Company.

Chase, S. (1849). *A Treatise on Algebra*. New York: D. Appleton & Company.

Davies, C. (1835). *Elements of Algebra*. New York: Wiley & Long.

De Morgan, A. (1835). *Elements of Algebra*. London: John Taylor.

Ernest, P. (1998). The history of mathematics in the classroom. *Mathematics in School*, 27(4): 25.

Greenleaf, B. (1866). *New Elementary Algebra*. Boston: Robert S. Davis & Company.

Lilley, G. (1892). *Elements of Algebra*. Boston: Silver, Burdett & Company.

Lyman, E. A. & Darnell, A. (1917). *Elementary Algebra*. New York: American Book Company.

Milne, W. J. (1902). *Advanced Algebra for Colleges and Schools*. New York: American Book Company.

Pólya, G. (1965). *Mathematical Discovery*. New York: John Wiley & Sons.

Ray, J. (1866). *Primary Elements of Algebra*. Cincinnati: Van Antwerp, Bragg & Company.

Sherwin, T. (1841). *An Elementary Treatise on Algebra*. Boston: Hall & Whiting.

Smyth, W. (1830). *Elements of Algebra*. Portland: Shirley & Hyde.

Stoddard, J. F. & Henkle, W. D. (1857). *An Algebra*. New York: Sheldon, Blakeman & Company.

Stone, J. C. & Millis, J. F. (1905). *Essentials of Algebra*. Boston: Benj. H. Sanborn & Company.

Taylor, J. M. (1900). *Elements of Algebra*. Boston: Allyn & Bacon.

Thomson, J. B. & Day, J. (1843). *Elements of Algebra*. New Haven: Durrie & Peck.

Thomson, J. B. (1880). *New Practical Algebra*. New York: Clark & Maynard.

9 有理数指数幂

纪妍琳[*]

9.1 引言

指数函数作为六类基本初等函数之一,是高中阶段进行函数性质研究的重要对象。为了研究指数函数,学生需要在初中学习的基础上,通过对有理数指数幂 $a^{\frac{n}{m}}$($a > 0$,且 $a \neq 1$;m、n 为整数,$m > 0$)、实数指数幂 a^x($a > 0$,且 $a \neq 1$;$x \in \mathbf{R}$)含义的认知,了解指数幂的拓展过程,掌握指数幂的运算性质(中华人民共和国教育部,2020)。在教学中,让学生接受由整数指数幂扩充到全体有理数指数幂的合理性是教学的重点和难点。

人教版 A 版普通高中教科书数学必修第一册基于"根式的被开方数的指数能被根指数整除"的情形,归纳了将根式表示为分数指数幂的方式,再将性质推广到根式的被开方数的指数不能被根指数整除的情形,从而将整数指数幂扩充至有理数指数幂。该教科书通过旁白的形式补充道:"数学中,引进一个新的概念或法则时,总希望它与已有的概念或法则相容",但对负分数指数幂的引入"略去了规定合理性的说明",并且直接说明"规定了分数指数幂的意义以后,整数指数幂的运算性质对于有理数指数幂也同样适用"。

如果教师不能对指数幂的拓展过程进行适当的补充说明,而仅仅陈明"规定",那么学生在指数幂的扩充以及分数指数幂定义合理性的理解上可能存在一定的困难。若要对扩充的合理性进行说明,除了教科书给出的引入方式之外,是否还存在其他自然的、恰当的方式呢?为了回答这一问题,本章对 19 世纪美英代数教科书进行考察,梳理不同教科书中对于分数指数幂的引入、定义及其合理性的说明,从中获取教学启

＊ 华东师范大学教师教育学院硕士研究生。

示，以期为今日分数指数幂的教学提供参考。

9.2　早期教科书的选取

从有关数据库中选取 19 世纪出版的 94 种美英代数教科书作为研究对象，以 10 年为一个时间段进行统计，这些教科书的出版时间分布情况如图 9‑1 所示。

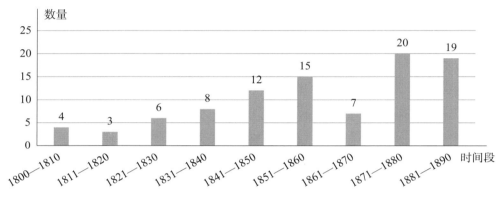

图 9‑1　94 种美英早期代数教科书的出版时间分布

本章将有理数指数幂的拓展过程分成负指数幂、零指数幂和分数指数幂三个阶段，对早期代数教科书的扩充顺序和扩充方式进行总结，并对所延伸出来的相关问题进行讨论，从中分析早期代数教科书对有理数指数幂相关内容的处理方式。

9.3　有理数指数幂的扩充顺序

9.3.1　从正整数指数幂到有理数指数幂

不同教科书采用了不同的顺序来呈现幂的推广过程，主要分为两种：

• 先整数后分数：正整数指数幂——负整数指数幂与零指数幂——正分数指数幂——负分数指数幂；

• 先正数后负数：正整数指数幂——正分数指数幂——负有理数指数幂与零指数幂。

图 9‑2 给出了两种扩充顺序的时间分布情况。

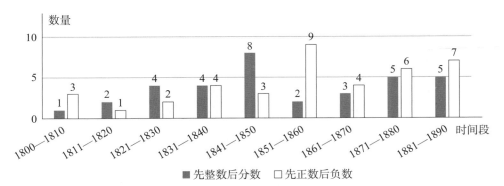

图 9 - 2 指数幂扩充顺序类型分布

从图中可见,"先整数后分数"和"先正数后负数"两种扩充方式在 19 世纪代数教科书中的占比不相上下,基于两种不同的顺序都可以合理地将指数幂扩充到有理数指数幂。"先整数后分数"的扩充顺序与目前我国中学数学教学的逻辑顺序一致,学生在初中阶段学习了负整数指数幂和零指数幂的扩充,在高中阶段再将指数幂扩充为正分数指数幂和负分数指数幂,这样的扩充方式符合学生的认知水平;采用"先正数后负数"这一顺序的教科书大多在前一章中设置了根式的相关内容,故先扩充到分数指数幂较为连贯。同时,"先正数后负数"的扩充顺序与有理数系扩充的历史顺序一致。

9.3.2 分数指数幂与根式的出现顺序

历史上,根式的出现早于分数指数幂,现今的教学顺序与历史顺序保持一致,学生先学习根式,再基于根式定义分数指数幂。但 19 世纪代数教科书中,分数指数幂与根式出现的先后顺序并不统一:部分教科书先定义根式再定义分数指数幂;部分教科书先定义分子为 1 的分数指数幂再定义根式;少数教科书同时定义分数指数幂和根式。对于这三种不同的先后顺序,我们分别简称为"先根后幂""先幂后根"和"根幂同步",对所考察的教科书进行先后顺序类型的统计,结果如图 9 - 3 所示。

分数指数幂和根式在教科书中出现顺序的差异反映了教科书逻辑顺序的不同,导致了对分数指数幂定义描述和合理性解释的不同。

"先根后幂"的逻辑顺序与历史顺序、当前的教学顺序一致,是 19 世纪美英代数教科书中最为常见的定义顺序。"先幂后根"顺序在 19 世纪 20 年代的代数教科书中也并不少见,采取这种顺序的教科书一般直接提出:a 的 n 次方根可以用分数指数幂 $a^{\frac{1}{n}}$

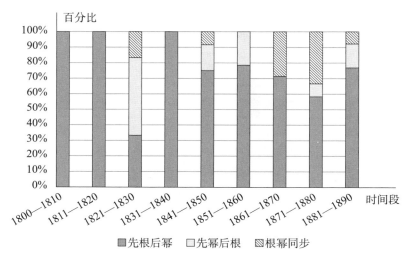

图 9 - 3　美英早期代数教科书中根式与分数指数幂的出现顺序

表示,再在后文中指出根式 $\sqrt[n]{a}$ 是 a 的 n 次方根的另一种表示(Docharty,1852,p. 12)。"根幂同步"顺序与"先幂后根"较为类似,采取此顺序的教科书一般直接指出：a 的 n 次方根可用 $\sqrt[n]{a}$ 或 $a^{\frac{1}{n}}$ 来表示(Greenleaf,1864,p. 180；200)。这两种定义方式反映了这类教科书的以下三个观点：

- a 的 n 次方根是唯一的,不存在算术平方根与平方根的区别;
- 分数指数幂与根式是完全等价的,两者是同一数学内涵的不同表示方式;
- 负数是存在分数指数幂的,如 $\sqrt[3]{-27}=(-27)^{\frac{1}{3}}$。

而在现今的高中数学教科书中,人教版 A 版、苏教版等高中数学教科书必修第一册中均规定分数指数幂的底数大于 0,特别地,北师大版教科书明确指出 $\sqrt[3]{-27}$ 不能表示为 $(-27)^{\frac{1}{3}}$,而沪教版教科书则通过旁白指出当 n 为正奇数时,对于 $a<0$ 的情形,$a^{\frac{1}{n}}$ 能被定义。 由此可见,19 世纪美英代数教科书中关于分数指数幂和根式的定义有其局限性,人们对于分数指数幂和根式的认识并非一蹴而就,分数指数幂出现时,人们对于根的理解仍有待完善。同时,要厘清根式与分数指数幂的区别与联系,底数为负数的情形是重要的讨论对象。

分数指数幂与根式出现顺序的不同体现了不同教科书对于根式和指数幂关系认识的差异,有的教科书提出,根式完全可以被分数指数幂代替,对于这一问题,下文将展开讨论。

9.4　负有理数指数幂的定义

9.4.1　定义方式

早期代数教科书大多根据得到负有理数指数幂的运算过程给出其描述性定义,见表 9－1。根据运算特点,教科书对于负有理数指数幂的定义可以分为"连除"定义和"取倒数"定义。

表 9－1　19 世纪代数教科书对于负指数幂* 的描述性定义

运算特点	定　　义	举例	代表性教科书
连除	负指数幂是指 1 连续除以一个或若干个由底数分解得到的相同因数** 所得到的商。	$4^{-2} = 1 \div 4 \div 4 = \dfrac{1}{16}$ $4^{-\frac{3}{2}} = 1 \div 2 \div 2 \div 2 = \dfrac{1}{8}$	Oliver, Wait & Jones (1882)
取倒数	负指数幂指的是,将其指数取为相反的正指数所得到的指数幂的倒数。	$4^{-\frac{3}{2}} = \dfrac{1}{4^{\frac{3}{2}}} = \dfrac{1}{\sqrt{4^3}} = \dfrac{1}{8}$	Olney(1873)

"连除"定义与乘方的"连乘"相对应,从除法的角度赋予了负有理数指数幂操作性的含义。但大多数教科书在定义中并未指明如何将"底数分解得到相同因数"和连除的次数。早期代数教科书通过举例的方式让读者默会其中的规律。"取倒数"定义将负有理数指数幂的意义建立在正有理数指数幂的基础上,也赋予了负有理数指数幂操作性的定义。

由上述两种描述性定义,均可以得到 $a^{-n} = \dfrac{1}{a^n}(n \in \mathbf{Q}^+)$。在早期代数教科书中,较少涉及对于负有理数指数幂中底数 a 的范围的讨论,但由于 0 不可以作为除数,而上述推广过程中存在着除法运算或取倒数的实施,故上述推广中实际上排除了底数 a 为 0 的情形。

---

*　早期代数教科书并未对实数指数幂进行讨论,故此处的"负指数幂"在早期代数教科书中实际指代的是"负有理数指数幂"。

**　19 世纪美英代数教科书中的因数泛指因式,且因式的概念与现今的概念有所不同,只要一式子能表示成其他式子的乘积,那么其他式子就均为原式的因式,后文出现的"因数"皆为此意。

9.4.2 定义的合理性

早期代数教科书主要采用两种方式解释负有理数指数幂引入或定义的合理性：一是对正整数指数幂运算律的直接推广；二是基于对等比数列的观察进行的类比。

（一）对正整数指数幂运算律的直接推广

幂指数的范围从正整数扩充到有理数，实际上是幂的运算律的适用范围扩大的结果。美国数学家柯朗（R. Courant，1888—1972）和罗宾（H. Robbins，1915—2001）在《什么是数学》一书中指出："对于引进新的符号，扩充一个范围，使得在原来范围内成立的规律，在这更大的范围内继续成立，这是数学推广过程的一个特征。"（柯朗，罗宾，2012，p.69）有理数指数幂的引入是数学中有关指数的数学理论发展的需要，它的定义需要与已有的以下三条指数幂运算律相容，其中 r、$s \in \mathbf{N}^*$：

(1) $a^r a^s = a^{r+s}$；

(2) $(a^r)^s = a^{rs}$；

(3) $(ab)^r = a^r b^r$。

在19世纪美英代数教科书中，部分教科书从推广运算律的角度讨论负有理数指数幂的意义，绝大多数基于运算律(1)引入负有理数指数幂。例如，Venable(1869)直接提出如下问题：

对于正整数指数幂，有运算性质 $a^m \times a^n = a^{m+n}(m、n \in \mathbf{N}^*)$ 成立，如果将适用范围推广到负整数指数幂，允许出现 a^{-p} 这样的记号，其中 p 为正整数，那么此时 a^{-p} 代表什么呢？

由 $a^m \times a^n = a^{m+n}$，当将指数的范围推广至负整数时，可得 $a^{m+p} \times a^{-p} = a^{m+p-p} = a^m$，又由 $a^{m+p} \div a^p = \dfrac{a^{m+p}}{a^p} = a^m$，因此，一个数乘上 a^{-p} 相当于这个数除以 a^p，所以 $1 \times a^{-p} = 1 \div a^p$，即 $a^{-p} = \dfrac{1}{a^p}$。

更进一步地，若在已得到正分数指数幂内涵的基础上，类比上述扩充过程，可以得到负分数指数幂的内涵。对于将指数幂扩充到正分数指数幂的过程，将在后文展开讨论。

在借由运算律(1)拓展得到负整数指数幂的内涵之后，部分教科书证明此定义也满足其余两条运算律(Venable，1869，p.188)，部分教科书则将证明作为课后练习(Hall & Knight，1885，p.231)。

(二)基于对等比数列的观察进行的类比

16 世纪,德国数学家斯蒂菲尔(M. Stifel,1487—1567)在其《整数算术》中,建立了如表 9-2 所示的指数和幂之间的对应关系。观察表 9-2 可以发现,当以 2 为底数时,指数减小 1 时,幂就变为原来的 $\frac{1}{2}$。类比正整数指数幂的情形,斯蒂菲尔将幂指数从非负整数推广到负整数,用我们今天的记号来表达,就是 $2^{-n} = \frac{1}{2^n}(n \in \mathbf{N}^*)$。但是,斯蒂菲尔没有将幂指数推广到分数的情形(汪晓勤,叶晓娟,顾海萍,2015)。

表 9-2　正整数指数和幂的对应

指数	⋯	-4	-3	-2	-1	0	1	2	3	4	⋯
幂	⋯	$\frac{1}{16}$	$\frac{1}{8}$	$\frac{1}{4}$	$\frac{1}{2}$	1	2	4	8	16	⋯

19 世纪的部分代数教科书引入负指数时,采取与斯蒂菲尔极为相似的引入方式。例如,在 Robinson(1850)和 Davies(1886)等教科书中,编者均指出,若 a^4 连续地除以 a,可以得到以下数列:

$$a^3, a^2, a, 1, \frac{1}{a}, \frac{1}{a^2}, \frac{1}{a^3}, \cdots。$$

基于观察,不难发现,a 的 n 次幂除以 a,得到的结果为 a 的 $n-1$ 次幂,即"除以底数,指数减 1",则:

$$\frac{a}{a} = 1 = a^{1-1} = a^0,$$

$$\frac{1}{a} = a^{0-1} = a^{-1},$$

$$\frac{1}{a^2} = \frac{\frac{1}{a}}{a} = a^{-1-1} = a^{-2},$$

$$\frac{1}{a^3} = \frac{\frac{1}{a^2}}{a} = a^{-2-1} = a^{-3},$$

$$\cdots$$

以此类推，可以得到 $a^{-n} = \dfrac{1}{a^n}(n \in \mathbf{N}^*)$。

早期代数教科书基于对以 a 为底的等比数列的观察引入零指数幂，在此基础上引入负整数指数幂，进而推广得到负有理数指数幂的定义，本质上是对运算律(1)的特殊情形 $a^m \times a = a^{m+1}$ 的推广，以观察、类比的形式加以呈现，对读者而言更为直观，抽象程度更低。可以看到，早期代数教科书往往根据"负指数幂的定义能够遵循原有的指数幂运算律"来说明其定义的合理性，但这一理由在零指数幂的特殊情形中却变得不够充分了。

9.5 零指数幂的定义与合理性

许多代数教科书将正整数指数幂定义为"1 连续乘以一个数若干次"，Shoup(1874)将此定义拓展到零指数幂的情形，将零次幂定义为"1 连续乘以底数零次"，则结果为 1 本身，从而得到任意非零数的零次幂都是 1 的结论，该定义能够较好地解释零次幂的含义，但该书将零的零次幂排除在外，且并未说明零的零次幂不作定义的原因。

在早期代数教科书中，零指数幂和负整数指数幂往往是同时引入的，如上小节所述，若对等比数列进行观察，则首先引入零指数幂，再在此基础上引入负整数指数幂。更加直观地，部分教科书通过指数幂的除法运算引入零次幂(Olney, 1874, p. 170)：

$$a^5 \div a = a^4, \; a^4 \div a = a^3, \; a^3 \div a = a^2, \; a^2 \div a = a。$$

若将此规律推广，则 $a \div a = a^0$，故 $a^0 = 1$。虽然大部分教科书没有对 a 的范围进行说明，但由于除数不能为 0，上述推广实际上隐含了 $a \neq 0$ 的限制。部分教科书通过验证指出，这样的定义是满足三条运算律的，因而是合理的(Loomis, 1846, p. 67)。

部分教科书则直接从运算律出发进行推广(Venable, 1869, p. 186)，通过推广运算律(1)的特殊情形，得到

$$a^0 \times a^m = a^{0+m} = a^m, \qquad\qquad (\ast)$$

当且仅当 $a^0 = 1$，无论取 a 为何值时，均有($\ast$)成立。如前文所述，这两种不同的拓展方式均是对运算律(1)适用范围的推广，对于底数不为 0 的情形能够得到一致的结论。但是第二种推广方式下，似乎默认了 $0^0 = 1$。

大部分教科书并未对于零指数幂的底数范围进行讨论。但有部分教科书提出，

$0^{0}=1$，原因在于，无论 a 多小，均有 $a^{0}=1$，那么对于 $a=0$，也应该有 $a^{0}=1$（Van Velzer & Slichter，1888，pp. 20—21），这一观点用极限语言来描述，即为 $0^{0}=\lim\limits_{a\to 0}a^{0}=1$，这与目前高中数学学习的结论显然是矛盾的。那么，既然存在"具有说服力"的 0^{0} 的定义方式，为何如今我们认为 0^{0} 是无意义的呢？

如果延续负整数指数幂的拓展思路，利用运算律推广来寻找零的零次幂的含义，那么根据运算律（1），$0^{0}\times 0^{1}=0^{1}$，无论 0^{0} 取任何数值，均满足此式；根据运算律（2），$(0^{0})^{m}=0^{0\times m}=0^{0}(m\in \mathbf{N}^{*})$，则 $0^{0}=0$ 或 $0^{0}=1$；根据运算律（3），$(0\times 1)^{0}=0^{0}\times 1^{0}$，即 $0^{0}=0^{0}\times 1^{0}$，无论 0^{0} 取任何数值，均满足此式。综上，定义 $0^{0}=0$ 或 $0^{0}=1$，均满足与原有运算律相容的原则，但由于所定义的值不唯一，因而与"0 除以 0"的情形类似，0^{0} 是无意义的，或者说是"未定值"。

从零的零次幂这一情形可以发现，某个定义满足某一条或若干条已有法则并不足以说明这个定义的合理性，定义还需具有唯一性。另一方面，定义的出现是出于数学内部或现实生活的需要，$0^{0}=0$ 或 $0^{0}=1$ 均满足三条运算律，之所以我们不作约定式的定义，是因为在多数的数学研究情境下人们并不需要关注 0^{0}，没有必要进行约定，但在组合数学、数论等领域，人们会根据研究的需要对 0^{0} 的取值作出约定。在实际教学中，教师不能"简单粗暴"地说明 0^{0} 无意义，这样的处理方式可能会令学生产生疑问。教学中可以从不唯一确定的角度进行解释，并说明在数学的其他领域会根据研究的需要进行定义，但在高中阶段不作考虑。

9.6 分数指数幂的定义

9.6.1 定义方式

根据得到分数指数幂的运算过程，早期代数教科书主要采用"因数的连乘或连除""幂的根""根的幂"这三种方式对分数指数幂进行描述性定义，见表 9 - 3。

表 9 - 3 早期代数教科书关于分数指数幂的描述性定义

运算过程	定义	举例	代表性教科书
相同"因数"的连乘或连除	分数指数幂是指 1 连续乘以（或连续除以）一个或若干个由底数分解得到的相同"因数"的结果。	$64^{\frac{2}{3}}=1\times 4\times 4=16$ $64^{-\frac{2}{3}}=1\div 4\div 4=\dfrac{1}{16}$	Oliver, Wait & Jones (1882)

运算过程	定义	举例	代表性教科书
根的幂	分数指数幂指的是一个方根的整数指数幂。	$64^{\frac{2}{3}} = (\sqrt[3]{64})^2 = 4^2 = 16$ $64^{-\frac{2}{3}} = (\sqrt[3]{64})^{-2} = 4^{-2} = \frac{1}{16}$	Van Velzer & Slichter (1888)
幂的根	分数指数幂指的是一个整数指数幂的开方。	$64^{\frac{2}{3}} = \sqrt[3]{64^2} = \sqrt[3]{4\,096} = 16$ $64^{-\frac{2}{3}} = \sqrt[3]{64^{-2}} = \sqrt[3]{\frac{1}{4\,096}} = \frac{1}{16}$	Dodd(1852)

19 世纪代数教科书中出现的对于分数指数幂的三种主要的描述性定义都不是精确、严谨的定义。如表 9-3 所示,在第一种定义方式下,得到正分数指数幂需要 1 连续若干次乘以底数的相同"因数",得到负分数指数幂需要 1 连续若干次除以底数的相同"因数"。早期教科书并未在定义中陈明"相同'因数'""若干"的具体含义,而是在后文指出 1 要连乘或连除的相同"因数"由分数指数的分母确定,对于正分数指数幂 $a^{\frac{n}{m}}$(m、$n \in \mathbf{N}^*$),指数 $\frac{n}{m}$ 的分母 m 代表将底数 a 分解为 m 个相同的数的乘积,即 a 的 m 次方根,n 代表将分解得到的"因数"与 1 连乘的次数。对于负分数指数幂 $a^{-\frac{n}{m}}$(m、$n \in \mathbf{N}^*$),则连乘变为连除,其余内涵不变(Davies,1886,pp. 162—163;Mitchel,1845,pp. 173—174)。由此可见,这种定义方式是以 $a^{\frac{1}{m}} = \sqrt[m]{a}$ 为基础的,实质上是从运算角度对分数指数幂 $a^{\frac{n}{m}}$ 的意义进行了补充性的解读。

对于分数指数幂 $a^{\frac{n}{m}}$,由"幂的根"这一描述性的定义方式,有 $a^{\frac{n}{m}} = \sqrt[m]{a^n}$;由"根的幂"这一描述性的定义方式,有 $a^{\frac{n}{m}} = (\sqrt[m]{a})^n$。根据根指数的内涵可知,在这两种定义下,$m \in \mathbf{N}^*$,$n \in \mathbf{Z}$。有教科书同时给出了这两种定义(Wentworth,1887,p. 199),得到 $a^{\frac{n}{m}} = \sqrt[m]{a^n} = (\sqrt[m]{a})^n$,指出分数指数的分母代表根指数,分子代表乘方运算对应的次数。虽然大部分早期教科书没有对分数指数幂的底数 a 的范围进行讨论,但由于 $\sqrt[m]{a^n} = (\sqrt[m]{a})^n$($m \in \mathbf{N}^*$,$n \in \mathbf{Z}$)只有在 $a > 0$ 时才成立,因此大部分教科书都默认在底数为正数的前提下讨论分数指数幂。

大多数教科书借助根式来定义分数指数幂,如前文所述,不同教科书对于根式和指数幂关系的认识存在差异。Olney(1874)提出,根式的意义和分数指数幂的作用是相同的,任意一个根式可以用分子为 1、分母为根指数的分数指数幂来表示。"因此,根式的使用是非必要的,它之所以仍被保留,仅仅是因为它在数学中已经广泛使用了。"(Alsop,1848,p. 196)这样的观点实际上忽略了根式的被开方数为负数的情况。对于根式 $\sqrt[m]{a^n}$($m \in \mathbf{N}^*$,$n \in \mathbf{Z}$),当 $a < 0$ 时,除 m 为偶数、n 为奇数的情形外,$\sqrt[m]{a^n}$ 均有意义。然而,当 m 为奇数、n 为奇数时,若用分数指数幂 $a^{\frac{n}{m}}$ 表示 $\sqrt[m]{a^n}$,则由 $\frac{n}{m} = \frac{2n}{2m}$($m \in \mathbf{N}^*$,$n \in \mathbf{Z}$),应有

$$\sqrt[m]{a^n} = a^{\frac{n}{m}} = a^{\frac{2n}{2m}} = \sqrt[2m]{a^{2n}},$$

而

$$\sqrt[2m]{a^{2n}} = \sqrt[2m]{(-a)^{2n}} = \sqrt[m]{(-a)^n} \neq \sqrt[m]{a^n},$$

出现矛盾(彭厚富,胡能发,1999)。为了解决底数 $a < 0$ 时分数指数幂定义"不唯一确定"的问题,我们可以通过约定幂指数 $\frac{n}{m}$ 为既约分数来解决这样的矛盾。但是,与此同时,形如 $\sqrt[2m]{a^{2n}}$ 的根式便无法用分数指数幂表示了,例如 $\sqrt[8]{(-2)^6}$,将其表示为 $(-2)^{\frac{6}{8}}$ 或 $(-2)^{\frac{3}{4}}$ 均是无意义的。可见,无论分数指数幂是否拓展到底数为负数的情形,根式的存在均是有必要的。

9.6.2　定义的合理性

将整数指数幂推广到分数指数幂时,部分教科书直接说明 $a^{\frac{1}{n}}$ 为 $\sqrt[n]{a}$ 的另一种表示方式,没有解释其合理性,再在此基础上推广得到 $a^{\frac{m}{n}}$ 的含义(Davies,1886,p. 135)。大多数早期代数教科书对其合理性进行了说明,且一般均先扩充得到分子为 1 的分数指数幂,再推广到更一般的分数指数幂。早期代数教科书主要采用"与分数乘法的类比""运算性质的直接推广"和"开方时指数变化规律的观察"三种方式来解释分数指数幂引入或定义的合理性。

(一)与分数乘法的类比

Thomson & Quimby(1880)借助分数乘法与分数指数幂的类比来帮助读者接受

正分数指数幂的定义。27 的 $\dfrac{2}{3}$，即 $27 \times \dfrac{2}{3}$，可以通过先将 27 平均分为 3 等份（$27 \div 3 =$ 9），再将其中的两个部分加起来（$9 \times 2 = 18$ 或 $9 + 9 = 18$）得到；类似地，27 的 $\dfrac{2}{3}$ 次幂，即 $27^{\frac{2}{3}}$，可以通过将 27 分解为 3 个相等的"因数"（$27 = \sqrt[3]{27} \times \sqrt[3]{27} \times \sqrt[3]{27}$，即 $27 = 3 \times 3 \times 3$），再将其中的两个"因数"相乘（$3^2 = 9$ 或 $3 \times 3 = 9$）得到。

（二）对运算律的直接推广

将运算律（1）或（2）推广到分数情形，可以得到分数指数幂。

对于正整数指数幂，有 $a^r a^s = a^{r+s}$，当 r、s 都为分数，而 $r + s$ 的结果为正整数时，可以探讨特定的分数指数幂的含义（Greenleaf，1864，p. 219）。例如，取 $r = s = \dfrac{1}{2}$，则有 $a^{\frac{1}{2}} \times a^{\frac{1}{2}} = a^1 = a$，则 $a^{\frac{1}{2}} = \sqrt{a}$。更一般地，由 $\underbrace{a^{\frac{1}{n}} \times a^{\frac{1}{n}} \times \cdots \times a^{\frac{1}{n}}}_{n\,\text{个}} = a$，可得 $a^{\frac{1}{n}} = \sqrt[n]{a}$；由 $\underbrace{a^{\frac{m}{n}} \times a^{\frac{m}{n}} \times \cdots \times a^{\frac{m}{n}}}_{n\,\text{个}} = a^m$，可得 $a^{\frac{m}{n}} = \sqrt[n]{a^m}$。

根据运算律（2），可得 $\left(a^{\frac{1}{n}}\right)^n = a$，则 $a^{\frac{1}{n}} = \sqrt[n]{a}$，再由 $a^{\frac{m}{n}} = \left(a^{\frac{1}{n}}\right)^m$，可得 $a^{\frac{m}{n}} = \left(\sqrt[n]{a}\right)^m$；或直接由 $\left(a^{\frac{m}{n}}\right)^n = a^m$，即可得 $a^{\frac{m}{n}} = \sqrt[n]{a^m}$（Wentworth，1887，pp. 199—200）。

对于采取"先负后分"扩充顺序的教科书，在将指数幂扩充到负整数指数幂之后，由上述的推广过程可得到全体分数指数幂的内涵；对于采取"先分后负"的教科书，则先由上述推广过程得到全体有理数指数幂的内涵，再进一步推广得到全体负有理数指数幂的内涵。

大多数教科书没有讨论底数 a 的范围，但实际上，上述推广过程隐含了 $a \geqslant 0$ 的要求。本章所考察的早期代数教科书中，无一采用运算律（3）来推广或解释分数指数幂定义的合理性，但部分教科书在定义了分数指数幂之后，对定义是否满足运算律（3）进行了验证（Venable，1869，p. 188）。

（三）观察开方后指数的变化规律

18 世纪，欧拉在《代数基础》中指出，对正整数指数幂的性质进行观察可以发现，a^2 的平方根为 a，a^4 的平方根为 a^2，a^6 的平方根为 a^3，等等，平方根为同底数的幂，指数折半。将这一规律类比到分数指数幂中，则 a 的平方根应为 $a^{\frac{1}{2}}$，a^3 的平方根应为 $a^{\frac{3}{2}}$，a^5 的平方根应为 $a^{\frac{5}{2}}$，等等。这里，平方根均指算术平方根，$a > 0$。类似地，可考虑更高次方根(Euler，1828，pp. 56—58)。欧拉通过类比的方式，厘清了方根与分数指数幂之间的关系。

19 世纪，部分教科书所采用的引入方式与欧拉并无二致(Olney，1874，pp. 164—166)。通过观察可以发现，要得到一个数的平方根，需要将其指数除以 2，则类似地有，a^3 的平方根为 $a^{\frac{3}{2}}$，a^5 的平方根为 $a^{\frac{5}{2}}$。可见，$a^{\frac{1}{2}}$ 等同于 a 的平方根，即 $a^{\frac{1}{2}}=\sqrt{a}$。类比到其他分数指数幂的情形，可以得到 $a^{\frac{2}{3}}=\sqrt[3]{a^2}$，$a^{\frac{3}{4}}=\sqrt[4]{a^3}$，…。以此类推，可得 $a^{\frac{m}{n}}=\sqrt[n]{a^m}$。

9.7　指数推广的意义

19 世纪的美英代数教科书主要从数学内部的统一性来说明幂指数推广的价值与意义。Van Velzer & Slichter(1888)指出，用分数指数幂来表示方根具有优越性，因为一方面使得表示更为简洁，另一方面我们可以用相同的法则处理整数指数幂和分数指数幂的问题。换言之，指数幂运算律的使用范围更大了(Wentworth，1887，p. 210)，体现了数学对于统一美的追求。

另一方面，分数指数幂的定义是实数指数幂定义的基础，而指数幂的拓展是指数函数产生的基础。指数函数产生以后，被广泛应用于刻画细胞的分裂、人口的增长、放射性物质的衰减等自然现象。1748 年，欧拉在《无穷分析引论》中讨论指数函数和对数函数时，引入了人口指数增长的实例：大洪水中的幸存者有 6 人，若以每年 $\frac{1}{16}$ 的速度繁衍，那么 200 年后，6 个幸存者将约有 10^6 个后代；400 年后，将约有 2×10^{11} 个后代，这将超过地球所能支撑的数量(Euler，1988，pp. 75—92)。

从数学内部与数学外部来看，指数幂的拓展都具有极大的价值与意义。

9.8　教学启示

在所考察的 94 种早期美英代数教科书中，先后出现了"连乘""连除""取倒数"三种负指数幂的描述性定义和"相同'因数'连乘或连除""幂的根""根的幂"三种分数指数幂的描述性定义。在中学阶段的有理数指数幂教学可以参考早期代数教科书的做法，在教学中增加负指数幂、分数指数幂的描述性定义，或在通过运算律得到有理数指数幂的形式定义之后,引导学生用描述性的语句描述相应的内涵,帮助学生在原有的"反复自乘"的指数幂认识(王莹颖,2012)的基础上构建负有理数指数幂和分数指数幂的内涵。

另一方面,早期代数教科书通过观察类比或对正整数指数幂运算律的直接推广来说明有理数指数幂定义的合理性,体现了数学推广的原则在于追求与原有的法则相容,教学中教师也可以借鉴早期教科书的做法,引导学生通过观察、类比得到负指数幂、分数指数幂的内涵,再进一步揭示定义与原有运算律的一致性。同时,定义与原有运算律一致并不足以说明定义的合理性,零的零次幂定义的不唯一性导致如今我们对其不加以定义,但在早期教科书中却以满足三条运算律为由将其值定义为1,教师可以在教学中引导学生展开讨论,帮助学生认识定义的唯一性对于定义的必要性。

94种早期代数教科书对于有理数指数幂的定义也存在不严谨和错误之处,部分早期教科书对于根式与分数指数幂之间的关系存在误解,这说明数学定义是从不完善到严谨动态、逐步发展的。在教学中,教师可以借由早期教科书中的定义发展,向学生呈现有理数指数幂定义的发展历程,引导学生树立动态的数学观,达成德育之效。

参考文献

柯朗,罗宾(2012).什么是数学:对思想和方法的基本研究.左平,张饴慈,译.上海:复旦大学出版社.

彭厚富,胡能发(1999).有关分数指数幂的几个问题.数学通报,48(01):41-43.

汪晓勤,叶晓娟,顾海萍.(2015)."分数指数幂":从历史发生的视角看规定.教育研究与评论(中学教育教学),(4):59-63.

王莹颖(2012).中学学生对幂与指数函数的理解.华东师范大学.

中华人民共和国教育部(2020).普通高中数学课程标准(2017年版2020年修订).北京:人民教育出版社.

Alsop, S. (1848). *A Treatise on Algebra*. Philadelphia: E. C. & J. Biddle.

Davies, C. (1886). *University Algebra*. New York: A. S. Barnes & Company.

Docharty, G. B. (1852). *The Institutes of Algebra*. New York: Harper & Brothers.

Dodd, J. B. (1852). *Elementary and Practical Algebra*. New York: Pratt, Woodford & Company.

Euler, L. (1828). *Elements of Algebra*. London: Longman, Rees, Orme, & Company.

Euler, L. (1988). *Introduction to Analysis of the Infinite*. New York: Springer-Verlag.

Greenleaf, B. (1864). *New Elementary Algebra*. Boston: Robert S. Davis & Company.

Hall, H. S. & Knight, S. R. (1885). *Elementary Algebra for Schools*. London: Macmillan & Company.

Loomis, E. (1846). *A Treatise on Algebra*. New York: Harper & Brothers.

Mitchel, O. M. (1845). *An Elementary Treatise on Algebra*. Cincinnati: E. Morgan & Company.

Oliver, J. E., Wait, L. A. & Jones, G. W. (1882). *A Treatise on Algebra*. Ithaca: The Authors.

Olney, E. (1873). *A University Algebra*. New York: Sheldon & Company.

Olney, E. (1874). *Introduction to Algebra*. New York: Sheldon & Company.

Robinson, H. N. (1850). *An Elementary Treatise on Algebra*. Cincinnati: Jacob Ernst.

Shoup, F. (1874). A. *The Elements of Algebra*. New York: E. J. Hale & Son.

Thomson, J. B. & Quimby, E. T. (1880). *The Collegiate Algebra*. Chicago: Clark & Maynard.

Van Velzer, C. A. & Slichter, C. S. (1888). *A Course in Algebra*. Madison: Capital City Publishing Company.

Venable, C. S. (1869). *An Elementary Algebra*. New York: University Publishing Company.

Wentworth, G. A. (1887). *Shorter Course in Algebra*. Boston: Ginn & Company.

10 指数函数

蔡春梦[*]

10.1 引言

指数函数是刻画现实世界各种增长规律的重要数学模型。在种群增长、存款贷款、放射物衰变等诸多实际问题中，都能看到指数函数的身影。然而，这个在今天被广泛应用的数学概念在历史上的发展却极为漫长。从正整数指数到实数指数，再到指数规律的几何研究，指数函数概念的发展缓慢而曲折。1748 年，欧拉在《无穷分析引论》中首次将函数概念作为中心和主线，把函数而不是曲线作为研究对象（欧拉，1997）。其中，他将"底数为常数或变数，指数为变数的幂"定义为指数函数。然而，19 世纪以前的教科书中，指数函数仍是一个被边缘化的概念。直到 1905 年，德国数学家 F·克莱因起草《米兰大纲》，明确提出"应将养成函数思想和空间观察能力作为数学教学的基础"之后，函数概念受到重视，指数函数在教科书中才逐渐占有一席之地。

在现行高中数学教科书中，沪教版教科书先介绍幂函数、指数函数、对数函数等具体函数，再介绍一般函数；人教版 A 版、北师大版、苏教版教科书的编排顺序则相反。在指数函数主题上，这 4 个版本的教科书所呈现的内容区别不大，都是先将幂指数的范围扩展到全体实数，然后通过不同的方式引入指数函数，并且直接将形如 $y = a^x (a > 0, a \neq 1)$，$x \in \mathbf{R}$ 的函数定义为指数函数。然而，对于学生而言，不免存在疑问，比如为何将此类函数称作指数函数？它的定义方式是否唯一？它与其他函数的区别又是什么？

鉴于此，本章聚焦指数函数概念，对 1908—1962 年间出版的 10 种美国代数教科

---

[*] 华东师范大学教师教育学院硕士研究生。

书进行考察，以试图回答以下问题：早期代数教科书是如何定义指数函数的？呈现了指数函数的哪些性质？对今日教学有何启示？

10.2 指数函数的引入

考察发现，在这 10 种教科书中，只有 Metzler, Bullard & Roe(1908)是直接引入指数函数的，其余 9 种教科书中共出现 3 类引入方式：幂指数拓展引入、数学内在需要引入、超越函数引入。其中，有 3 种采用第一类引入方式，4 种采用第二类引入方式，2 种采用第三类引入方式。

10.2.1 幂指数拓展引入

幂指数拓展引入是指先对符号 a^x 中 x 的范围进行拓展，从而自然引出指数函数 $a^x(x \in \mathbf{R})$ 的方式。如 Miller & Thrall(1950)先按照"正整数指数——有理数指数——无理数指数"的顺序分别对幂指数下定义，然后引入指数函数："在定义无理数指数之后可以看到，对每一个实数（有理数或者无理数）x，$y=a^x(a>0, a \neq 1)$ 有且仅有一个值与之对应。因此，$y=a^x$ 是关于 x 的函数，称为指数函数。"

10.2.2 数学内在需要引入

有 4 种教科书从数学内在需要出发引入指数函数，表 10 - 1 给出了 2 个典型例子。

表 10 - 1　数学内在需要引入的典型例子

类别	描　　　述	教科书
简化计算	将三角概念应用于解三角形时常常涉及相当繁琐的数值计算。这些计算通常可以通过对数的使用而大大简化。引入对数最方便的方法是指数函数，对此我们需要一个定义。	Hall & Kattsoff(1962)
幂函数引入	在等式 $y = x^k$ 中，我们一直考虑指数为常数、底数为变量的情况。现在思考底数为常数、指数为变量的情况，即要将表达式 $y = x^k$ 作为指数的函数来研究。	Wilczynski & Slaught(1916)

10.2.3　超越函数引入

Miller & Green(1962)和 Smail(1931)通过超越函数引入指数函数。其中,后者对代数函数和超越函数定义如下:"一种只对变量进行有限次加、减、乘、除、常数指数幂运算和开方运算的函数,称为代数函数,非代数函数则称为超越函数。"(Smail,1931,pp. 64—65)指数函数作为超越函数,被自然引入。

10.3　指数函数的定义

根据定义中的关键词和性质,所考察的 10 种教科书中的指数函数定义可以分为最小上界定义、极限定义和表达式定义 3 类。其中,给出最小上界定义和极限定义的教科书各 1 种。

10.3.1　最小上界定义

有 1 种教科书利用"最小上界"来定义指数函数。Brumfiel, Eicholz & Shanks(1962)首先给出这样一个定理:"若 $a > 1$, x 为任意实数,S 是 $a^r (r \leqslant x$ 且 r 是有理数)的一个集合,则 S 是有上界的。"由此得到以下两个推论:

- 上述定理所描述的集合 S 存在最小上界;
- 如果 y 是 S 的最小上界且 x 是有理数,那么 $y = a^x$。

根据以上结论,编者给出如下定义:"如果 $a \geqslant 1$, x 是一个实数,S 是上述定理的一个集合,那么定义符号 a^x 是 S 的最小上界。于是,对 $a \geqslant 1$ 的每一个实数,都存在这样一个函数,其定义域是实数集。我们把每一个这样的函数称为指数函数,它在 x 处的值是 a^x。如果 $0 < a < 1$,则定义 $a^x = \left(\dfrac{1}{a}\right)^{-x}$。其中,$a$、$x$ 和 a^x 分别被称为底数、指数和幂。"

这里,编者并未将 $a = 1$ 的情形排除在外。

10.3.2　极限定义

有 1 种教科书利用极限来定义指数函数。Metzler, Roe & Bullard(1908)给出如下定义:"$F(x)$ 是当 $n \to \infty$ 时 $\left(1 + \dfrac{x}{n}\right)^n$ 的极限,即 $F(x) = \lim\limits_{n \to \infty} \left(1 + \dfrac{x}{n}\right)^n$, x 和 n 可

取一切实数和复数。"事实上,上述定义只涉及特殊的指数函数 $y = \mathrm{e}^x$。

10.3.3　表达式定义

其余 8 种教科书中,Knebelman & Thomas(1942)并未明确给出指数函数的定义,而是直接对函数 a^y(a 可取任意正实数,y 可取任意实数;a 固定,y 变化)进行分析。有 7 种教科书用表达式来定义指数函数,表 10 - 2 给出了典型例子。其中,Smail(1931)提出的表达式与今日的指数函数表达式有所不同。

表 10 - 2　表达式定义的典型例子

定义的叙述	教科书
当 $a > 0$ 且 $a \neq 1$ 时,对于任意实数 x,$y = a^x$ 有且仅有一个值与之对应,则 $y = a^x$ 是 x 的函数 —— 指数函数。	Miller & Thrall(1950)
指数为变量的表达式 a^x 就是指数函数。	Fisher & Schwatt(1921)
形如 $y = ka^x$(k 和 a 是常数,且 a 是除 1 以外的正数)的函数称为指数函数。	Smail(1931)

在这 7 种教科书中,有 5 种教科书对底数 a 的范围作出了规定。其中,有 3 种教科书对此给出了详细解释。如 Miller & Thrall(1950)限定 $a > 0$ 且 $a \neq 1$,并指出:"如果 $a = 1$,那么 $a^x = 1^x = 1$ 对所有 x 皆成立。如果 a 为负数,那么对于特定的 x 值,a^x 不是实数,如 $a = -3$,$x = \dfrac{1}{2}$,则 $a^x = (-3)^{\frac{1}{2}} = \sqrt{-3}$。"

10.4　指数函数的图像

有 7 种教科书给出了指数函数的图像,其中 5 种给出了具体的作图过程,主要分为 2 类:列表描点连线法,利用函数的单调性作图。

10.4.1　列表描点连线法

有 4 种教科书采用列表描点连线法。如,Wilczynski & Slaught(1916)按以下步骤作指数函数 $y = 2^x$ 的图像:

(1) 列表

令 x 取值为 -4、-3、-2、-1、0、$+1$、$+2$、$+3$、$+4$,计算对应的函数值,得到

表 10-3。

表 10-3 函数 $y = 2^x$ 的部分值

x	-4	-3	-2	-1	0	$+1$	$+2$	$+3$	$+4$
y	$\dfrac{1}{16}$	$\dfrac{1}{8}$	$\dfrac{1}{4}$	$\dfrac{1}{2}$	1	2	4	8	16

（2）描点连线

将表 10-3 显示的点画在坐标系对应位置,再用一条平滑曲线连结这些点,即可得到指数函数 $y = 2^x$ 的图像,如图 10-1 所示。

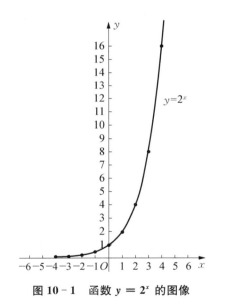

图 10-1 函数 $y = 2^x$ 的图像　　　　图 10-2 函数 $y = 10^x$ 的图像

10.4.2 利用函数的单调性作图

Hall & Kattsoff(1962)根据函数 $y = 10^x$ 的单调性作图,作图过程可大致分为以下 3 步:

（1）当 $x = 0$ 时,$y = 10^0 = 1$,所以函数图像经过点 $(0, 1)$;

（2）当 x 是正数且 x 不断增大时,y 也不断增大;

（3）当 x 是负数时,$-x$ 是正数。根据 $y = 10^x = \dfrac{1}{10^{-x}}$,当 x 沿着 x 轴负向不断取

值时,对应的函数值越来越小,不断向 0 逼近,0 是它的极限。

由此得到函数 $y=10^x$ 的图像,如图 10-2 所示。

10.5　指数函数的性质

早期代数教科书中所呈现的指数函数性质主要可分为以下 7 类。

10.5.1　定义域和值域

指数函数的定义域和值域与今天的限定基本一致。Brumfiel,Eicholz & Shanks(1962)指出:"a^x 的定义域是所有实数的集合,它的范围是所有正实数的集合。"Miller & Thrall(1950)则写道:"对所有的 x 的值,函数 a^x 都是正值。从图像上来看,这意味着函数 $y=a^x$ 始终位于 x 轴上方。"Wilczynski & Slaught(1916)给出了进一步的说明:"更具体地说,如果 $a>1$,那么当 $x>0$ 时,$a^x>1$,当 $x<0$ 时,$a^x<1$;如果 $a<1$,那么当 $x>0$ 时,$a^x<1$,当 $x<0$ 时,$a^x>1$。"

10.5.2　连续性

Miller & Thrall(1950)和 Wilczynski & Slaught(1916)强调了指数函数的连续性,且对连续性的描述基本一致,即"对于 x 的所有有限值,函数 a^x 都是连续的。表现在图像上,即 $y=a^x$ 的图像是一条连续的曲线"。

10.5.3　指数幂的运算性质

幂的运算性质在指数函数中同样适用,即当 $a>0$ 且 $a\neq1$ 时,对任意的实数 x 和 y,以下式子始终成立:

(1) $a^x \cdot a^y = a^{x+y}$;

(2) $\dfrac{a^x}{a^y} = a^{x-y}$;

(3) $(a^x)^y = a^{xy}$;

(4) $(a \cdot b)^x = a^x \cdot b^x$;

(5) $\left(\dfrac{a}{b}\right)^x = \dfrac{a^x}{b^x}(b \neq 0)$。

Brumfiel，Eicholz & Shanks(1962)指出，以上式子的证明并不容易，需借助有理数指数幂的运算性质加以说明。"对式子(1)的证明大致如下：考虑 a^x 和 a^y，存在有理数 r 和 s，满足 $r \leqslant x$ 及 $s \leqslant y$，且 a^r 与 a^x 很接近，a^s 与 a^y 很接近，则可以推得 $a^r \cdot a^s$ 与 $a^x \cdot a^y$ 很接近。根据有理数指数幂的运算性质 $a^r \cdot a^s = a^{r+s}$ 以及指数函数的连续性，可以推得 a^{r+s} 与 a^{x+y} 也很接近。"

10.5.4　单值函数

指数函数 a^x 是单值函数，即现在常说的"一对一函数"，表示对任意一个实数 x，只能找到唯一一个 y 值与它对应。从图像上来看，即任意一条与 y 轴平行的直线都会与函数 $y = a^x$ 的图像相交，且只交于一点。

Hall & Kattsoff(1962)还给出另一种表述："如果 a 是一个不等于 1 的正数，x_1 和 x_2 是任意实数，且 $a^{x_1} = a^{x_2}$，那么 $x_1 = x_2$。"

10.5.5　过定点

根据零指数幂的定义，$a^0 = 1$，因而指数函数皆经过定点 $(0，1)$，表现在图像上，即"函数 $y = a^x$ 的曲线在原点上方一个单位处穿过 y 轴"。（Miller & Thrall，1950，p. 307)

10.5.6　单调性

尽管多种教科书都对指数函数的单调性进行了介绍，如 Brumfiel，Eicholz & Shanks(1962)写道："指数函数 a^x 在 $a > 1$ 的情况下是一个连续递增的函数。如果 $0 < a < 1$，那么函数是递减的。"但仅有少数教科书对该性质作出完整的阐述，并加以解释或证明。

Knebelman & Thomas(1942)只分析了 $a > 1$ 的情形。首先提出以下两个定理，并加以证明：

定理 1　如果 a 是任意一个大于 1 的实数，且 y 是有理数，那么 $a^y > 0$。特别地，$a^y > 1$ 或 $a^y < 1$ 取决于 y 的正负。

定理 2　如果 a 是任意一个大于 1 的实数，y 和 z 是有理数，且 $y > z$，那么 $a^y > a^z$。

定理 2 其实就是函数 a^y 在 $a > 1$ 的情况下单调递增的体现，只是编者在这里限定自变量的取值范围是有理数。该定理的证明需要借助定理 1,故这里先对定理 1 作出证明。

定理 1 的证明如下:

令 $y=\dfrac{m}{n}$,其中 m 和 n 都是正整数,则 $a^y=a^{\frac{m}{n}}=\sqrt[n]{a^m}$。因为 $a>1$,所以 $a^m>1$,所以 $\sqrt[n]{a^m}>1$,即当 y 是正有理数时,$a^y>1$。当 y 是负有理数时,令 $y=-z$,z 是正有理数,则 $a^y=a^{-z}=\dfrac{1}{a^z}$。根据刚证得的结果,$a^z>1$,于是 $a^y<1$。而 $\dfrac{1}{a^z}$ 始终是正数,从而定理得证。

于是,可以得到定理 2 的证明:

$y-z$ 是一个有理数,且根据假设,$y-z>0$。也就是说,$y-z$ 是一个正有理数,则根据定理 1,有 $a^{y-z}>1$。又因为 $a^z>0$,所以 $a^{y-z}a^z>a^z$,即 $a^y>a^z$。

在这两个定理的基础上,Knebelman & Thomas(1942)进一步指出,当 a 是任意一个大于 1 的实数,y 和 z 是任意实数,且 $y>z$ 时,都有 $a^y>a^z$。

Miller & Green(1962)对于指数函数单调性的介绍要直观得多。编者借助函数 2^x、$\left(\dfrac{1}{2}\right)^x$ 的图像(见图 10-3),直接给出说明:"$f(x)=b^x$,当 $b>1$ 时,$f(x)$ 随着 x 的增大而增大,当 $b<1$ 时,$f(x)$ 随着 x 的增大而减小。"

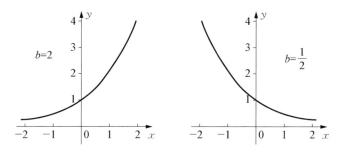

图 10-3　**Miller & Green(1962)呈现的函数 $y=2^x$ 和 $y=\left(\dfrac{1}{2}\right)^x$ 的图像**

10.5.7　等比数列的形成

Wilczynski & Slaught(1916)提出:"如果数字 x_1,x_2,x_3,… 组成一个等差数列,则相应的指数 a^{x_1},a^{x_2},a^{x_3},… 组成一个等比数列。"

10.6 指数函数的应用

据考察,指数函数的应用主要分为以下 3 类:引出对数或对数函数,引出等比数列,解决现实问题。

10.6.1 引出对数或对数函数

10 种教科书中,利用指数函数引出对数或对数函数是出现最多的一类应用,不同教科书的描述基本一致。Miller & Thrall(1950)定义对数如下:"如果 x 是任意正数, a 是任意不为 1 的正数,那么有且仅有一个实数 y,满足 $a^y = x$。这里的指数 y 就称为以 a 为底 x 的对数,写成 $y = \log_a x$。"

Hall & Kattsoff(1962)则借助反函数概念,引入对数函数。书中指出,指数函数 a^x 可看成函数 f,该函数是一个有序对的集合,于是有 $f = \{(1, a), (2, a^2), \cdots, (x, a^x), \cdots\}$。由于指数函数是单值函数,因此这些有序对不会出现重复。根据反函数概念,f 的反函数可写成 $f^{-1} = \{(a, 1), (a^2, 2), \cdots, (a^x, a), \cdots\}$,这个函数称为对数函数。

在引出对数之后,部分教科书[如 Feinstein & Murphy(1957)]利用对数求解指数方程,简化了计算。

10.6.2 引出等比数列

Smail(1931)利用指数函数引出等比数列。编者认为,形如 $y = ka^x$ 的函数都是指数函数。令 $x = 0, 1, 2, 3, 4, \cdots$,得到数列 $k, ka, ka^2, ka^3, ka^4, \cdots$,该数列是一个公比为 a 的等比数列。

10.6.3 解决现实问题

指数函数与现实生活的联系十分密切,部分教科书中出现了依托现实情境而产生的习题,其中,Miller & Green(1962)给出了以下几个实例。

* 在均匀温度下处于平衡状态的纯气体的压力 p(标准大气压)和高度 y(厘米)之间的关系可用等式 $p = A \cdot 10^{-By}$ 表示。对于某种气体,$A = 1$,$B = 0.0000005$。作出该函数的图像,并利用图像求出在海拔 10^6 厘米处的气压;

• 当电容器通过电阻放电时,电路中在 t 时刻流过的电流为 $I = I_0 \mathrm{e}^{-\frac{t}{RC}}$,其中,$I_0$ 为电容开始放电时的电流,R 为电阻,C 为电容,e 是一个常数,约等于 2.7。如果 $I_0 = 0.5$ 安培,$R = 12$ 欧姆,$C = 10$ 微法拉,作出该问题所描述的函数的图像,并利用图像找出 60 秒后流过电路的电流(单位为安培);

• 放射性物质的半衰期是该物质衰变一半所需的时间。如果一种放射性物质的半衰期是 5 分钟,那么 1 小时后,该物质剩余质量是原质量的几分之一?

10.7 教学启示

以上我们看到,关于指数函数概念,早期代数教科书在引入、定义、图像、性质、应用等方面都呈现了较为丰富的内容,为今日课堂教学提供了许多启示。

首先,在关于为什么要学习指数函数以及如何引入指数函数的问题上,部分早期教科书指出,这是数学内在发展的需要。因为出现了一些复杂运算,必须通过指数函数引入对数来求解;因为幂指数拓展到了实数,所以自然而然需要对指数函数进行研究。这种拓展顺序是符合人类认知发展的,与历史上指数函数的发展过程一致。教师在设计教学时,应考虑到这一点。比如,现行教科书中,多通过现实情境引入指数函数,这有利于学生更好地理解指数函数的相关概念。然而,对于所采用的情境,教师的选择可以更多元化且更有针对性,比如可选择两个问题,分别是幂指数为正整数的情况和幂指数为实数的情况,由此突出指数函数定义域为全体实数这一性质。在这里,教师也可以参考早期教科书给出的现实情境问题。

其次,对于指数函数的定义,现行教科书采用的是表达式定义,即当 $a > 0$ 且 $a \neq 1$ 时,$y = a^x$ 为指数函数。考虑到早期教科书中曾出现过 $y = ka^x$ 形式的定义,教师在教授定义时应对表达式加以强调。

再次,对于指数函数作图,列表描点连线法是教科书中采用最多的。然而,可能有学生对于为什么用平滑曲线连结各点产生疑惑,因为 x 为无理数时所对应的点并不能确定。这里,教师可以利用技术,把点加密的动态过程呈现给学生,让学生有更直观的感受。而对于指数函数的性质,代数证明结合"图像演示"会更利于学生的理解。

最后,少数早期教科书忽略指数函数 $y = a^x$ 的底数 a 的取值范围,或未将 $a = 1$ 排除在外,反映了早期人们对指数函数定义的认识还不够完善。教师在教学中应关注学生在指数函数概念理解上的历史相似性，制订相应策略，促进学生形成完善的概念。

参考文献

欧拉(1997).无穷分析引论.张延伦,译.太原：山西教育出版社.

Brumfiel, C. F., Eicholz, R. E. & Shanks, M. E. (1962). *Algebra* II. Reading, Massachusetts：Addison-Wesley Publishing Company.

Feinstein, I. K. & Murphy, K. H. (1957). *College Algebra*. Ames, Iowa：Littlefield, Adams & Company.

Fisher, G. E. & Schwatt, I. J. (1921). *Complete Secondary Algebra*. New York：The Macmillan Company.

Hall, D. W. & Kattsoff, L. O. (1962). *Unified Algebra and Trigonometry*. New York：John Wiley & Sons.

Knebelman, M. S. & Thomas, T. Y. (1942). *Principles of College Algebra*. New York：Prentice-Hall.

Metzler, W. H., Roe, E. D. & Bullard, W. G. (1908). *College Algebra*. New York：Longmans, Green, & Company.

Miller, E. B. & Thrall, R. M. (1950). *College Algebra*. New York：Ronald Press Company.

Miller, I. & Green, S. (1962). *Algebra and Trigonometry*. Englewood Cliffs, N. J.：Prentice-Hall.

Smail, L. L. (1931). *College Algebra*. New York：McGraw-Hill Book Company.

Wilczynski, E. J. & Slaught, H. E. (1916). *College Algebra*. Boston：Allyn & Bacon.

11 对数

王　鑫[*]

11.1　引言

　　对数是高中数学的重点内容之一,也是联系初等数学与高等数学的一个纽带。德国数学家 F·克莱因曾说:"如果希望进一步全面了解对数的理论,最好是大体上遵循其创造的历史。"(F·克莱因,2008,p. 165)众所周知,对数是由苏格兰数学家纳皮尔(J. Napier, 1550—1617)发明的,经过整整 20 年的潜心研究,他终于于 1614 年出版了对数著作《奇妙的对数定律说明书》。但鲜为人知的是,几乎与此同时,另一位瑞士数学家比尔吉(J. Bürgi, 1552—1632)也独立发明了与其非常类似的对数概念,只不过两人发明的对数系统的底不同。对数大体上经历了三个发展阶段:简化运算思想的形成、对数表的发明、对数与指数运算互逆关系的发现,纳皮尔与比尔吉的主要贡献是开创了对数发展的第二个阶段。

　　现行人教版 A 版高中数学教科书在"对数与对数运算"一节之后,附加了一篇阅读材料——"对数的发明",简要介绍对数概念的历史以及对数的应用。然而,对数概念的演进过程并不是线性的,一种新定义的诞生并非意味着旧定义的废弃。那么,对数概念自发明以后,经历了怎样的演进过程? 美英早期教科书或许能够给我们提供答案。本章通过对美英早期教科书中有关对数内容的考察,以试图回答以下问题:早期教科书是如何定义对数的? 定义是如何演变的? 对今日教科书编写和课堂教学有何启示?

---

[*]　成都市树德中学教师。

11.2 教科书的选取

从有关数据库中选取 1700—1956 年间出版的 116 种美英数学文献（大多数为教科书）为研究对象。以 50 年为一个时间段进行统计，这些教科书的出版时间分布情况如图 11－1 所示。

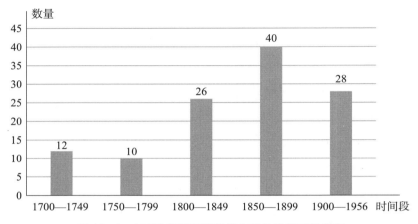

图 11－1　116 种美英早期数学文献的出版时间分布

查阅早期数学文献发现，每一本好的代数学著作都必然包含关于对数的一章。（Murray，1906，p. 1.）除了代数教科书，许多三角学著作也用了大量篇幅介绍对数的概念、运算性质及对数表等内容，这是因为三角学包括平面三角和球面三角，其中涉及大量复杂的运算（如长达七位或八位数字的正弦的乘积），当时没有计算器、计算机等高效的计算工具，人们通常需要借助对数来帮助简化运算，这在当时可谓省时又省力。

116 种数学文献中，有 57 种是代数教科书，47 种是三角学教科书，2 种是几何教科书，6 种是专门的对数专著，1 种是数学用表，还有 3 种是数学辞典或者百科全书。与今日教科书将对数编入"函数"章不同的是，在大多数早期教科书，尤其是代数教科书中，对数通常单独成章，由此可见对数的重要性。

11.3 对数定义的分类

对比 116 种数学文献中的对数内容发现，不同作者或编者关于对数的定义不尽相

同,大致可以分为 4 类:双数列定义、比数定义、指数定义和相对定义,其具体内涵
如下。

11.3.1　双数列定义

双数列定义构造了两组相互对应的数列,一组为等差数列,另一组为等比数列,将
等差数列中的项[又叫做借数(borrowed numbers)或假数(artificial numbers)]称为等
比数列中相应项[又叫做真数(antilogarithm)]的对数。这一定义在 116 种数学文献中
占了 16%。例如,Forster(1700)在《算术三角学》中将对数定义为:"对数是构成等差
数列的一组借数,与构成等比数列的另一组数相对应。"这一类定义还通常与对数的运
算性质一起阐述,如 Ronayne(1717)给出定义:"对数是与真数相对应的一组假数,任
意两个真数的对数(或假数)之和等于这两个真数乘积的对数。"又如 Malcolm(1740)
这样定义对数:"对数是对应于其他数而构造的数,前者的和与差对应于后者的积与
商,以及幂与方根。"这种定义方式较多出现于 18 世纪,19 世纪中叶以后逐渐消失,仅
出现了一次,Whitaker(1898)提到"对数是一系列与普通的数相对应的数,后者的乘与
除对应于前者的和与差"。

结合对数的历史可以发现,双数列定义与纳皮尔和比尔吉最初发明对数的背景最
为相符,定义方式也最为相近。而我们今天教科书上对数的形式化定义早已脱离双数
列的情形,难以从中知晓对数诞生之初的背景。

11.3.2　比数定义

Keill(1726)给出典型的比数定义:"一个数的对数是该数与单位之间所含的比
数。"其后 Martin(1740)、Ewing(1771)、Hutton(1785)等给出的定义都大同小异,这
一定义在 116 种数学文献中约占 6%。与双数列定义相似,比数定义也主要出现
于 18 世纪,1800 年后逐渐消失,仅出现了两次,这就是 Wood(1825)和 Law
(1853)的定义。

比数定义与"对数"一词的起源有着密切的联系。对数的英文单词是"logarithm",
源于希腊文中的两个词"logos"和"arithmos",分别是"比"和"数"的意思,这两个词组
合起来就是"比数"。所谓"比数",是指等比数列中的某一项与首项之间所含公比的个
数。比如,在等比数列 a,aq,aq^2,aq^3,aq^4,… 中,若要考虑 aq^4 的对数,因为

$$q = aq \div a$$
$$= aq^2 \div aq$$
$$= aq^3 \div aq^2$$
$$= aq^4 \div aq^3,$$

所以 aq^4 与 a 之间含有 4 个公比 q，即 aq^4 的对数为 4。据考察,这个"比数"很有可能就是德国数学家斯蒂菲尔(M. Stifel，1487—1567)在《整数算术》(1544)中所说的"指数",因为在斯蒂菲尔那个时代,还没有明确的指数符号,他就用公比的个数来刻画等差数列中的对应项。(何伟淋,汪晓勤,2018)

11.3.3 指数定义

指数定义是指用"幂指数"来定义对数,这一定义在所考察的数学文献中占比最大,约为 79％。典型的代表是 18 世纪瑞士数学家欧拉在《无穷分析引论》(1748)中给出的对数定义:"若 $a^x = N(a > 0，a \neq 1)$,则称 x 是以 a 为底的 N 的对数"(欧拉,1997，p. 86),这也就是我们今日教科书中所采用的对数定义。

现在人们一般认为指数定义是由欧拉首先提出的,但值得注意的是,通过考察发现,其实在欧拉之前,就已经有人开始使用指数来定义对数了,如 Gardiner(1742)的定义为"一个数的常用对数是使得以 10 为底的幂等于该数的幂指数的值",Stone(1743)的定义为"对数是某个给定数的幂指数"。

或许是由于欧拉的名声更大,他的著作对后世的影响更加深远,所以人们一般将 1748 年欧拉《无穷分析引论》的出版看作是对数形式化定义的标志,也是对数概念发展过程中第三阶段的开始。据统计,《无穷分析引论》之后的 103 种数学文献中有 85％都沿用了他的定义,表明欧拉的指数定义的确对后世教科书的编写产生了重大影响,是对数发展史上的一个重要里程碑。

11.3.4 相对定义

相对定义是指同一代数符号在不同情境下可能有不同的名称,需要根据某代数符号与其他不同符号或符号组合的关系来确定。这一类定义只见于英国数学家德摩根的《代数学基础》:"在 a^b 中,b 相对于 a 来说是指数,但 b 相对于 a^b 来说是对数,a 称为对数的底。"(De Morgan，1835，pp. 222—224)在 116 种数学文献中,相对定义仅仅出现了一次。可见,德摩根的定义方式较为新颖,从代数符号的相对位置角度进行定义,关注到了代数符号本身的相对性,但其在本质上与指数定义是等价的,因此并没有对后世产生较大的影响。

11.4 分布与讨论

11.4.1 分布

以 50 年为一个时间段进行统计,4 类定义的具体分布情况如图 11 - 2 所示。

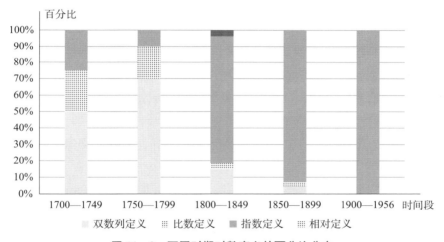

图 11 - 2 不同时期对数定义的百分比分布

从图中可见,从 18 世纪至 19 世纪中叶,对数定义呈现出多样化的特点。随着 18 世纪欧拉发现指数与对数运算的互逆关系,此后对数的定义便渐趋统一,双数列定义、比数定义以及曾经在历史上有过短暂亮相的相对定义逐渐退出历史舞台,指数定义呈现出一枝独秀的态势,占据了绝对的统治地位。

由于相对定义昙花一现,因此暂且不予以考虑。图 11 - 3 给出了 116 种数学文献

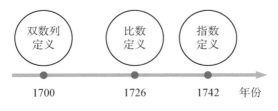

图 11 - 3 对数定义的演变

中所呈现的对数定义的演进过程。

11.4.2　与今日教科书的异同

早期教科书中从对数到指数的呈现顺序与今日教科书中的顺序正好相反。早期教科书中通常是先讲对数,包括对数的概念、对数的运算性质以及对数表的构造与使用,然后再讲指数方程,接着对年息问题和复利问题等相关内容加以介绍。由于今日教科书都采用指数来定义对数,所以编排顺序必然与早期教科书不同,这是由对数的定义方式所决定的。因此,我们可以这样说,从教科书中指数与对数内容的编排顺序可以看出那个时期数学的发展水平。

值得注意的是,Scholfield(1845)和 Law(1853)分别给出了对数的多种定义。Scholfield(1845)同时给出了双数列定义和指数定义,Law(1853)给出了比数定义、双数列定义和指数定义,体现了对数定义多样化的特点。这表明在 19 世纪中叶,数学家通过传承与发展,能够站在一个较高的水平来认识对数,清晰地掌握对数定义,并清楚地知道不同对数定义之间的联系与区别。

考察发现,早期的对数定义并没有专门强调底数和真数的范围,甚至还出现了一些错误说法,比如 Hymers(1841)错误地认为对数的底 a 可以取任意正数,即使在 Robinson(1858)指出底的范围 $a \neq 1$ 之后,仍然有许多作者或编者没有强调范围或表达不规范。由此可见,数学的发展是一个螺旋上升的过程,今天的学生在学习对数时也极易忘记底数和真数的范围,这符合历史相似性。

考察还发现,早期教科书中包含大量今日教科书不再涉及的内容。例如,早期教科书中经常出现长达几页甚至几十页的对数表,这是早期教科书的一大特征,随着科学技术的不断进步,对数表逐渐被更加高效实用的计算工具所替代,计算变得更加方便快捷。此外,早期教科书中常常还会介绍对数的"整数部分"(characteristic)和"小数部分"(mantissa)"线性插值""对数曲线""对数级数""指数方程""余对数"(cologarithm)和"反对数"(antilogarithm)等概念,以及如何计算某个数(通常是素数)的对数值,如常用对数 lg 2、lg 3、lg 5 等,还有选取 10 作为常用对数的底数的优点等。虽然其很多内容今天的教科书中已经不再涉及,但对数仍在许多现代数学分支中起着至关重要的作用,利用对数函数建立数学模型有助于解决某些实际问题,对数思想具有永久的生命力,历久而弥新,深深影响着我们的生活。

11.4.3　对数的早期历史

16 世纪末到 17 世纪初,人类在天文观测、远距离航海、大地测量等科学领域取得前所未有的进展。这些领域与数学息息相关,涉及大量繁杂的计算,庞大的天文数字给人们(尤其是天文学家和数学家)带来巨大的负担,改进数字计算方法成为人们的首要目标,对数应运而生。对数思想主要来源于两个方面——指数律(laws of exponents,即指数的运算性质)和加减术(prosthaphaeresis,即三角函数中的积化和差公式)。纳皮尔与比尔吉两位数学家受此启发,花费多年时间苦心钻研,不约而同地在等差数列和等比数列相互对应的情形下,在前人以 2 或 3 作为等比数列的公比的基础上对双数列进行改进,分别以 0.999 999 9 和 1.000 1 为新的公比,从而构造出更加实用的双数列(也就是庞大的对数表,标志着对数的诞生),解决了等比数列相邻两项之间间隔越来越大的难题,发明了对数这一能够降低运算级数、简化计算的神奇工具。

部分早期教科书中提及对数的历史,基本停留在附加式,简要介绍纳皮尔用运动的方法发明对数以及布里格斯(H. Briggs,1561—1630)改进对数等相关数学史,但鲜有教科书涉及比尔吉用纯代数的方法发明对数的这段历史。值得一提的是,在 116 种数学文献中有 1 种格外引人注目,这就是 Rider(1923)的《平面三角学》,书中全面详尽地介绍了对数的历史。

Rider(1923)将对数作为单独的一章,并采用重构历史的方式进行编排。在章的开头展示了纳皮尔的画像,在下方简要呈现了纳皮尔的生平事迹和主要成就。第一节中介绍了指数的概念及其运算性质——两个同底的幂相乘对应于指数相加,幂相除对应于指数相减,幂的乘方对应于指数相乘,幂的开方对应于指数相除。考虑以 2 为底的正整数指数幂与其指数所构成的一一对应的双数列:

指数(exponent)	1	2	3	4	5	6	7	8	9	⋯
数(number)	2	4	8	16	32	64	128	256	512	⋯

便可借助上述性质提高运算效率,但适用范围非常有限,仅仅适用于第二行中出现的这些数,而对更多其他的 2 的非正整数指数幂的那些数则无法起到简化计算的作用。因此,需要将数表扩充至更大范围或插入其他的数(如可插入几何中项与相应的算术中项),体现了改进数表之需。接下来,从历史的角度考察了“对数”的辞源。由于 16 世纪科技的发展和急剧增加的计算需求,纳皮尔发明了对数,同时也提到比尔吉的对数研究工作,并详细讲述了纳皮尔与布里格斯的那场旷世之约,二人相见恨晚,一言不发地对视了长达十五分钟之久! 正是这次会面,促成了常用对数的诞生。

11.5　结论与启示

在漫长的 200 余年里,对数概念始于双数列定义而终于指数定义。对数的历史告诉我们,今天我们所理解的对数概念,在许多方面都与它最初的构想大相径庭,现代教科书均采用指数的逆运算来定义对数,这已完全脱离了对数最初的动因,反映出随着数学体系的不断发展和完善,人们对对数的认识经历了从复杂到简单、从模糊到清晰的过程。对数定义从不完善到完善的过程能够为今日教科书的编写,尤其是以对数为主题的阅读材料的编写和课堂教学带来一定的启示。

11.5.1　对教科书编写的启示

首先,教科书是我们传递文明、传承文化的重要载体和工具,教科书中对数定义的演变过程基本反映了数学领域对数的研究过程。但一些教科书中也出现了倒退的现象,如 Whitaker(1898)仍采用双数列定义。所以这就要求教科书编者对当前数学学科领域的发展现状有充分的了解,才能准确把握教科书知识内容的科学性和前沿性。

其次,简明扼要地从逆运算的角度用指数来定义对数,虽然能够让学生迅速掌握对数的本质,了解对数与指数的关系,对问题解决有一定的实用价值,但无助于学生理解对数学习的必要性及体会对数的作用,这样缺乏整体性理解而学到的知识很容易随着时间的流逝而被遗忘。虽然现行人教版 A 版教科书中有一则阅读材料"对数的发明",但其中并没有说明纳皮尔构造的离散的双数列与连续的运动模型之间到底有什么联系,以及对数如何从双数列的背景下过渡到用指数进行定义。教科书编写应体现对数定义的多样化,揭示知识的本源、产生及发展过程。

11.5.2　对教学设计的启示

历史是课堂的参照和指南,课堂是历史的再现与重构。因此,教师可以借鉴对数概念的发展过程,采用重构的方式整体上设计对数概念的教学,使学生感受到对数产生的自然性。历史上对数概念的曲折发展,还可以渗透数学学科的德育价值,运用附加式,介绍对数发展过程中数学家遇到的困难,以及他们是如何克服的,让学生了解数学概念并不是一蹴而就的,数学家也会遇到挫折和挑战,帮助学生树立数学学习的自信心,养成坚韧不拔、持之以恒的精神品质。

参考文献

何伟淋,汪晓勤(2018). 数学符号史在高中数学教学中的应用与价值. 中小学数学(高中版),
　　(05):9-13.

F·克莱因(2008).高观点下的初等数学.舒湘芹,等,译.上海:复旦大学出版社.

欧拉(1997).无穷分析引论.张延伦,译.太原:山西教育出版社.

De Morgan, A. (1835). *The Elements of Algebra*. London: John Taylor.

Forster, M. (1700). *Arithmetical Trigonometry*. London: Richard Mount.

Gardiner, W. (1742). *Tables of Logarithms*. London: G. Smith.

Hymers, J. (1841). *A Treatise on Trigonometry*. Cambridge: The University Press.

Keill, J. (1726). *The Elements of Plane and Spherical Trigonometry*. Dublin: W. Wilmot.

Law, H. (1853). *A Rudimentary Treatise on Logarithms*. London: John Weale.

Malcolm, A. (1730). *A New System of Arithmetick, Theorical and Practical*. London:
　　J. Osborn & T. Longman.

Murray, D. A. (1906). *Plane Trigonometry*. New York: Longmans, Green, & Company.

Rider, P. R. (1923). *Plane Trigonometry*. New York: D. van Nostrand Company.

Robinson, H. N. (1858). *A Theoretical and Practical Treatise on Algebra*. Cincinnati: Jacob
　　Ernst.

Ronayne, P. (1717). *A Treatise of Algebra*. London: W. Innys.

Scholfield, N. (1845). *Higher Geometry and Trigonometry*. New York: Collins, Brother &
　　Company.

Stone, E. (1743). *A New Mathematical Dictionary*. London: W. Innys, T. Woodward,
　　T. Longman, & M. Senex.

Whitaker, H. C. (1898). *Elements of Trigonometry*. Philadelphia: D. Anson Partridge.

12 对数函数

蔡春梦[*]

12.1 引言

对数函数和幂函数、指数函数一样,在现实生活中的应用十分广泛,在人口增长、火箭装载等问题中,都能看到对数函数的踪迹。对数函数概念的发展离不开对数概念。不同于现行教科书先讲指数、再讲对数的编排,历史上对数概念的出现要早于指数符号。然而,由于早期函数概念并不被重视,对数函数登上历史舞台的时间要迟得多。直到 1905 年《米兰大纲》提出之后,各类函数概念才逐步引起人们的关注。1962年出版的一本教科书中就指出:"尽管对数函数是作为计算的辅助工具而被发明的,但自从它被发明以来,它作为函数的特性已经被证明比它在计算中的用途更为重要。"(Brumfiel, Eicholz & Shanks,1962,p. 283)由此可见,对对数函数单独进行研究是很有必要的。

现行高中数学教科书依次呈现幂函数、指数函数和对数函数。在对数函数主题上,人教版 A 版、沪教版、北师大版、苏教版教科书呈现的内容大同小异。在引入上,这 4 种教科书多通过将指数式改成对数式的方式引入对数函数;在定义上,这 4 种教科书皆采用表达式定义,将函数 $y = \log_a x (a > 0, a \neq 1)$ 称为对数函数;在内容编排上,这 4 种教科书也基本按照"概念——图像——性质——应用"的顺序展开。

近年来,HPM 视角下的数学课堂教学日益受到一线教师的关注,相当多的教师都对此进行了实践探索。然而,数学史素材的缺乏严重阻碍了教师从 HPM 视角来设计对数函数的教学。在教科书以及各教学案例中,我们都很难找到对数函数历史的影子。

鉴于此,本章围绕对数函数概念的相关内容,对 20 世纪出版的 13 种美国代数教

---

[*] 华东师范大学教师教育学院硕士研究生。

科书进行考察,以试图回答以下问题:早期代数教科书是如何定义对数函数的? 呈现了对数函数的哪些性质? 和今日教科书中的内容有何异同? 我们希望通过对以上问题的回答,为 HPM 视角下对数函数的课例研究提供素材和思想。

12.2　对数函数的定义

统计和分析发现,在所考察的 13 种教科书中,明确给出对数函数定义的只有 6 种。其中,1957 年出版的教科书给出了"表达式定义",另外 5 种给出的是"反函数定义"。这 2 类定义的具体内涵如下。

12.2.1　表达式定义

Feinstein & Murphy(1957)根据函数的表达式来定义指数函数和对数函数,描述如下:"形如 $y=a^x$ 的函数是指数函数,形如 $y=\log_a x$ 的函数是对数函数。"

12.2.2　反函数定义

有 5 种教科书利用反函数来定义对数函数,它们分别出版于 1916、1931 和 1962 年。其中,Brumfiel,Eicholz & Shanks(1962)给出了较为清晰的反函数定义:"假设 f 是一个具有定义域 D 和值域 R 的函数。$f: D \to R$,具有如下属性:对于 R 中的每个 r,D 中都有一个 d,使得 $f(d)=r$。在这种情况下,与给定 r 相关联的数 d 是唯一的,所有 (r, d) 组成的集合构成了一个定义域为 R、值域为 D 的函数。这个函数称为 f 的反函数,用 f^{-1} 表示。"

在此基础上,定义对数函数如下:"指数函数 a^x 的逆,称为底数为 a 的对数函数,用 $\log_a x$ 表示。该函数在 N 处的值 n 是唯一的,满足 $N=a^n$,即 $\log_a N=n$。"这里,编者强调,这两个式子表示的是同一个对数函数,只是表达形式不同。

除此之外,他还定义了常用对数函数(当 $a=10$ 时)和自然对数函数(当 $a=e$ 时),并介绍了它们的写法:当底数为 10 时,一般对其省略;当底数为 e 时,常用"ln"代替"$\log_e$",如:

$$\log_{10} 5 = \log 5,\ \log_e 5 = \ln 5。$$

Miller & Green(1962)进一步对底数范围作出限定。他们指出,在指数函数定义中,底数应大于 0 且不等于 1,于是,对数函数 $y = \log_b x$ 也应满足 $b > 0$ 且 $b \neq 1$。

12.3　对数函数的图像

13 种教科书都呈现了对数函数的图像,其中,有 10 种给出了具体作图过程。经统计,有 9 种教科书采用了列表描点连线法,1 种教科书通过交换指数函数图像的 x 轴、y 轴来作图。

12.3.1　列表描点连线法

有 9 种教科书采用列表描点连线法。如 Urner & Orange(1937)采用了以下作图步骤。

（1）列表

令 x 取值为 $\dfrac{1}{8}$、$\dfrac{1}{4}$、$\dfrac{1}{2}$、1、2、4、8,计算对应的函数值,结果如表 12-1 所示。

表 12-1　对数函数 $y = \log_2 x$ 的部分值

x	$\dfrac{1}{8}$	$\dfrac{1}{4}$	$\dfrac{1}{2}$	1	2	4	8
$\log_2 x$	-3	-2	-1	0	1	2	3

（2）描点连线

将表 12-1 显示的点画在坐标系对应位置,再用一条平滑曲线连结这些点,即可得到对数函数 $y = \log_2 x$ 的图像,如图 12-1 所示。

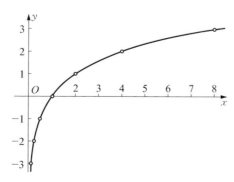

图 12-1　Urner & Orange(1937)所作对数函数 $y = \log_2 x$ 的图像

Hedrick(1908)曾指出,相邻两点之间的曲线十分平坦,极其难画。为此,他将纵坐标轴放大 10 倍,通过将点加密的方式,细致地呈现了这一过程。Rietz $\&$ Crathorne (1909)则指出,当底数 a 是任意大于 1 的正数时,曲线的一般形态并不会改变。Smail (1931)进一步说明,曲线 $y=\log_a x$ 可由曲线 $y=\log_{10} x$ 得到,只需将后一条曲线上每个点的纵坐标乘以 $\dfrac{1}{\log_{10} a}$。这一点由对数换底公式即可证明:

$$\log_{10} x \cdot \frac{1}{\log_{10} a} = \log_a x \,(x>0)。$$

12.3.2　交换指数函数图像的坐标轴作图

Hall $\&$ Kattsoff(1962)在前面的章节中介绍了利用函数单调性作指数函数图像的方法,在此基础上指出,函数 $y=\log_{10} x$ 与函数 $x=10^y$ 是等价的,函数 $x=10^y$ 的图像应与函数 $y=10^x$ 的图像(图 12-2)相同,但坐标轴相反。于是,他对图 12-2 中的 x 轴、y 轴进行交换,最终得到函数 $y=\log_{10} x$ 的图像,如图 12-3 所示。

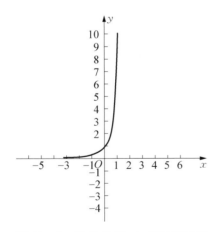

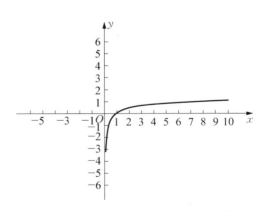

图 12-2　**Hall $\&$ Kattsoff(1962)所作函数 $y=10^x$ 的图像**

图 12-3　**Hall $\&$ Kattsoff(1962)所作函数 $y=\log_{10} x$ 的图像**

12.4　对数函数的性质

对 13 种教科书中出现的对数函数图像及性质进行考察,可以发现,其内容与今日教科书中所呈现的内容大致相同,主要可分为以下 6 类。

12.4.1　定义域和值域

多数教科书并未明确说明对数函数的定义域和值域,然而,考察其对数或者对数函数的定义,发现它们多由指数函数的逆运算得到。因此,可以认为,对数函数的定义域和值域对应于指数函数的值域和定义域,即对数函数的定义域为一切正实数,值域为一切实数。这与 Miller & Green(1962)的表述是一致的。也有教科书借助对数函数图像来说明对数函数的定义域,如 Hawkes,Luby & Touton(1911)。

12.4.2　连续性

部分教科书描述了对数函数的连续性,且表述基本一致。如 Miller & Thrall (1950)就指出:"对于所有的正数 x,函数 $\log_a x$ 都是连续的。表现在图像上,即 $y = \log_a x$ 的图像是一条连续曲线。"

12.4.3　对数的运算性质

现行教科书中,对数的运算性质往往安排在对数函数之前。但事实上,对数的运算规律同时反映在对数函数中。在早期教科书中,有相当多的教科书将对数的运算性质看成是对数函数的性质来加以讨论。

Miller & Thrall(1950)给出了详细的介绍以及证明过程。

(1) 两数乘积的对数等于这两个数各自对数的和,即

$$\log_a M \cdot N = \log_a M + \log_a N。$$

证明如下:

M、N 表示任意两个正数,x、y 分别表示他们的对数。 于是,

$$x = \log_a M,\ y = \log_a N,$$

即
$$M = a^x,\ N = a^y。$$

根据指数运算性质,

$$M \cdot N = a^x \cdot a^y = a^{x+y},$$

因此,根据对数定义,有

$$\log_a M \cdot N = x + y = \log_a M + \log_a N。$$

书中同时还提出，因为 $M \cdot N \cdot P = (M \cdot N) \cdot P$，所以以下式子成立：

$$\log_a M \cdot N \cdot P = \log_a (M \cdot N) \cdot P = \log_a M \cdot N + \log_a P = \log_a M + \log_a N + \log_a P。$$

（2）两数商的对数等于这两个数各自对数的差，换句话说，分数的对数等于分子的对数减去分母的对数，即

$$\log_a \frac{M}{N} = \log_a M - \log_a N。$$

证明如下：

使用（1）中相同的符号和假设，有

$$\frac{M}{N} = \frac{a^x}{a^y} = a^{x-y}，$$

因此，根据对数定义，有

$$\log_a \frac{M}{N} = x - y = \log_a M - \log_a N。$$

（3）幂的对数等于幂指数乘以底数的对数，也就是说，

$$\log_a M^n = n \log_a M。$$

证明如下：

假设 $x = \log_a M$，则 $M = a^x$，根据指数运算性质，有

$$M^n = (a^x)^n = a^{nx}。$$

因此，

$$\log_a M^n = nx = n \log_a M。$$

12.4.4 过定点

多种教科书提到了对数函数图像经过定点的性质。Rietz, Crathorne & Taylor（1915）指出："对于任意底数 a，对数函数图像在 x 轴上会经过一个定点，该点距离原点的长度为 1。"事实上，因为 $a^0 = 1$，所以 $\log_a 1 = 0$ 恒成立，因此对数函数曲线一定经过点 $(1, 0)$。

12.4.5 单调性

早期教科书关于对数函数单调性的描述基本
一致。如，Knebelman & Thomas(1942)研究等式 x
$=a^{y}(a>1)$ 时，根据其图像（图 12-4），得出以下结
论：

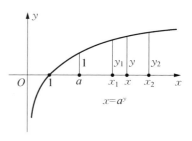

（1）当 $x>1$ 时，y 值皆为正数；当 $0<x<1$
时，y 值皆为负数。

（2）当 y 在代数上变得越来越小时，x 越来越接
近于零；当 y 变得越来越大时，x 也变得越来越大。

**图 12 - 4　Knebelman &
Thomas(1942)所作函数 $x=a^{y}$
的图像**

（3）如果 (x_1,y_1) 和 (x_2,y_2) 是 $x=a^{y}$ 图像上的两点，那么若 x 是 x_1 和 x_2 之
间的任意一个数，则其对应的 y 值应介于 y_1 和 y_2 之间。

编者同时指出，当 $a=1$ 时，上述结论并不适用，因为 $a^{y}=1$ 对任意 y 皆成立。而当
$0<a<1$ 时，可按照上述讨论加以推广。

12.4.6 对数函数的导数

Wilczynski & Slaught(1916)提到了对数函数的导数。首先，他们给出导数的定义
如下："$f(x)$ 是一个连续函数，若该函数的曲线在其中一点 (x,y) 上存在切线，则该
切线的斜率为：

$$f'(x)=\lim_{h\to 0}\frac{f(x+h)-f(x)}{h},$$

该极限即为 $f(x)$ 的导数。"

对于函数 $f(x)=\log_a x$，有 $f(x+h)=\log_a(x+h)$，所以

$$\frac{f(x+h)-f(x)}{h}=\frac{\log_a(x+h)-\log_a x}{h}=\frac{1}{h}\log_a\left(\frac{x+h}{x}\right)=\frac{1}{h}\log_a\left(1+\frac{h}{x}\right)。$$

将 x 看成一个不为零的固定数，令 $\dfrac{h}{x}=t$，则 $h=xt$，上式可转化为

$$\frac{f(x+h)-f(x)}{h}=\frac{1}{x}\cdot\frac{1}{t}\log_a(1+t)=\frac{1}{x}\log_a(1+t)^{\frac{1}{t}}。$$

于是，根据导数定义，有

$$f'(x)=\frac{1}{x}\lim_{t\to0}\log_a(1+t)^{\frac{1}{t}}。$$

对于式子 $(1+t)^{\frac{1}{t}}$，Wilczynski ＆ Slaught(1916)作出假设：当 t 趋向于 0 时，该式子趋向于一个确定的不为 0 的有限极限，用字母 e 表示。于是，根据函数的连续性，$f'(x)=\frac{1}{x}\log_a e$，这同时也是曲线 $y=\log_a x$ 在横坐标为 x 的点处的切线斜率。

将该定理应用于 $(1,0)$ 这个点，可以得到，曲线 $\log_a x$ 在 $x=1$，$y=0$ 处的切线斜率为 $\log_a e$，其中 $e=\lim_{t\to0}(1+t)^{\frac{1}{t}}$。当 $a=e$ 时，$\log_a e=1$，此时，切线斜率为 1，即与 x 轴成 $45°$ 角。Wilczynski ＆ Slaught(1916)将该对数曲线(底数为 e) 称为标准对数曲线，相应的对数称为自然对数。

12.5　对数函数的应用

早期代数教科书中，无论是解指数方程还是对数方程，抑或是处理与现实情境密切相关的问题时，对数及对数函数都有所体现。本章主要介绍两种被广泛提及的应用，分别是对数的首数和尾数以及插值。

12.5.1　对数的首数和尾数

在所考察的早期代数教科书中，对数的"首数"对应于单词"characteristic"，"尾数"对应于单词"mantissa"。Hedrick(1908)研究曲线 $10^L=n$ 或 $\log n=l$ 时，借助构建的对数表，发现一个数的对数增加 1 对应于该数乘以 10(即小数点改变 1 位)。同样地，对数减少 1 对应于该数除以 10，即

若 $1<x<10$，则 $\log x=0+$ 一个正小数；

若 $10<x<100$，则 $\log x=1+$ 一个正小数；

若 $100<x<1000$，则 $\log x=2+$ 一个正小数；

……

若 $0.1<x<1$，则 $\log x=-1+$ 一个正小数；

若 $0.01<x<0.1$，则 $\log x=-2+$ 一个正小数；

……

编者还指出,如果两个数只有小数点的位置不同,那么这两个数对应的尾数相同,小数点的位置只决定了整数部分的不同。由此,借助常用对数表[表中只列出真数 $x(1 \leqslant x < 10)$ 对数尾数的准确值或近似值],就可以求得给定数字的对数值。图 12-5 是 Hedrick(1908)"首数""尾数"在曲线上的表示示意图。图中阴影部分呈阶梯状,从 x 轴往上(或往下)到阶梯的距离即为数字对应的"首数";而从阶梯往上到对数曲线的距离即为数字对应的"尾数"。

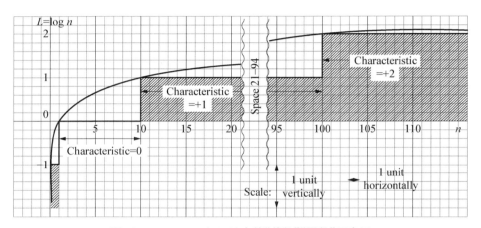

图 12-5　Hedrick(1908)中的"首数""尾数"示意图

12.5.2　插值

"插值"在早期代数教科书中对应于单词"interpolation",它能用于解释对数尾数是如何得到的。Knebelman & Thomas(1942)说明如下:

如图 12-6 所示,P 和 Q 是图像 $x = 10^y$ 上的两点,其对应的坐标分别为 (x_1, y_1) 和 (x_2, y_2)。考虑连结点 P、Q 的直线,假设 T 是该直线上位于 P、Q 两点之间的点,其坐标为 (x, y)。则根据 $\triangle PRT$ 和 $\triangle PSQ$ 相似,可以得到:

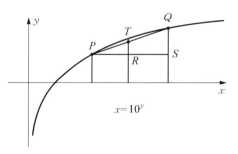

图 12-6　Knebelman & Thomas(1942) 中的"插值"示意图

$$\frac{y - y_1}{x - x_1} = \frac{y_2 - y_1}{x_2 - x_1}。$$

当 P、Q 足够接近时,连结 P、Q 的线段与对数曲线在 P、Q 之间的一段弧并无太大区别,也就是说,当 $x_2 - x_1$ 非常小时,上述方程中的数字 y 将近似等于方程中数 x 的对数。换句话说,如果一个数的变化量很小,那么这个数的对数的变化大约与这个数的变化成比例。这种确定一个数的对数的方法称为"插值",它可以用来确定对数已知的两个数之间的数的对数。

12.6 教学启示

美国早期代数教科书在对数函数部分呈现了较为丰富的内容,其定义、图像、性质、应用等为今日课堂教学提供了许多启示。

在定义上,美国早期代数教科书采用表达式定义和反函数定义来定义对数函数,这与现行教科书的定义方式基本一致。然而,早期教科书中,从反函数角度发现和提出问题这一特点是十分突出的。在数学中,"研究反过来的问题"是天经地义的,从命题与逆命题的角度入手是发现和提出问题的基本路径,能够建立数学知识的内在联系性(章建跃,2020)。借助指数函数的已有结果认识对数函数,既可以帮学生理解对数函数,又能加深他们对指数函数的认识。因此,对数函数教学中要加强从反函数角度发现和提出问题的引导。

对于对数函数作图,最常用的方法仍是列表描点连线法。其中,Hedrick(1908)突出了将点加密来作平滑曲线的过程,值得教师借鉴。在对数函数的性质上,美国早期代数教科书多采用图形与代数相结合的方式加以描述,以加强学生的理解。教师在设计该部分课堂教学时,可将主动权交给学生,让学生自己提出性质并加以证明。

在对数函数的应用上,除了常见的计算,教师也可以设置更多依托现实情境的问题。在所考察的美国早期代数教科书中,有很多涉及指数函数、对数、对数函数的现实问题,稍作改编即可应用到课堂,如飞轮在液体中的转速随时间变化的问题,阻尼振动中振动系统的振幅随时间变化的问题,等等。教师也可向学生介绍"插值"法,渗透"无限逼近""以直代曲"的思想。

参考文献

章建跃(2020).用函数图象和代数运算的方法研究"幂指对"函数.数学通报,59(10):1-11.

Brumfiel，C. F.，Eicholz，R. E. & Shanks，M. E. (1962). *Algebra* II. Reading, Massachusetts：Addison-Wesley Pubishing Company.

Feinstein，I. K. & Murphy，K. H. (1957). *College Algebra*. Ames，Iowa：Littlefield, Adams.

Hall，D. W. & Kattsoff，L. O. (1962). *Unified Algebra and Trigonometry*. New York：John Wiley & Sons.

Hawkes，H. E.，Luby，W. A. & Touton，F. C. (1911). *Second Course in Algebra*. Boston：Ginn & Company.

Hedrick，E. R. (1908). *An Algebra for Secondary Schools*. New York：American Book Company.

Knebelman，M. S. & Thomas，T. Y. (1942). *Principles of College Algebra*. New York：Prentice-Hall.

Miller，E. B. & Thrall，R. M. (1950). *College Algebra*. New York：Ronald Press Company.

Miller，I. & Green，S. (1962). *Algebra and Trigonometry*. Englewood Cliffs，N. J.：Prentice-Hall.

Rietz，H. L. & Crathorne，A. R. (1909). *College Algebra*. New York：Henry Holt & Company.

Rietz，H. L.，Crathorne，A. R. & Taylor，E. H. (1915). *School Algebra*. New York：Henry Holt & Company.

Smail，L. L. (1931). *College Algebra*. New York：McGraw-Hill Book Company.

Urner，S. E. & Orange，W. B. (1937). *Intermediate Algebra*. New York：McGraw-Hill Book Company.

Wilczynski，E. J. & Slaught，H. E. (1916). *College Algebra*. Boston：Allyn & Bacon.

13 函数

刘思璐*

13.1 引言

《普通高中数学课程标准(2017年版2020年修订)》指出:"函数是现代数学最基本的概念,是描述客观世界中变量关系和规律的最为基本的数学语言和工具,在解决实际问题中发挥重要作用。函数是贯穿高中数学课程的主线。"(中华人民共和国教育部,2020)发展学生数学核心素养是数学课程的重要目标,函数概念的历史发展过程是一个逐渐抽象的过程,该过程可以为学生数学抽象素养的培养提供借鉴。教学实践与实证研究表明,由于函数概念的抽象性,学生学习函数概念时存在一定的困难,学生的函数概念意象与函数定义存在分离现象(Vinner, 1983),学生对函数的理解呈现出一定的历史相似性,因此历史上函数概念的认识论障碍有助于我们更好地理解学生的认知障碍(任明俊,汪晓勤,2007)。同时,高中函数概念教学中,需要揭示初中数学中的变量说定义的局限性以及新的对应说定义的必要性(邓勤,2011),借鉴历史,有助于改善函数概念的教学。此外,教学中呈现函数概念的演进历史,有助于让学生树立动态的数学观,认识数学和数学活动的本质,感悟数学背后的理性精神。

关于函数概念的历史,一些学者先后都作了较为深入的研究(杜石然,1961;李鹏奇,2001;汪晓勤,2015),这些研究呈现了函数概念较为清晰的演进脉络。但是,迄今为止,除个别文献(如关嘉欣,汪晓勤,2015)外,很少见到函数概念教育史方面的深入研究。不同时代的教科书中所呈现的函数概念,反映了当时教科书编者对函数概念的理解,也反映了函数概念在数学课程中的历史演变规律,同时蕴含着教科书编者的教学经验与智慧,为今日课程与教学提供了诸多启示。在西方早期代数教科书中,美、英

---

* 华东师范大学教师教育学院博士研究生。

两国是早期教科书资源较为丰富并较早教授函数概念的国家,且对我国数学教育影响较大,因此,本章聚焦函数概念,对美英早期代数教科书进行考察,以试图回答以下问题:早期代数教科书是如何定义函数的? 随着时间的推移,函数定义又是如何演变的? 演变的动因是什么?

13.2 研究对象

从有关数据库中选取 1810—1969 年间出版的 216 种美英代数教科书作为研究对象,以 20 年为一个时间段进行统计,这些教科书的出版时间分布情况如图 13-1 所示。

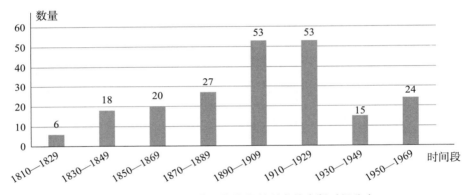

图 13-1 216 种美英早期代数教科书的出版时间分布

216 种代数教科书中,有 126 种为中学教科书,90 种为大学教科书。函数定义所在章大致可以分为"定义""变量""方程""函数""微积分""函数与方程"和"其他"(如"引言""最大值和最小值""集合"等)7 类,表 13-1 为章分布情况(若教科书中有多章出现函数定义,则统计第一次出现的章),其中"函数"章占比最高。

表 13-1 函数定义在 216 种代数教科书中的章分布

章名	定义	变量	方程	函数	微积分	函数与方程	其他
数量	14	32	38	48	14	20	47
比例	6.5%	16.2%	17.6%	22.2%	6.5%	9.3%	21.8%

图 13-2 给出了含函数定义的章在各时间段的分布情况。

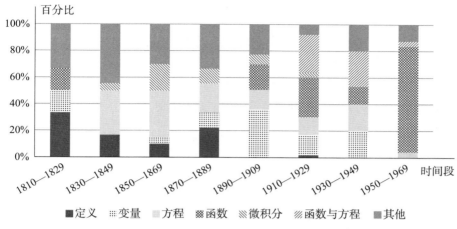

百分比

图 13 - 2　216 种教科书中函数定义在每个时间段各章中的分布

从图中可见,在 19 世纪的教科书中,很少出现聚焦函数的独立章,函数远未成为"主角";一般仅在"定义""方程"等起始章或"其他"章中作简单介绍。到了 20 世纪,函数定义大多出现在"变量""函数""函数与方程"这几章,可见,函数概念逐渐从幕后走向台前;直到 1950 年,函数俨然已经成为教科书的重点。1830—1949 年间的每个时间段中,"方程"或"方程与函数"章都占有一定比例,可见这个时期的教科书编者认为函数与方程关系密切。

本章采用的统计方法如下:

第一步,按照年份查找并摘录出研究对象中的函数定义及其相关内容;

第二步,通过参考已有的函数概念史文献以及研究成员讨论,制定以关键词为参照的一级分类指标,再由两位研究者根据分类标准对函数定义分别进行分类与统计,对分类结果不一致的定义(主要是混合型定义)再进行讨论,改进一级分类指标重新统计;

第三步,对每一类函数定义进行关键词和性质提取,讨论并形成二级分类指标,再由两位研究者进行分类统计并检验。

13.3　函数定义的分类

216 种教科书中共有 222 个函数定义,其中 4 种教科书在不同章给出 2 个不同的定义,1 种给出 3 个不同的定义。根据定义中的关键词和性质(汪晓勤,2015),222 个定义可分为表达式定义、变量依赖关系定义、变量对应关系定义、集合对应关系定义和序偶集定义 5 类,依次占 40.5%、42.3%、8.6%、4.5%和 4.1%。

13.3.1　表达式定义

表达式定义源于 18 世纪约翰·伯努利(Johann Bernoulli,1667—1748)和欧拉的定义(汪晓勤,2015)。共有 90 种教科书采用了此类定义,又可分为“组合型”“包含型”“依赖型”和“对应型”4 类。

(一)组合型

采用“变量与常量组合而成的表达式”的定义称为组合型定义,为欧拉原始的陈述方式。表 13 - 2 给出了组合型定义三种形式的典型例子,从中可知这类定义涵盖了多元函数的情形,并且 19 世纪初期人们对于“未知量和变量”“已知量和常量”的使用有所混淆。

表 13 - 2　组合型定义的典型例子

形式	定　义	教科书
未知量＋已知量	由字母表示的未知量和已知量(或数)组合而成的表达式是函数。	Euler(1810)
量＋已知量	一个或多个量的函数是一个表达式,这些量以任何方式进入表达式中,无论它与已知量混合还是不混合。	Bonnycastle(1813)
变量＋常量	任一变量 x 的函数是一个代数式,其中 x 与常量结合在一起。	Lewis(1826)

(二)包含型

采用“包含量(或 x)的表达式”的定义称为包含型定义。表 13 - 3 给出了包含型定义三种形式的典型例子。这类定义大多局限于一元函数。

表 13 - 3　包含型定义的典型例子

形式	定　义	教科书
包含 x 的表达式	以任何方式包含 x 的任意表达式都称为 x 的函数。	De Morgan(1835)
包含 x 的表达式	任何包含 x 的代数式都可以称为 x 的函数,可用 $f(x)$ 表示。	Todhunter(1875)
包含量的表达式	包含一个量的代数式称为该量的函数。	Hackley(1846)
包含量的表达式	一个变量的函数是包含该变量的任何代数表达式。	Dodd(1860)

(三)依赖型

采用“依赖于量(或 x)的表达式”的定义称为依赖型定义。这种定义已有“变量依赖关系"定义的雏形,一方面再现了 18 世纪表达式定义向变量依赖关系定义过渡的倾向性,另一方面也反映了教科书编者虽受欧拉变量依赖关系定义的影响,但更倾向于表达式定义的心态。表 13-4 给出了依赖型定义的典型例子,查阅书中例子,该定义也涵盖多元函数的情形。

表 13-4 依赖型定义的典型例子

形式	定 义	教科书
依赖于量的表达式	一个量的函数是依赖于这个量的任意表达式。	Ray(1852)
	其值依赖于变量值的表达式称为该变量的函数。	Milne(1901)
依赖于 x 的表达式	x 的函数是它的任意代数式,其值全部或部分取决于 x 值。	Robertson & Birchard(1886)
	依赖于任何数 x 的代数式,其值称为 x 的函数。	Taylor(1889)
随 x 值变化的表达式	变量 x 的函数是当 x 的值发生变化时其值也随之变化的任意表达式。	Wentworth (1888)

（四）对应型

在采用表达式定义的教科书中,只有 Milne(1908)这样定义函数:"对于 x 的不同值,有不同的值与之对应的表达式称为 x 的 函数。"该定义反映了编者虽受狄利克雷(L. Dirichlet,1805—1859)"变量对应关系"的影响,却更倾向于表达式定义的心态。但定义中的"对应"乃是建立在表达式的基础之上,迥异于狄利克雷定义中的"对应"(可以是任意的)。

（五）变化趋势

以上 4 类定义依次占表达式定义总数的 8.9％、44.4％、45.6％和 1.1％。图 13-3 给出了这 4 类定义的时间分布情况。

由图可见,19 世纪初期,组合型定义占统治地位,之后,依赖型定义和包含型定义成了 19 世纪的主流。对应型定义在 20 世纪初昙花一现。20 世纪中叶以后,依赖型定义一枝独秀。这表明,表达式定义受到了变量依赖关系定义的影响,到 20 世纪中叶,已呈现向变量依赖关系定义过渡的趋势。

13.3.2 变量依赖关系定义

变量依赖关系定义源于欧拉 1755 年在《微分基础》中的定义。有 94 种教科书采

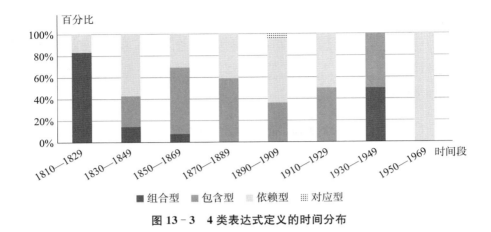

图 13-3　4 类表达式定义的时间分布

用了该类定义,可进一步分为"依赖型""应变型""定值型"和"并举型"4 类。(汪晓勤,2015)

（一）依赖型

采用"依赖于其他量的变量"的定义称为依赖型定义,最早见于 1830 年的教科书,是"变量依赖关系"定义中最早出现的一类。表 13-5 给出了依赖型定义的典型例子,从表中可知,依赖型定义适用于一元函数和多元函数,且书中的例子包含了单值函数和多值函数。此外,从表中可知,当时存在着量与数混用的现象。

表 13-5　依赖型定义的典型例子

形式	定　　义	教科书
一个量的值依赖于其他量的值	函数是一个变量,其值依赖于所给定的另一个变量的值。	Smyth(1830)
	当一个量依赖于另一些量的值时,它就是依赖于这些量的函数。	Davies & Bourdon (1835)
一个数的值依赖于其他数的值	如果一个数与其他数有如下关系,即其值取决于其他数的值,那么它是这些数的函数。	Oliver, Wait & Jones(1882)
	当一个数的值依赖于另一个数时,它就是后者的函数。	Swenson(1923)

（二）应变型

采用"随其他量的变化而变化的量"的定义称为应变型定义,最早见于 1852 年的教科书,晚于依赖型定义。如 Wentworth(1899)将函数定义为:"若两个变量关系如下,即一个变量的值的变化会导致另一个变量的值的变化,则其中一个变量被称为另一个变量的函数。"Nicholson(1909)将函数定义为："当变量 y 与变量 x 的关系如下，即 x 值的任何变化都会导致 y 值的变化，则称 y 为 x 的函数。"这种定义仅涉及一元函数和单值函数。

（三）定值型

采用"由其他量的值所确定的变量"的定义属于定值型定义，最早见于 1889 年的教科书，在变量依赖关系定义中出现最晚。表 13-6 给出了定值型定义的典型例子，此类定义仅涉及一元函数。

表 13-6　定值型定义的典型例子

形　式	定　义	教科书
方程中的定值	如果一个方程包含两个未知量 x 和 y，我们可以给其中一个任意的值，然后可以确定另一个的相应值。在这种情况下，其中一个量是另一个量的函数，且这些量本身就是变量。	Birchard & Robertson(1889)
变量间的定值	当两个变量有如下关系，即给定一个变量的值，可以求得另一个变量的对应值，所求得的变量被称为给定变量的函数。	Skinner(1917)
	如果变量 x 和 y 有如下关系，即 x 的值给定时，y 的值是已知的，那么 y 就是 x 的函数。	Atwood(1898)

（四）并举型

并举型指的是"依赖型""应变型""定值型"中的某两类的组合以及"依赖＋对应"形式，其中"依赖＋应变"形式的数量最多。表 13-7 为并举型定义的典型例子，从表中可见，诸定义既适用于单值函数，又适用于多值函数，但仅涉及一元函数。

表 13-7　并举型定义的典型例子

形　式	定　义	教科书
依赖＋应变	当一个量以这样的方式依赖于另一个量时，即其中一个量的值的变化会引起另一个量的值的变化，则后者称为前者的函数。	Newcomb(1884)
应变＋定值	如果一个变量随着另一个变量的变化而变化，即确定其中一个变量的值时，就能确定另一个变量的对应值，那么第二个变量就称为第一个变量的函数。	Hallett & Anderson(1917)
依赖＋定值	当一个变量 y 以这样一种方式依赖于另一个变量 x 时，即一个给定的 x 的值决定了一个或多个 y 的值，那么 y 就是 x 的函数。	Harding & Mullins(1928)
依赖＋对应	当一个变量 y 依赖于一个变量 x，使得 x 的每一个值对应一个或多个 y 值，那么 y 就是 x 的函数。	Rouse(1931)

（五）变化趋势

上述 4 类定义依次占变量依赖关系定义总数的 68.1％、7.4％、8.5％和 16.0％。图 13－4 给出了 4 类变量依赖关系定义的时间分布情况。

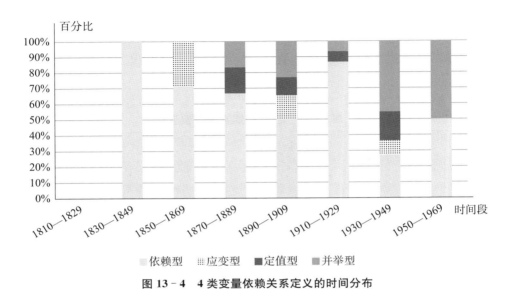

图 13－4 4 类变量依赖关系定义的时间分布

由图可见,直到 1830 年才出现变量依赖关系定义,且以依赖型为主,到了 19 世纪中叶出现应变型,后来又出现了定值型和并举型,但一直以依赖型为主流,直到 20 世纪中叶并举型才逐渐成为主流。这表明,早期人们对于函数存在依赖关系的认识根深蒂固,而到了后期随着函数定义内涵与外延的扩展,人们的认识也逐步加深,从而并举型成为主流。

13.3.3 变量对应关系定义

变量对应关系定义源于狄利克雷 1837 年的函数定义。只有 19 种教科书采用了这类定义,进一步又分为"无变化范围的变量对应"和"在变化范围内的变量对应"2 类。

（一）无变化范围的变量对应

这类定义指的是"若第二个变量的值与第一个变量的值对应,则第二个变量是函数"。表 13－8 给出了无变化范围的变量对应的典型例子,从表中可见,诸定义既涵盖了单值函数,也涵盖了多值函数,但仅局限于一元函数,其中的两种形式也表明当时人们对变量与数的混淆。

表 13-8   无变化范围的变量对应的典型例子

形式	定　义	教科书
变量之间的对应	一个变量有确定的一个或一组值,对应于第二个变量的一个值,该变量被称为后者的函数。	Fisher & Schwatt (1899)
	若每个赋给 x 的值都有唯一确定的 y 值与之对应,则变量 y 就被称为变量 x 的函数。	Dickson(1902)
数之间的对应	若两个数有如下关系,即一个数的每个值对应另一个数的一个或多个值,则第二个数就被称为第一个数的函数。	Wells & Hart(1913)

（二）在变化范围内的变量对应

此类定义较之于前一类,增加了变量的取值范围。表 13-9 为该类定义的典型例子,从表中可见,这些定义先是逐步规定了自变量的取值范围,到了 1911 年,有的教科书又加入了因变量的取值范围。这种对变量规定取值范围的思想,为后来的集合对应关系定义提供了启示。

表 13-9   在变化范围内的变量对应的典型例子

形式	定　义	教科书
只规定自变量的取值范围	当变量 z 属于区域 A 的每个点时,都有确定的一个或一组 w 的值与之对应,则变量 w 是平面 z 中区域 A 的第二个变量 z 的函数。	Fine(1890)
	如果两个变量有如下关系,即从第一个变量的范围中赋给其每一个值,第二个变量都有一个(或多个)值与之对应,则第二个变量称为第一个变量的函数。	Rietz & Crathorne (1909)
规定自变量和因变量的取值范围	若变量 x 的类和变量 y 的类之间存在对应关系,使得 x 的每一个值对应 y 的一个唯一值,则变量 y 是变量 x 的一个单值函数。	Young & Denton (1911)
	如果对于 x 在其取值范围内的每个值,y 在其取值范围内有唯一确定的值与之对应,那么我们就说 y 是 x 的函数。	Knebelman & Thomas(1942)

13.3.4 集合对应关系定义

集合对应关系定义(即所谓的"对应说")源于布尔巴基(Bourbaki)学派的《数学原理》。有 10 种教科书采用了这类定义,可分为"集合之间的映射"和"集合之间的对应关系"两种形式,其典型例子见表 13-10,从表中可见,这类函数定义仅涉及单值函数。

表 13 - 10　集合对应关系定义的典型例子

形式	定　义	教科书
集合之间的映射	映射 f 是集合 A 到集合 B 的一种对应关系,使得 A 中的每一个元素 a 都与 B 中唯一一个元素 $f(a)$ 相关联,$f(a)$ 称为在 f 下 a 的像或 f 在 a 处的值。这样一个映射写作 $f: A \rightarrow B$ 或 $A \xrightarrow{f} B$。映射 f 被称为集合 A 上值为集合 B 的函数。	Artin (1954)
集合之间的对应关系	给定一个数集和一个法则,按照该法则,数集中每一个数都有唯一确定的数与之对应,由此产生的数之间的关系称为一个函数。给定的集合称为函数的定义域,指定的数集 R 称为函数的值域。	SMG (1959)
	函数是一种对应关系,对于定义域 X 中每一个元素 x,在值域 Y 中都有唯一确定的元素 y 与之对应。	Miller & Green (1962)

13.3.5　序偶集定义

序偶集定义源于布尔巴基学派的《数学原理》。有 9 种教科书采用这类定义,可分为"笛卡儿积""有序对""关系"三种形式,其典型例子见表 13 - 11。

表 13 - 11　序偶集定义的典型例子

形式	定　义	教科书
笛卡儿积	设 A 和 B 为集合,A 到 B 上的函数是指在 $A \times B$ 的任意子集的有序对中,A 中每个元素作为第一个元素恰好只出现一次。	Levi(1954)
有序对	f 是一个函数,当且仅当 f 是一组有序对,且不存在第一个坐标相同的两个有序对。	Kelley(1960)
关系	$R(x, y)$ 是一个关系,$\forall x$、y_1、y_2,若 $R(x, y_1)$ 且 $R(x, y_2)$,则 $y_1 = y_2$,那么称 $R(x, y)$ 为一个函数。	Lawvere(1961)

序偶集定义强调函数的单值性,Brumfiel, Eicholz & Shanks(1961)用"母子关系"生动形象地说明了这一点:"函数是一种关系,该关系中没有两个有序对具有相同的第一个元素。如在所有人的集合中,关系'y 是 x 的母亲'是一个函数。关系'y 是 x 的儿子'不是函数。"母亲是唯一的,但同一个母亲可以有一个或多个儿子。

13.4　函数定义的演变

函数的以上 5 类定义以及每类定义的各种表述形式是在漫长的历史长河中逐渐

产生的。以 20 年为一个时间段进行统计,图 13 - 5 给出了 5 类定义的时间分布情况。

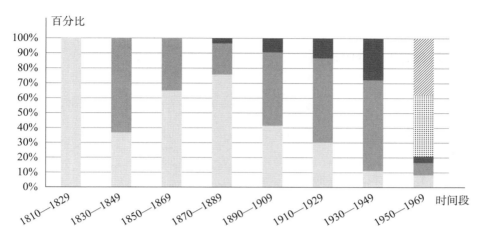

图 13 - 5　216 种教科书中函数 5 类定义的时间分布

从图中可见,19 世纪函数概念以表达式定义为主,后来变量依赖关系定义逐渐流行。变量对应关系定义主要出现在 20 世纪上半叶的教科书中,但数量不多。到了 20 世纪 50 年代,集合对应关系定义和序偶集定义后来居上,占据了统治地位。

其次,教科书中函数定义的演变中有一些内涵和外延的变化也是值得注意的。主要有以下几个方面:

(1) 从变量或数的角度来定义函数。19 世纪有一些教科书用"数的变化"来定义函数,反映的是当时人们对于变量的认识不够充分,没有彻底区分数与变量。从数到"变数",再到区分常量与变量,体现了数学定义从不严谨到严谨的发展过程。

(2) 从变量到对应关系。表达式定义、变量依赖关系定义和变量对应关系定义明确表示函数是变量。而集合对应关系定义和序偶集定义则将函数视为"对应关系"。这种转变体现了教科书编者对函数概念认识的加深。

(3) 从多元函数到一元函数。总的来看,19 世纪初教科书中的表达式定义和变量依赖关系定义都包含了多元函数,而 19 世纪末及以后的变量对应关系定义、集合对应关系定义和序偶集定义则聚焦一元函数。

(4) 从多值函数到单值函数。19 世纪教科书编者从方程角度定义和理解函数,因此表达式定义、变量依赖关系定义和变量对应关系定义并不要求函数的单值性,有的定义明确提到了"一组函数值"。到了 20 世纪中叶,集合对应关系定义和序偶集定义明确要求函数的单值性。

13.5 函数定义演变的动因

美英早期代数教科书中函数定义的演变经历了两个世纪,主要受到函数概念本身的历史发展和数学教育发展的影响。

13.5.1 函数概念发展的影响

从数学知识内部来看,函数概念本身的发展对教科书中函数定义有着根本性影响。1748 年,欧拉在《无穷分析引论》中用"变量与常量任意组成的解析式"来定义函数。(Euler,1988,p. 3)到了 1755 年,欧拉又在《微分基础》中用"依赖于其他变量的变量"重新定义函数。(Euler,2000,vi)1837 年,狄利克雷在《用正弦和余弦级数表示完全任意的函数》一文中提到,不论是否存在数学上的运算关系还是变量之间的依赖关系,只要两个变量存在对应的变化,因变量就是函数,从而拓展了当时的函数概念。(Kleiner,1989)

1887 年,德国数学家戴德金利用映射来定义函数,他将函数定义为:"通过一个映射系统 S,可以得到一个对应法则,对于集合 S 中的每一个确定的元素 s,都有一个确定的元素与之对应,这一元素称为 s 的像,记为 $\Phi(s)$,同样地,$\Phi(s)$ 也与元素 s 对应,其中 $\Phi(s)$ 是由 s 经过映射 Φ 形成的,s 经过映射 Φ 形成 $\Phi(s)$。"(Rüthing,1984)

直到 1939 年,布尔巴基学派在《数学原理》一书中用"两个集合之间的单值对应关系"来定义函数,此书提到函数是一种单值映射,并论述了与序偶集的关系。(Bourbaki,1968,p. 81,351)据此,可得到图 13 - 6,即函数概念史(图中数轴上方)和教科书中函数定义类型(图中数轴下方)的对比图,其中"解析式"原英文为"analytic

图 13 - 6 函数概念史和教科书中函数定义类型的对比图

expression","表达式"原英文为"expression"。

通过对比可知,早期代数教科书中的 5 类定义皆源于历史上的各种定义,但存在滞后现象,即教科书中每类函数定义出现的时间是滞后于历史上该类定义出现的时间。这其中不乏数学知识传播的时间差原因,也与人们在函数概念理解上的困难和以欧拉为代表的权威数学家定义函数概念的巨大影响息息相关。

13.5.2　数学教育发展的影响

从数学外部环境来看,数学教育发展对教科书中函数概念的定义和传播也有着显著的影响。以下从 19—20 世纪的代数教学史和美、英两国的数学教育史两方面进行探讨。

(一) 代数教学史

19 世纪起,代数作为一门独立的课程在中等教育课程中得以确立。20 世纪则是代数教学的巅峰和衰落的世纪。(Karp & Schubring,2014)其中,培利—克莱因数学教育改革运动和数学教育现代化运动对教科书中函数内容影响较大。

函数是一个在数学内、外都有着许多应用的概念。1901 年,英国数学家培利在其演讲中提出了一套新的实用数学课程。(Karp & Schubring,2014)之后,德国数学家F・克莱因在其名著《中等学校的数学教育讲义》和《高观点下的初等数学》中提出以函数概念统一数学教育内容的思想,在这种改革思想的影响下,各国新的一批中学数学教科书相应问世,函数概念也成了各国中学数学中举足轻重的内容。(马忠林,2001)这从某种程度上解释了 20 世纪初期研究对象较多,至于 20 世纪上半叶的教科书更青睐变量依赖关系定义的原因,下文将从美、英两国数学教育史讨论。

1958 年,数学教育现代化运动开始,各国新的大纲与教科书都提到要对中学数学内容进行结构化、公理化和现代化等改革,以"集合—关系—映射—运算—群—环—域—向量空间"的代数结构为主轴,统一中学数学内容。此次运动对 20 世纪 60 年代美、英中学数学产生了深远的影响,使得函数和群、集合等大学数学知识进入中学数学教育。(马忠林,2001)可见数学教育现代化运动促进了代数教科书从集合、映射、笛卡儿积的角度来定义函数。

(二) 美国数学教育史

19 世纪初,一些法国的代数教科书输入美国作为教科书,如欧拉的《代数基础》。直到 19 世纪 30 年代以后,美国数学家开始结合本国实际编写适合美国的教科书。

（马忠林，2001）到了 19 世纪中叶，西点军校的数学教授戴维斯（C. Davies，1798—1876）的《代数基础》比较成功。（Karp & Schubring，2014）查阅这两种教科书中的函数定义，分别是表达式定义和变量依赖关系定义，结合 19 世纪上半叶美国的数学教育方兴未艾，这也解释了这段时间教科书中定义的分布情况。

1907 年，美国数学教育家杨格（J. W. A. Young，1865—1948）在《中小学数学教学》中提到，函数思想描述的是一个变量对另一个变量的依赖。（Young，1907，p. 308）1921 年美国全国数学要求委员会的报告《中学数学中的函数概念》和数学教育家哈斯勒（J. O. Hassler，1884—1974）等于 1930 年出版的《中学数学的教学》都明确提到，教师与数学家愈来愈认识到，函数关系是建立代数课程的最佳的统一概念，他们期望通过大量的实例来培养学生的函数思想，让学生理解函数是变量之间的依赖关系，而函数理论与函数的"正式定义"甚至不必出现。（Hedrick，1921，pp. 1—3；Hassler & Smith，1930，pp. 231—233）1923 年美国全国数学要求委员会发表了《中学教育中的数学重构》这一报告，明确要求学生能表示和理解一个变量对另一个变量的各种依赖关系。（National Committee on Mathematical Requirements，1923）由此可知，变量对应关系定义之所以对早期教科书的影响并不大，是因为那时的数学教育家需要在函数定义的严谨性和可学性之间寻找平衡的缘故，"变量依赖关系"毕竟比"变量对应关系"更易于为学生所理解。

（三）英国数学教育史

19 世纪初，中学教育主要由公立学校、文法学校和私立学校提供。数学在课程中并不占显著地位且不能随意教授。（Karp & Schubring，2014）这也从一方面解释了，为什么 19 世纪前叶的研究对象较少且教科书中函数定义滞后于历史上的函数概念。19 世纪后半叶，随着新型中学的出现以及军官选拔的要求，数学在课程设置中逐渐占有重要地位。同时，高质量的数学教师和他们编写的教科书对整个中学数学教学部门产生了相当大的影响。数学家德摩根等人也意识到，如果英国想要在工业和经济上继续进步，那么数学知识就必须变得更加普及。（Karp & Schubring，2014）因此，这个时期的教科书开始青睐与现实生活更加相关的变量依赖关系定义。

到了 20 世纪，中学数学课程内容是由大学入学要求和各大学考试委员会的教学大纲决定。这意味着很多学校都开始为大学做准备。（Karp & Schubring，2014）那时的大学考试有一道题目是："定义一个函数并且证明每个函数都有导数。"1912 年的一份报告给出了当时几乎所有的学校都会教函数图像表征等内容的结论，并称当时英国的数学教育取得了"显著的进步"(Howson，1982，pp.141—168)。可见函数内容在中学数学教学中已经不可或缺，也解释了为何到了20世纪之后教科书不再青睐表达式定义，而是倾向于抽象程度更高的函数定义。而到了20世纪60年代，"集合的语言"和"关系、映射与函数"俨然已经成为代数教科书的主题。(Karp & Schubring，2014)所以，此时教科书中的函数定义多为集合对应关系定义和序偶集定义。

13.6　结论与启示

对于函数概念，1810—1969年间出版的216种美英代数教科书中，按时间先后顺序，共出现了表达式、变量依赖关系、变量对应关系、集合对应关系和序偶集这5类定义。但即使到了20世纪五六十年代，集合对应关系定义和序偶集定义占据主导地位，其他类型的定义并没有因此销声匿迹，可见表达式定义和变量依赖关系定义影响深远。相比而言，变量对应关系定义对早期代数教科书的影响较小。这一演变规律既受函数概念本身的影响，也和数学教育的发展息息相关。

根据以上研究结论，我们得到以下启示。

(1)培养学生的核心素养。早期代数教科书中的函数概念经历了从表达式定义到变量依赖关系定义，再到变量对应关系定义，又到集合对应定义，最后到序偶集定义的过程，其中蕴含了从具体的表达式到抽象的序偶集的数学抽象过程。历史是一条坐标轴，有助于我们更清晰地认识函数概念的数学抽象素养水平，从而在函数教学中进一步落实数学核心素养的培养。

(2)理解学生的认知障碍。尽管20世纪已有序偶集定义，但仍有教科书采用表达式定义、变量依赖关系定义等，这反映了"函数是解析式""函数要有依赖关系"在人们心中是根深蒂固的，这与现在大多数学生对于函数的意象是一致的，为今天的函数教学提供了参考。其次，数与变量的区分不仅是历史上人们容易混淆的难点，也是现在中学生学习函数概念的难点之一，对于变量本身的理解，应该成为学生认识函数的重要前提。

(3)改善函数课堂教学。如何帮助学生进一步扩展函数理解是高中函数概念教学的一个难点。从函数定义的演变中可以看出有"依赖型"的表达式定义以及"定值型"的变量依赖关系定义，在课堂中可以借助这些混合型定义，帮助学生自然地完成从表达式定义到变量依赖关系定义，再到变量对应关系定义的过渡。同时，可以借鉴早期代数教科书中逐步引入变量的取值范围,再到用集合代替取值范围的做法,来帮助学生转变从初中函数是因变量到高中函数是集合对应关系的理解,同时,可以让初中学生从"变量对应"角度和高中学生从"集合对应"角度认识并理解函数的"单值性"和"一元性"及其原因。

参考文献

邓勤(2011).新课程背景下初高中数学教学的有效衔接——从函数概念的教学谈起.数学通报,50(02):33-35.

杜石然(1961).函数概念的历史发展.数学通报,(06):36-40.

关嘉欣,汪晓勤(2015).19 世纪末 20 世纪初美国初等代数教科书中的函数概念.数学通报,54(11):10-14.

李鹏奇(2001).函数概念 300 年.自然辩证法研究,2001,17(3):48-52.

栗小妮,汪晓勤(2017).美国早期教科书中的无理数概念.数学教育学报,26(6):86-91.

马忠林(2001).数学教育史.南宁:广西教育出版社.

任明俊,汪晓勤(2007).中学生对函数概念的理解——历史相似性初探.数学教育学报,16(04):84-87.

汪晓勤(2015).19 世纪中叶以前的函数解析式定义.数学通报,54(05):1-7+12.

中华人民共和国教育部(2020).普通高中数学课程标准(2017 年版 2020 年修订).北京:人民教育出版社.

Artin, E. (1954). *Selected Topics in Modern Algebra*. Carolina: Chapel Hill.

Atwood, G. E. (1898). *Standard School Algebra*. New York: The Morse Company.

Birchard, I. J. & Robertson, W. J. (1889). *The High School Algebra* (II). Toronto: W. Briggs.

Bonnycastle, J. (1813). *A Treatise on Algebra*. London: J. Johnson & Company.

Bourbaki, N. (1968). *Elements of Mathematics*: Theory of Sets. Paris: Hermann.

Brumfiel, C. F., Eicholz, R. E. & Shanks, M. E. (1961). *Algebra* I. Reading, Massachusetts: Addison-Wesley Publishing Company.

Chrystal, G. (1898). *Introduction to Algebra*. London: Adam & Charles Black.

Davies, C. & Bourdon, M. (1835). *Elements of Algebra*. New York: Wiley & Long.

De Morgan, A. (1835). *The Elements of Algebra*. London: John Taylor.

Dickson, L. E. (1902). *College Algebra*. New York: John Wiley & Sons.

Dodd, J. B. (1860). *Algebra for High Schools and Colleges*. New York: Pratt, Oakley & Company.

Euler, L. (1810). *Elements of Algebra*. London: J. Johnson & Company.

Euler, L. (1988). *Introduction to Analysis of the Infinite*. New York: Springer-Verlag.

Euler, L. (2000). *Foundations of Differential Calculus*. New York: Springer-Verlag.

Fine, H. B. (1890). *The Number-System of Algebra*. Boston: Leach, Shewell & Sanborn.

Fisher, G. E. & Schwatt, I. J. (1899). *Elements of Algebra*. New York: The Macmillan Company.

Hackley, C. W. (1846). *A Treatise on Algebra*. New York: Harper & Brothers.

Hallett, G. H. & Anderson, R. F. (1917). *Elementary Algebra*. Boston: Silver, Burdett & Company.

Harding, A. M. & Mullins, G. W. (1928). *College Algebra*. New York: The Macmillan Company.

Hassler, J. O. & Smith, R. R. (1930). *The Teaching of Secondary Mathematics*. New York: The Macmillan Company.

Hedrick, E. R. (1921). *The Function Concept in Secondary School Mathematics*. Washington: Government Printing Office.

Howson, G. (1982). *A History of Mathematics Education in England*. Cambridge: Cambridge University Press.

Karp, A. & Schubring, G. (2014). *Handbook on the History of Mathematics Education*. New York: Springer-Verlag.

Kelley, J. L. (1960). *Introduction to Modern Algebra*. Princeton: D. Van Nostrand Company.

Kleiner, I. (1989). Evolution of the function concept: A brief survey. *College Mathematics Journal*, 20(4): 282 – 300.

Knebelman, M. S. & Thomas, T. Y. (1942). *Principles of College Algebra*. New York: Prentice-Hall.

Lawvere, F. W. (1961). *The Language of Algebra*. Wilmette: Encyclopaedia Britannica Films.

Levi, H. (1954). *Elements of Algebra*. New York: Chelsea Publishing Company.

Lewis, E. (1826). *A Treatise on Algebra*. Philadelphia: Kimber & Sharpless.

Miller, I. & Green, S. (1962). *Algebra and Trigonometry*. Englewood Cliffs, N. J.: Prentice-Hall.

Milne, W. J. (1901). *Academic Algebra*. New York: American Book Company.

Milne, W. J. (1908). *Standard Algebra*. New York: American Book Company.

National Committee on Mathematical Requirements (1923). *The Reorganization of Mathematics in Secondary Education*. Oberlin: The Mathematical Association of America.

Newcomb, S. (1884). *Algebra for Schools and Colleges*. New York: Henry Holt & Company.

Nicholson, J. W. (1909). *School Algebra*. New York: American Book Company.

Oliver, J. E. , Wait, L. A. & Jones, G. W. (1882). *A Treatise on Algebra*. Ithaca: The Authors.

Ray, J. (1852). *Algebra* (Part II). Cincinnati: Sargent, Wilson & Hinkle.

Rietz, H. L. & Crathorne, A. R. (1909). *College Algebra*. New York: Henry Holt & Company.

Robertson, W. J. & Birchard, I. J. (1886). *The High School Algebra* (I). Toronto: W. Briggs.

Rouse, L. J. (1931). *College Algebra*. New York: John Wiley & Sons.

Rüthing, D. (1984). Some definitions of the concept of function from J. Bernoulli to N. Bourbaki. *Mathematical Intelligencer*, 6(4): 72 – 77.

School Mathematics Study Group (1959). *Mathematics for High School*. New Haven: Yale University Press.

Skinner, E. B. (1917). *College Algebra*. New York: The Macmillan Company.

Smyth, W. (1830). *Elements of Algebra*. Portland: Shirley & Hyde.

Swenson, J. A. (1923). *High School Mathematics*. New York: The Macmillan Company.

Taylor, J. M. (1889). *A College Algebra*. Boston: Allyn & Bacon.

Todhunter, I. (1875). *An Elementary Treatise on the Theory of Equations*. London: Macmillan & Company.

Vinner, S. (1983). Concept definition, concept image and the notion of function. *International Journal of Mathematical Education in Science & Technology*, 14(3): 293 – 305.

Wells, W. & Hart, W. W. (1913). *Second Course in Algebra*. Boston: D. C. Heath & Company.

Wentworth, G. A. (1888). *A College Algebra*. Boston: Ginn & Company.

Wentworth, G. A. (1899). *A College Algebra*. Boston: Ginn & Company.

Young, J. W. A. (1907). *The Teaching of Mathematics in the Elementary and the Secondary School*. New York: Longmans, Green & Company.

Young, J. W. & Denton, W. W. (1911). *Lectures on Fundamental Concepts of Algebra and Geometry*. New York: The Macmillan Company.

方 法 篇

14　因式分解

汪晓勤[*]

欧拉在其《无穷分析引论》中指出，将整函数分解成因式，其性质就变得很明显，一眼就可以看出变量取何值时函数值为零。事实上，用因式分解法来解方程，可以上溯到 17 世纪英国数学家哈里奥特(T. Harriot，1560—1621)的数学著作中。

因式分解是初中代数的重要内容，现行初中数学教科书所涉及的因式分解方法包括提取公因式法、公式法、十字相乘法和分组分解法 4 类。出于 HPM 视角下"十字相乘法""一元二次方程的解法"的教学设计的需要，本章对 1848—1918 这 70 年间出版的 30 种美国早期代数教科书中的有关内容进行考察。

统计结果表明，所考察的 30 种教科书都介绍了两种以上因式分解的方法。所有教科书都介绍了公式法(涉及的公式多少不等)，其中有 28 种教科书介绍了提取公因式法，20 种教科书介绍了分组分解法。所有教科书都讨论了形如 $x^2 + bx + c$ 的二次三项式的因式分解，其中有 23 种教科书还讨论了更一般的 $ax^2 + bx + c(a \neq 1)$ 的情形，需要指出的是，这 23 种教科书中，除 Gillet(1896)以外，其他均未将 $x^2 + bx + c$ 和 $ax^2 + bx + c$ 统一起来处理。

本章旨在回答以下问题：美国早期代数教科书在二次三项式的因式分解上采用了哪些方法？与今日教科书有何异同？我们从中能获得哪些教学素材？

14.1　形如 $x^2 + bx + c$ 的二次三项式的因式分解

14.1.1　配方法

Hill(1857)统一采用配方法来分解 $x^2 + bx + c(b^2 > 4c)$：

---

* 华东师范大学教师教育学院教授、博士生导师。

$$x^2 + bx + c$$

$$= \left(x^2 + bx + \frac{1}{4}b^2\right) + c - \frac{1}{4}b^2$$

$$= \left(x + \frac{b}{2}\right)^2 - \left(\sqrt{\frac{1}{4}b^2 - c}\right)^2$$

$$= \left(x + \frac{b}{2} + \sqrt{\frac{1}{4}b^2 - c}\right)\left(x + \frac{b}{2} - \sqrt{\frac{1}{4}b^2 - c}\right).$$

配方法比较程序化,无需试算,有其自身的优点,属于通法。事实上,19 世纪末英国代数教科书 Smith(1896)和 Ball(1897)都青睐这种方法。

14.1.2 试算法

有 27 种教科书采用了试算法:将常数项 c 分解成 p 和 q 的乘积,使其和等于 b,则 $x^2 + bx + c = x^2 + (p + q)x + pq = (x + p)(x + q)$。

值得指出的是,Ray(1848)是最早采用此方法的教科书,其编者约瑟夫·雷伊在书中首次使用"factoring"(因式分解)一词,并指出:"因式分解的主要作用是省时省力,简化代数运算结果。"(Ray,1848,p. 73)书中将因式分解应用于多项式的乘除运算之中。

图 14 - 1 是 Young & Jackson(1913)给出的例子。

In $x^2 - 17\, x + 72$, the pairs of factors of $+72$ are

72	36	24	18	12	9
1	2	3	4	6	8

and the same pairs taken negatively.

Since the sum of the factors is negative, only the negative pairs need be examined, and by trial the pair -8, -9 is found to have the sum -17.

$$\therefore x^2 - 17\, x + 72 = (x - 8)(x - 9).$$

图 14 - 1　Young & Jackson(1913)中的检验法

14.1.3 十字相乘法

只有 Gillet(1896)将二次项系数为 1 的情形与二次项系数不为 1 的情形统一起来,采用十字相乘法来分解因式。该书给出的一个例子是 $x^2 - 2x - 63$(图 14 - 2)。这大概是我们所见到的最早的十字相乘法之例,与今天的形式一样(不写 x)。

Resolve $x^2 - 2x - 63$ into binomial factors.

The factors are $(x + 7)$ and $(x - 9)$.

The case in which the coefficient of the second-degree term of the trinomial is unity is of frequent occurrence and of great importance.

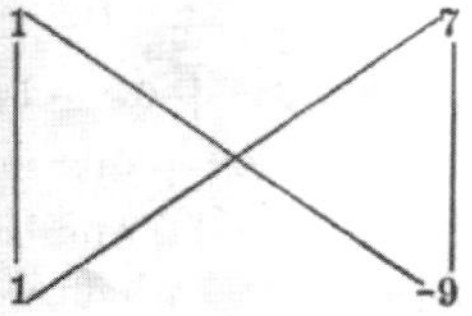

图 14 - 2   Gillet(1896)中的十字相乘法

编者吉雷特(J. A. Gillet，1837—1908)在书中指出："快捷而准确地将一个代数式因式分解，乃是一件十分重要的事。在其他方面同等的情况下，最善于因式分解的人乃是最好的代数学家。"(Gillet，1896，p. 120)

14.2　形如 $ax^2 + bx + c\,(a \neq 1)$ 的二次三项式的因式分解

对于 $ax^2 + bx + c\,(a \neq 1)$，早期代数教科书的做法与今天的教科书迥然不同。尽管一般二次三项式的因式分解最终都离不开"试算"，但我们仍可将不同教科书中的做法进行分类。我们将只进行试算而并未将两个因式（或其中的系数和常数项）上下排列的方法称为"试算法"，与"十字相乘法"区别开来。

14.2.1　试算法

将 a 分解成 p 和 r 的乘积，将 c 分解成 q 和 s 的乘积，选择不同的 p、q、r 和 s 进行试算，使得 $ps + qr = b$。于是，$ax^2 + bx + c = (px + q)(rx + s)$。

Cajori & Odell(1916)采用的就是此方法，书中给出的一个例子是 $6x^2 - x - 12$。通过试算得到 $p = 3$，$r = 2$，$q = 4$，$s = -3$，如图 14 - 3 所示。

$$+8x$$
$$(3x+4)(2x-3)$$
$$-9x$$

图 14 - 3   Cajori & Odell(1916)中的试算法

Marsh(1907)则列出所有可能的各对因式，但因式第二项符号待定。书中给出的一个例子是 $2x^2 + 5xy - 12y^2$。先将 $2x^2$ 的两个因式 $2x$ 和 x 分别与 $12y^2$ 的六对因式配对如下：

$$第 1 种 \quad (2x \quad 12y)(x \quad y);$$

$$第 2 种 \quad (2x \quad y)(x \quad 12y);$$

$$第 3 种 \quad (2x \quad 6y)(x \quad 2y);$$

$$第 4 种 \quad (2x \quad 2y)(x \quad 6y);$$

$$第 5 种 \quad (2x \quad 4y)(x \quad 3y);$$

$$第 6 种 \quad (2x \quad 3y)(x \quad 4y)。$$

显然,第 1、3、4、5 种配对都有因子 2,与原式不符;对第 2、6 种配对进行试算,得到 $2x^2 + 5xy - 12y^2 = (2x - 3y)(x + 4y)$。

14.2.2　十字相乘法

早期代数教科书中所出现的十字相乘法并不具有统一的形式。

Gillet(1896)和 Young & Jackson(1913)采用的形式与今天相同。以 $12x^2 - 7x - 10$ 为例,Young & Jackson(1913)先列出其可能的因式如下(同列中两数可对调):

$$12x - 10 \qquad 2x - 5 \qquad 3x + 2 \qquad \cdots$$

$$\underline{x + 1} \qquad \underline{6x + 2} \qquad \underline{4x - 5} \qquad \cdots$$

将系数与常数项交叉相乘如下:

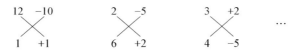

于是,得两个因式为 $3x + 2$ 和 $4x - 5$。

Fisher & Schwatt(1899)和 Schultze(1918)将所有可能的各对因式上下对齐,直接连以对角线。例如,对于 $6x^2 + 19x + 10$,Fisher & Schwatt(1899)列出所有可能的 8 对因式,如图 14-4 所示,只有最后一对交叉相乘得 $19x$,因此 $6x^2 + 19x + 10 = (2x + 5)(3x + 2)$。

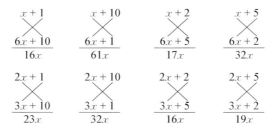

图 14-4　Fisher & Schwatt(1899)中的十字相乘法

Durell(1912)则将各对可能因式中的两项上下对齐写出来,连以对角线(虚线),图 14-5 为书中给出的 $10x^2 + 13x - 3$ 的因式分解过程。

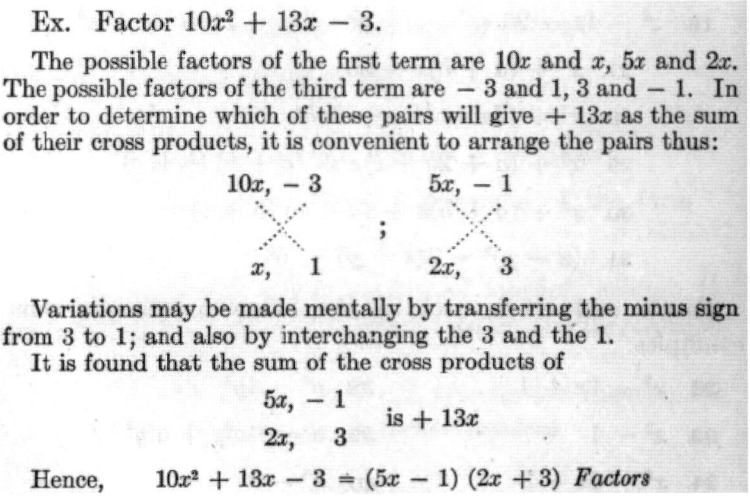

Ex. Factor $10x^2 + 13x - 3$.

The possible factors of the first term are $10x$ and x, $5x$ and $2x$. The possible factors of the third term are -3 and 1, 3 and -1. In order to determine which of these pairs will give $+13x$ as the sum of their cross products, it is convenient to arrange the pairs thus:

$$10x, -3 \qquad\quad 5x, -1$$
$$\times \qquad ; \qquad \times$$
$$x, \quad 1 \qquad\qquad 2x, \quad 3$$

Variations may be made mentally by transferring the minus sign from 3 to 1; and also by interchanging the 3 and the 1.
It is found that the sum of the cross products of

$$5x, -1$$
$$\qquad\qquad \text{is } +13x$$
$$2x, \quad 3$$

Hence, $10x^2 + 13x - 3 = (5x - 1)(2x + 3)$ *Factors*

图 14-5 Durell(1912)中的十字相乘法

Tanner(1904)、Stone & Millis(1915)和 Slaught & Lennes(1915)则未使用连线。如 Slaught & Lennes(1915)在分解 $5x^2 + 16x + 3$ 时,列出所有可能的各对因式(上下对齐,如乘法算式)如下:

$$5x + 3 \qquad 5x - 3 \qquad 5x + 1 \qquad 5x - 1$$
$$x + 1 \qquad\ x - 1 \qquad\ x + 3 \qquad\ x - 3$$

根据交叉乘积之和,确定所求因式为 $5x + 1$ 和 $x + 3$。

14.2.3 拆分—分组分解法

由等式

$$(px + q)(rx + s) = prx^2 + (ps + qr)x + qs$$

可知,一次项系数为 ps 与 qr 之和,而 ps 与 qr 之积即为二次项系数 pr 与常数项 qs 的乘积。因此,要分解一般二次三项式 $ax^2 + bx + c$,只需将 ac 分解成两个因数的乘积,使这两个因数的和为 b,于是,将一次项拆成相应的两项,进而分组分解即可。

以下是 Hallett & Anderson(1917)中的两例。

$$6x^2 + 19x + 10 = 6x^2 + (15 + 4)x + 10 = (6x^2 + 15x) + (4x + 10)$$

$$= 3x(2x + 5) + 2(2x + 5) = (2x + 5)(3x + 2);$$

$$10x^2 - 7x - 12 = 10x^2 + (-15 + 8)x - 12 = (10x^2 - 15x) + (8x - 12)$$

$$= 5x(2x - 3) + 4(2x - 3) = (2x - 3)(5x + 4)。$$

Myers & Atwood(1916)对这类方法作了总结：若首末两项的乘积可以拆成两个一次因式，使得这两个因式之和等于中间项，则二次三项式可以分解成两个二项因式。

14.2.4 加减法

Benedict(1877)采用加一项、减一项来实现分组分解。如：

$$5x^2 - 2x - 3 = 5x^2 - 2x - 3x + 3x - 3 = 5x(x - 1) + 3(x - 1) = (5x + 3)(x - 1)。$$

一般地，

$$ax^2 + bx + c = ax^2 + bx + dx - dx + c = (ax + (b + d))x - (dx - c)，$$

若 $\dfrac{a}{d} = -\dfrac{b + d}{c}$ 或 $ac = -d(b + d)$，则 $ax + (b + d)$ 和 $dx - c$ 就有公因式。可见，这种加减法与拆分—分组分解法是等价的，但在实际运用过程中主要靠"凑"，可操作性不强。

14.2.5 换元法

换元法是指将一般二次三项式转化为二次项系数为 1 的情形：

$$ax^2 + bx + c = \frac{1}{a}\big[(ax)^2 + b(ax) + ac\big] = \frac{1}{a}(y^2 + by + ac)，$$

然后用试算法对 $y^2 + by + ac$ 实施因式分解。以下是 Beman & Smith(1900)给出的两个例子：

$$3x^2 - 16x + 5 = \frac{1}{3}\big[(3x)^2 - 16(3x) + 15\big]$$

$$= \frac{1}{3}(3x - 15)(3x - 1) = (x - 5)(3x - 1);$$

$$5x^2 + 32x - 21 = \frac{1}{5}\big[(5x)^2 + 32(5x) - 105\big]$$

$$= \frac{1}{5}(5x + 35)(5x - 3) = (x + 7)(5x - 3)。$$

14.2.6 配方法

没有一种教科书采用配方法,但英国数学家斯密(C. Smith,1844—1916)和鲍尔(W. W. R. Ball,1850—1925)在其各自的教科书中却都统一将 $ax^2 + bx + c$ 化为 $a\left(x^2 + \dfrac{b}{a}x + \dfrac{c}{a}\right)$,再对 $x^2 + \dfrac{b}{a}x + \dfrac{c}{a}$ 进行配方,进而利用平方差公式来分解。(Smith,1888;Ball,1890)

需要指出的是,尽管对于一般的二次三项式,美国早期代数教科书并未使用配方法,但在其他情形中,配方法的使用却是十分普遍的。典型的例子是四次三项式 $a^4 + ha^2b^2 + b^4\,(h < 2)$ 的因式分解。 至少有 14 种教科书讨论了这类特殊的三项式,分解的方法是将其化为平方差:

$$a^4 + ha^2b^2 + b^4$$
$$= (a^2 + b^2)^2 - (ab\,\sqrt{2-h}\,)^2$$
$$= (a^2 + b^2 + ab\,\sqrt{2-h}\,)(a^2 + b^2 - ab\,\sqrt{2-h}\,)。$$

具体例子有 $x^4 + x^2y^2 + y^4$、$x^4 + x^2 + 1$、$x^4 - 13x^2 + 4$、$x^4 + 9x^2 + 81$、$9x^4 + 8x^2 + 4$、$16x^4 - x^2 + 1$、$9x^4 + 2x^2y^2 + y^4$、$x^4 - 7x^2y^2 + y^4$ 等。

14.3 各种方法的分布

图 14-6 给出了一般二次三项式因式分解的各种方法在 23 种教科书中的分布情况。

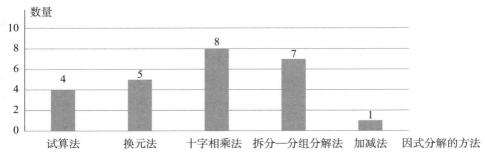

图 14-6 一般二次三项式因式分解方法的分布情况

从图中可见,与今日教科书中的情形不同,美国早期代数教科书并不局限于十字相乘法,不同教科书采用了不同的方法。尽管十字相乘法出现的频数最高,但拆分—分组分解法、换元法也受到许多教科书的青睐。

换元法的目的是将二次项系数化为1,再对新的二次三项式进行因式分解。对于二次项系数为1的二次三项式,早期代数教科书的处理方法迥异于今日教科书,几乎不用十字相乘法,而多用试算法。事实上,对于这种特殊的二次三项式,十字相乘法显得多此一举。

图14-7给出了各种因式分解方法的时间分布。从图中可见,到了20世纪,拆分法和十字相乘法逐渐得到普遍应用。

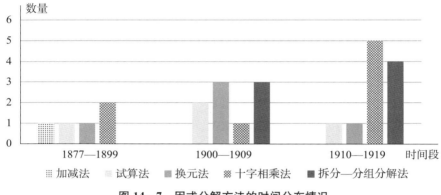

图 14-7 因式分解方法的时间分布情况

14.4 结语

因式分解一直是19世纪下半叶之后美国代数教科书中的重要内容,在诸教科书中都占有相当大的篇幅,所涉及的多项式类型以及有关公式相当丰富。关于二次三项式的因式分解,早期教科书主要采用了试算法、换元法、十字相乘法、拆分—分组分解法4种方法,有时还利用了余式定理。

早期教科书告诉我们,因式分解方法丰富多彩,需要我们根据具体的多项式加以灵活运用,没有必要拘泥于某一种方法;对于二次三项式的因式分解,从早期的多元方法并存,到今日的十字相乘法一统天下,经历了一个半世纪的演变过程;对于二次项系数为1的二次三项式,并不需要十字相乘法。

就 HPM 视角下的教学设计而言，我们可以多种方式来运用数学史材料。

（1）附加式：追本溯源，展示哈里奥特《实用分析术》中的因式分解实例、因式分解的辞源；融入人文元素，介绍欧拉、约瑟夫·雷伊等人对因式分解的评价。

（2）重构式：所考察的 30 种教科书并未统一采用十字相乘法，一些编者习惯于横着试算，或用换元法、拆分法。怎么想到十字相乘法？引导学生从整数乘法出发，将两个一次因式上下对齐来写，十字相乘法就应运而生了。

（3）复制式：早期教科书上的拆分—分组分解法有时会比十字相乘法高效，值得讲授。此外，早期教科书上的因式分解问题如汗牛充栋，当然可以直接采用。

总之，即使是像因式分解这样"平凡"的主题，HPM 依然可以为课堂教学注入新鲜的血液！

参考文献

Ball，W. W. R. (1890). *Elementary Algebra*. Cambridge：The University Press.

Beman，W. W. & Smith，D. E. (1900). *Elements of Algebra*. Boston：Ginn & Company.

Benedict，J. T. (1877). *Elements of Algebra*. New York：Hard & Houghton.

Cajori，F. & Odell，L. R. (1916). *Elementary Algebra：Second Year Course*. New York：The Macmillan Company.

Davies，C. (1891). *New Elementary Algebra*. New York：American Book Company.

Dupuis，N. F. (1900). *The Principles of Elementary Algebra*. New York：The Macmillan Company.

Durell，F. (1912). *Introductory Algebra*. New York：Charles E. Merrill Company.

Fisher，G. E. & Schwatt，I. J. (1899). *Elements of Algebra*. New York：The Macmillan Company.

Gillet，J. A. (1896). *Elementary Algebra*. New York：Henry Holt & Company.

Hallett，G. H. & Anderson，R. F. (1917). *Elementary Algebra*. Boston：Silver, Burdett & Company.

Hill，D. H. (1857). *Elements of Algebra*. Philadelphia：J. B. Lippincott & Company.

Hopkins，J. W. & Underwood，P. H. (1912). *Elementary Algebra*. New York：The Macmillan Company.

Lilley，G. (1894). *The Elements of Algebra*. Boston：Silver, Burdett & Company.

Lyman，E. A. & Darnell，A. (1917). *Elementary Algebra*. New York：American Book Company.

Marsh, W. R. (1907). *Elementary Algebra*. New York: Charles Scribner's Sons.

Milne, W. J. (1892). *High School Algebra*. New York: American Book Company.

Milne, W. J. (1894). *Elements of Algebra*. New York: American Book Company.

Myers, G. W. & Atwood, G. E. (1916). *Elementary Algebra*. Chicago: Scott, Foresman & Company.

Ray, J. (1848). *Elementary Algebra*. Cincinnati: Wilson, Hinkle & Company.

Schultze, A. (1918). *Elements of Algebra*. New York: The Macmillan Company.

Shoup, F. A. (1880). *The Elements of Algebra*. New York: E. J. Hale & Son.

Slaught, H. E. & Lennes, N. J. (1908). *High School Algebra*. Boston: Allyn & Bacon.

Slaught, H. E. & Lennes, N. J. (1915). *Elementary Algebra*. Boston: Allyn & Bacon.

Smith, C. (1888). *A Treatise on Algebra*. London: Macmillan & Company.

Somerville, F. H. (1908). *Elementary Algebra*. New York: American Book Company.

Stone, J. C. & Millis, J. F. (1915). *Elementary Algebra*. Chicago: Benj H. Sanborn & Company.

Tanner, J. H. (1904). *Elementary Algebra*. New York: American Book Company.

Tanner, J. H. (1907). *High School Algebra*. New York: American Book Company.

Taylor, J. M. (1900). *Elements of Algebra*. Boston: Allyn & Bacon.

Wentworth, G. A. (1881). *Elements of Algebra*. Boston: Ginn & Heath.

Young, J. W. A. & Jackson, L. L. (1909). *Elementary Algebra*. New York: D. Appleton & Company.

Young, J. W. A. & Jackson, L. L. (1913). *A High School Algebra*. New York: D. Appleton & Company.

15 二元一次方程组

司　睿[*]

15.1　引言

　　二元一次方程组是初中代数知识的核心内容之一，也是方程主线中十分重要的一部分。《义务教育数学课程标准（2011 年版）》和《上海市中小学数学课程标准（试行稿）》都要求学生掌握"代入消元法"和"加减消元法"解二元一次方程组，能够认识方程是刻画现实世界数量关系的模型，体会方程思想。《上海市中小学数学课程标准（试行稿）》还强调理解二元一次方程组及其解的概念，掌握"消元法"，并初步体会化归思想。国内现行教科书中关于二元一次方程组的内容基本上通过实际问题引入，根据等量关系列出方程后给出定义；介绍代入消元法和加减消元法；应用二元一次方程组解决一些典型的实际问题。

　　近年来，有越来越多的教师从 HPM 视角出发，设计二元一次方程组的教学。顾海萍、汪晓勤(2014)从古巴比伦、中国和中世纪欧洲的数学文献中选取 4 类问题，设计并实施"一次方程组的应用"的教学。洪燕君、李霞等(2017)以丢番图的《算术》和汉代典籍《九章算术》中的典型题目为教学线索，引导学生自主探究，使得"代入消元法"自然过渡到"加减消元法"。付依婷(2018)从二元一次方程的历史出发，按照加减法——代入法的历史顺序将二元一次方程组的解法演变过程融入教学。

　　有关研究表明，二元一次方程组的教学存在一些问题，部分教师在教学过程中单调地训练学生解方程组的技巧和方法，并未强调其本质思想——"消元"，也未有效引导学生体会方程思想和化归思想。有教师对于"代入消元法"和"加减消元法"两种解法的教学顺序感到困惑。也有教师对于学生无法理解方程变形的本质或者不能灵活

---

* 华东师范大学教师教育学院硕士研究生。

选择恰当的解法束手无策。现有的 HPM 视角下的教学也多是借助历史名题,涉及多种解法及考虑解法教学顺序的并不多,教师如何借助二元一次方程组的历史发展,构建符合学生认知的教学顺序,并在课堂中渗透"消元"思想,是亟待解决的问题。

基于上述问题,本章考察 19 世纪初期至 20 世纪中叶的美英代数教科书,以期寻找其中的二元一次方程组解法以及不同解法的编排顺序,为今日教学提供参考。

15.2 教科书的选取

从有关数据库中选取 1800—1959 年间出版的 248 种美英代数教科书作为研究对象,以 20 年为一个时间段进行统计,这些教科书的出版时间分布情况如图 15-1 所示。

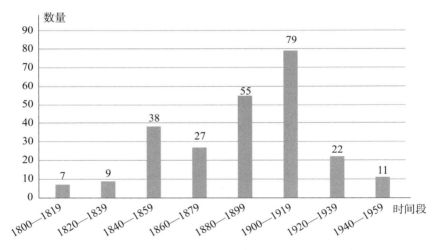

图 15-1 248 种美英早期代数教科书的出版时间分布

随着时间的推移,早期代数教科书中二元一次方程组的相关内容也在不断演变:概念不断完善,解法更具多样化,应用更加广泛,相关的理论体系愈加完善。1800—1860 年间出版的教科书的关键词主要是"含有两个变量的一次方程""含有两个变量的简单方程"。1860 年之后出版的教科书中出现了"线性方程组""联立方程""含有两个变量的简单联立方程"等概念,有关二元一次方程组的定义和分类也逐渐完善。随着代数学的发展,函数成为代数教科书的核心概念,所以 1900 年以后的教科书引入图像解法,并结合图像与代数方法讨论解的情况。本章将选取不同阶段的典型例子展示早期代数教科书中有关二元一次方程组的丰富内容。

15.3　二元一次方程组的分类

Smyth(1864)给出联立方程或方程组(simultaneous equations)的定义:"含有相同的未知数且每个未知数的值对应相等的一组方程。"并指出,每个方程都由独立的不可互相导出的条件产生,这样的一组方程叫做独立方程(independent equations)。

之后很多教科书根据方程组的解的组数将其分为 3 类,不同教科书的具体描述互有不同。

(1) 有一组公共解:Fisher & Schwatt(1899)指出,诸如 $x+y=5$ 这样的方程有无数组解,称为不定方程。同样地,方程 $y-x=1$ 也有无数组解,通过观察可知这两个方程有一组公共解 $x=2$,$y=3$。有教科书将有唯一解的方程组称为相容方程(consistent equations)。

(2) 没有公共解:例如方程 $x+y=5$ 和 $3x+3y=16$ 的未知数没有任何共同的值,因为只要满足 $x+y=5$,一定会得到 $3(x+y)=15$,而不是 16。上述运用相同未知数所表达的不相容的两个方程被称为矛盾方程(inconsistent equations)。

(3) 有无数组公共解:$x+y=10$ 和 $3x+3y=30$ 并不是独立方程,其中一个可以直接由另一个导出,这两个方程表达了未知数 x 和 y 之间的同一个关系。

Marsh(1905)指出,每个方程都可以从其他方程导出的方程组称为非独立方程(dependent equations),例如 $x+y=4$,$2x+2y=8$ 是非独立方程,尽管它们构成联立方程组,但是可化简为同一个不定方程。Stone & Millis(1905)给出的定义为:"两个线性方程所有的解都是公共解,这两个方程称为等价方程。"运用公理可以从其中一个方程导出另一个方程。

图 15-2 总结了二元一次方程组的分类情况。

图 15-2　二元一次方程组的分类

今天为大家所熟知的线性方程(linear equations)的概念源于图像法解方程,在所考察的教科书中,Evans(1899)在讨论图像解法后给出定义:诸如 $x+y=10$ 和 $2x+3y=6$ 这样的方程,在坐标系内可以用一条直线来表示,故称线性方程。而线性方程组有确定解的条件为:①当方程个数和未知数个数相等;②当方程是独立且相容的。

15.4　二元一次方程组的解法

二元一次方程组代数解法的本质就是"消元",即将其转化为简单的一元一次线性方程。不同教科书对"消元"这一概念的描述互有不同。

Stoddard & Henkle(1857)把"消元"定义为"将含有两个或多个未知量的方程组转化为只含有一个未知量的单个方程的方法"。Wentworth(1881)认为,通过将一组方程联立便于获得只含有一个未知数的简单方程,这个过程叫做消元。Tanner(1907)将"任何从两个或多个联立方程导出包含较少未知数的方程的过程称为消元法"。Wells(1908)指出:"两个形如 $ax+by=c$ 的独立的联立方程可以通过以某种方式结合从而转化为只含有一个未知数的简单方程,这样的操作叫做消元。"Hawkes, Luby & Touton(1912)将"消元"定义为"从 n 个联立方程导出 $n-1$ 个方程的过程,新方程组要比原方程组少一个变量"。

关于消元的具体方法有以下 6 种,其中前 3 种消元法可通过方程组

$$\begin{cases} y-x=6, & (1) \\ y+x=12 & (2) \end{cases}$$

来说明。

15.4.1　比较消元法

比较消元是出现较多的方法之一,即在给定的两个方程中找到相同未知量的值,并将两者设为相等。

用变量 x 表示 y,则由方程(1)和(2),可得

$$y=x+6,$$
$$y=12-x。$$

比较两式,可得只含有一个未知数的方程

$$x+6=12-x,$$

解得，$x=3$，将 x 的值代入表达式 $y=x+6$，可得 $y=9$。

15.4.2　代入消元法

选择其中一个方程，用一个未知量表示另一个未知量的值，并把这个值代入另一个方程。这种方法称为代入消元法。

由方程(1)，可得 $y=x+6$，将其代入方程(2)，得

$$x+6+x=12,$$

解得 $x=3$，$y=3+6=9$。

15.4.3　加减消元法

加减消元法是教科书中出现次数最多的一种方法。通过乘或除以一个数（或字母），使两个方程中的同一个未知数的系数相等或互为相反数，然后将这两个方程相加或相减，消去其中一个未知数，转化为只含有一个未知数的简单方程。

通过(2)-(1)，可以消去变量 y，即

$$(y+x)-(y-x)=12-6,$$

化简，得 $2x=6$，$x=3$。将 $x=3$ 代入(1)或(2)，即可求出 y 的值。也可通过消去未知数 x 直接得出 y 的值。

由(1)+(2)，可得

$$(y-x)+(y+x)=12+6,$$

解得 $2y=18$，$y=9$。

对系数不相等的情况，则需要同乘或同除以一个数，例如方程组

$$\begin{cases} 5x+7y=43, & (3) \\ 11x+9y=69, & (4) \end{cases}$$

所给方程的每个未知数的系数都不相等，但是 $(3)\times 9$、$(4)\times 7$ 后可得新方程组

$$\begin{cases} 45x+63y=387, \\ 77x+63y=483, \end{cases}$$

两式相减，即可消去 y。或者 $(3) \times 11$、$(4) \times 5$ 后可得新方程组

$$\begin{cases} 55x + 77y = 473, \\ 55x + 45y = 345, \end{cases}$$

两式相减，即可消去 x。

15.4.4 特殊消元法

上述 3 种消元法适用于所有的二元一次方程组，然而当所给方程系数较大时，计算可能较为复杂。早期教科书给出了一种更为灵活的方法，即利用一个或多个导出方程进行消元，可以大大减少计算量。例如方程组

$$\begin{cases} 23x + 39y = 193, \\ 39x + 23y = 241, \end{cases}$$

如果直接将第一个方程乘以 39、第二个方程乘以 23 进行加减消元，计算较为复杂。然而先将两个方程相加，可得

$$62x + 62y = 434,$$
$$x + y = 7, \tag{5}$$

再将两个方程相减，可得

$$16x - 16y = 48,$$
$$x - y = 3, \tag{6}$$

联立 (5) 和 (6)，可得新方程组

$$\begin{cases} x + y = 7, \\ x - y = 3, \end{cases}$$

从而大大简化了计算。

Colins(1893) 也提到了这种消元方法，并给出了具体的例子

$$\begin{cases} 9x + 13y = 184, \tag{7} \\ 13x + 19y = 268, \tag{8} \end{cases}$$

$(7) \times 3$、$(8) \times 2$，得

$$\begin{cases} 27x + 39y = 552, \tag{9} \\ 26x + 38y = 536。 \tag{10} \end{cases}$$

（9）－（10），得

$$x + y = 16。 \tag{11}$$

联立（7）和（11），得

$$\begin{cases} 9x + 13y = 184，\\ x + y = 16。 \end{cases}$$

显然，对新方程组很容易采取上述的任意消元法求解。

15.4.5　系数消元法

18 世纪法国数学家裴蜀（E. Bezout，1730—1783）给出了一种巧妙的方法，通过乘一个待定因子（indeterminate multiplier），消去其中一个变量。

对于方程组

$$\begin{cases} ax + by = c，\\ a'x + b'y = c'。 \end{cases} \tag{12} \tag{13}$$

任取一个待定因子 m，（12）×m，得

$$amx + bmy = mc。 \tag{14}$$

（14）－（13），得

$$(am - a')x + (bm - b')y = cm - c'。$$

因为 m 是任意的变量，假设 $bm = b'$，则含有 y 的项被消去，可得

$$x = \frac{cm - c'}{am - a'}。$$

又因 $bm = b'$，将 $m = \dfrac{b'}{b}$ 代入，得 $x = \dfrac{\dfrac{cb'}{b} - c'}{\dfrac{ab'}{b} - a'} = \dfrac{cb' - bc'}{ab' - ba'}$。将 x 的值代入（12）或（13），

即可求出 y 的值。

15.4.6　最大公约数法

还有 9 种教科书介绍了最大公约数法（elimination by the greatest common divisor）。这种方法既适用于高次方程，也适用于一次方程。对于所给的两个方程，将

其写成一边等于零的形式,用其中一个多项式除以另一个,再用除式除余式,依此类推,直到从余式中消去前面排列的未知量。最后一个余式包含另一个未知数,令其等于零,得到一个只含有一个未知数的方程。如果有三个或三个以上的方程,以同样方式在第一个和第二个方程之间消去一个未知数。例如,对于方程组 $\begin{cases} x+y-10=0, \\ 2x-3y-5=0, \end{cases}$ 解法如下:

$$
\begin{array}{c|c}
2x-3y-5 & x+y-10 \\
\underline{2x+2y-20} & 2 \\
-5y+15 & \div 5 \\
-y+3 & =0
\end{array}
$$

所以 $y=3$,将 y 的值代入第一个方程,得 $x=7$。

15.4.7 公式法

有 19 种教科书总结了公式法:对于一般的二元一次方程组 $\begin{cases} ax+by=c, \\ a'x+b'y=c', \end{cases}$ 第一个方程乘以 b',第二个方程乘以 b,两个方程相减,可以得到 $(ab'-ba')x=cb'-bc'$,于是 $x=\dfrac{cb'-bc'}{ab'-ba'}$,同理可得 $y=\dfrac{ac'-ca'}{ab'-ba'}$。

例如,对于方程组 $\begin{cases} 5x-7y=34, \\ 3x-13y=-6, \end{cases}$ 有 $a=5$, $b=-7$, $c=34$, $a'=3$, $b'=-13$, $c'=-6$,将它们分别代入上述公式,可以求出 x 和 y 的值。

15.4.8 行列式法

随着代数学的发展,教科书中还出现了使用行列式表示通解的方法(即克莱姆法则):对于线性方程组

$$
\begin{cases} a_1x+b_1y=c_1, \\ a_2x+b_2y=c_2, \end{cases}
$$

通过一般的加减消元法可得(假设 $a_1b_2-a_2b_1 \neq 0$)

$$x = \frac{b_2 c_1 - b_1 c_2}{a_1 b_2 - a_2 b_1}, \ y = \frac{a_1 c_2 - a_2 c_1}{a_1 b_2 - a_2 b_1}.$$

用行列式表示,即为

$$x = \frac{\begin{vmatrix} c_1 & b_1 \\ c_2 & b_2 \end{vmatrix}}{\begin{vmatrix} a_1 & b_1 \\ a_2 & b_2 \end{vmatrix}}, \ y = \frac{\begin{vmatrix} a_1 & c_1 \\ a_2 & c_2 \end{vmatrix}}{\begin{vmatrix} a_1 & b_1 \\ a_2 & b_2 \end{vmatrix}}.$$

15.4.9 图像法

图像法是出现最晚的一种方法,通过在坐标系内绘制所给的线性方程的图像,寻找两条直线的交点,即为线性方程组的解。

根据解的 3 类情况及教科书中的实际例子,并结合二元一次方程组加以分类讨论。

方程组 $\begin{cases} 3x + 2y = 12, \\ 4x + 5y = 20 \end{cases}$ 中两个线性方程的图像(图 15-3)都是直线,且有唯一的交点,该交点的坐标即为该方程组的解。

方程组 $\begin{cases} 2x + 2y = 10, \\ 2x + 2y = 7 \end{cases}$ 中两个线性方程的图像(图 15-4)是两条平行直线,没有公共点,即两个方程是矛盾的,故无解。

方程组 $\begin{cases} 2y = 6x - 4, \\ 9x - 3y - 6 = 0 \end{cases}$ 通过化简,得 $\begin{cases} y = 3x - 2, \\ y = 3x - 2, \end{cases}$ 观察图像(图 15-5)知,有无穷多个公共点,其中一个图像上的每个点都是另一个图像上的点,因此两条直线重合,即两个方程等价。

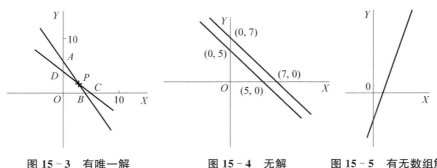

图 15-3 有唯一解 　　　图 15-4 无解 　　　图 15-5 有无数组解

Hedrick(1908)总结了图像法与二元一次方程组的解之间的关系：有唯一解,则两条直线相交;无解,则两条直线平行;有无数组解,则两条直线重合。

15.5 二元一次方程组解法的演变

各种解法的频数分布如图 15－6 所示。出现较多的解法有加减消元法、代入消元法和比较消元法,其中有 160 种教科书同时介绍了这三种消元法,但是顺序稍有不同,45.6％的教科书采用"加减消元法——代入消元法——比较消元法"的顺序,17.5％的教科书采用"加减消元法——比较消元法——代入消元法"的顺序,16.9％的教科书采用"比较消元法——代入消元法——加减消元法"的顺序,15.6％的教科书采用"代入消元法——比较消元法——加减消元法"的顺序,其余两种顺序出现较少。可以推测,早期教科书按照二元一次方程组解法的历史顺序,倾向于先介绍加减消元法,和今日教科书有所不同。除了这三种最常用的消元法外,图像法也占据了一定的地位,而其余的系数消元法、公约数法和公式法等只在少数教科书中出现。

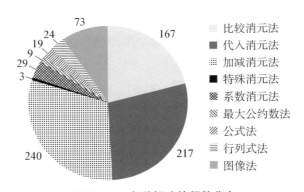

图 15－6 各种解法的频数分布

图 15－7 是各种解法在不同时间段的分布情况。

由图可见,加减消元法与代入消元法一直是较为主流的解法,到了 20 世纪,比较消元法逐渐退出历史舞台,图像法与行列式法应运而生。一些具有技巧性的特殊的消元法——"特殊消元法""系数消元法""最大公约数法"基本活跃在 19 世纪下半叶,说明代数学逐渐趋于系统化、抽象化,也更注重一般的方法。在同时介绍图像法与代入消元法的 67 种教科书中,55％的教科书按照"图像法——代入消元法"的顺序,其余

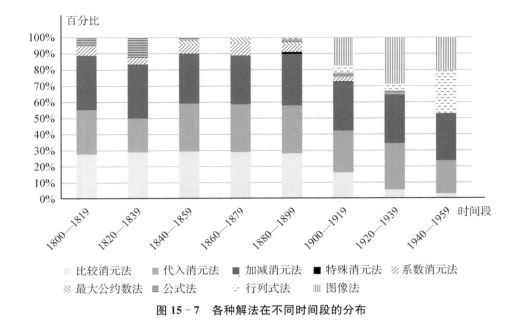

图 15 – 7　各种解法在不同时间段的分布

45%的教科书则先介绍代入消元法。图像法的出现和广泛应用,与函数、解析几何等在中学数学中的地位的提升密不可分。随着线性代数的发展以及行列式理论的进一步完善,行列式法占比逐渐增大。

15.6　结论与启示

19 世纪至 20 世纪中叶的美英代数教科书中,二元一次方程组占有举足轻重的地位,并伴随着代数学的发展而不断完善。基于以上的统计和分析可知,方程组的相关概念、解法的多样性、消元思想的渗透等方面都比今日教科书更为丰富。这些内容可为今日教学提供有价值的参考和思想启迪。

其一,就概念而言,早期教科书根据解的特点将方程组分为相容方程和矛盾方程 2 大类,而相容方程又分为独立方程和非独立方程 2 类。教师在教学中可以通过具体的例子,让学生加以辨析,从而促进学生对“方程组的解”的概念的理解。

其二,“消元”这一概念在大多数教科书中都被明确提出,足见早期教科书对于消元思想的重视。解二元一次方程组乃至多元线性方程组的本质就是消元,即通过一系列的运算与操作减少未知数的个数,最终转化为只含有一个未知数的简单方程,其背后也蕴含了数学中的转化与化归的思想。在教学过程中，教师应该采取适当的方法向学生渗透消元思想。

其三，在解法上，除了人们熟知的代入消元法和加减消元法外，早期教科书还涉及比较消元法、特殊消元法、系数消元法、最大公约数法等方法。每一种方法都有自己的优缺点，并不存在最优解法，针对实际问题灵活使用恰当的解法才是最重要的。同时引导学生探究非常规的解法可以拓宽其思维，通过古今对照，亦可让学生体会"探究之乐"，增强学习数学的信心。

其四，图像法便于学生直观理解线性方程组有唯一解、无解以及无数组解的意义。图像法的本质思想是函数与方程，在高中解析几何中，直线与方程也是较为重要的内容，在初中课堂内或许可以将其作为初高中知识衔接的桥梁。比如结合"函数"章设计单元教学或者以复习课的形式展开介绍，将分散的代数知识点串成一条线，深化学生的理解和应用。

其五，线性方程组解法的历史顺序倾向于先加减消元法再代入消元法，然而这两种方法本质上是一样的，在实际教学过程中可以引导学生自主探究，根据学生的认知规律选择合适的教学顺序，重要的是让学生体会消元的数学思想。

参考文献

付依婷(2018).基于历史发生原理的求解二元一次方程组教学设计.闽南师范大学.

顾海萍,汪晓勤(2014).一次方程组的应用：从历史到课堂.教育研究与评论(中学教育教学),(06)：30-34.

洪燕君,李霞,常道宽(2017).数学史融入"加减消元法"的课堂教学.数学教学,(01)：39-42.

上海市教育委员会(2004).上海市中小学数学课程标准(试行稿).上海：上海教育出版社,54.

杨良畏(2017).关于二元一次方程组解法的教学顺序思考.中学数学研究,(22)：32-34.

印冬建(2013).让问题生成在教学主线上——以"消元——二元一次方程组的解法(1)"为例.中学数学,(20)：4-6.

中华人民共和国教育部(2012).义务教育数学课程标准(2011年版).北京：北京师范大学出版社,28.

Bonnycastle, J. (1806). *An Introduction to Algebra*. Philadelphia：Joseph Crukshank.

Bourdon, M. (1831). *Elements of Algebra*. New York：E. B. Clayton.

Collins, J. V. (1893). *Text-Book of Algebra*. Chicago：Albert, Scott & Company.

Evans, G. W. (1899). *Algebra for Schools*. New York：Henry Holt & Company.

Fisher, G. E. & Schwatt, I. J. (1899). *Elements of Algebra*. New York: The Macmillan Company.

Hackley, C. W. (1846). *A Treatise on Algebra*. New York: Harper & Brothers.

Hawkes, H. E. , Luby, W. A. & Touton, F. C. (1912). *Complete School Algebra*. Boston: Ginn & Company.

Hedrick, E. R. (1908). *An Algebra for Secondary Schools*. New York: American Book Company.

Lacroix, S. F. (1818). *Elements of Algebra*. Cambridge: The University Press.

Marsh, W. R. (1905). *Elementary Algebra*. New York: Charles Scribner's Sons.

Rietz, H. L. & Crathorne, A. R. (1909). *College Algebra*. New York: Henry Holt & Company.

Smyth, W. (1861). *A Treatise on Algebra*. Portland: Sanborn & Carter.

Smyth, W. (1864). *Elementary Algebra*. Portland: Bailey & Noyes.

Stoddard, J. F. & Henkle, W. D. (1857). *An Algebra: Designed for the Use of High Schools, Academies, and Colleges*. New York: Sheldon, Blakeman & Company.

Stone, J. C. & Millis, J. F. (1905). *Essentials of Algebra*. Boston: Benj H. Sanborn & Company.

Tanner, J. H. (1907). *High School Algebra*. New York: American Book Company.

Van Velzer, C. A. & Slichter, C. S. (1892). *University Algebra*. Madison Wis. : Tracy, Gibbs & Company.

Wells, W. (1908). *A First Course in Algebra*. Boston: D. C. Heath & Company.

Wentworth, G. A. (1881). *Elements of Algebra*. Boston: Ginn & Heath.

16 一元二次方程

司 睿[*]

16.1 引言

作为初中数学的重要内容,一元二次方程以一元一次方程、开平方、算术平方根、多项式、因式分解、乘法公式等为基础,又与一元二次不等式、可化为一元二次方程的分式方程、高次方程、二次函数等密切相关,因而在代数学习中起着承上启下的作用,且有助于学生提升运算能力、形成模型思想、培养应用意识。国内现行教科书都设有一元二次方程的独立章,一元二次方程的内容按照概念、解法、应用的顺序编排,方程的解法包含直接开平方法、配方法、因式分解法、公式法4种,不同版本教科书中解法的顺序互有不同,一种是"直接开平方法——因式分解法——配方法——公式法",另一种是"直接开平方法——配方法——公式法——因式分解法",后者与历史顺序一致。迄今已有一些教师尝试从 HPM 视角开展一元二次方程解法的教学实践,但主要涉及历史上的几何解法,并未呈现更多历史上的解法,也没有解释各种解法之间的区别与联系,对于不同解法,教学顺序的安排也缺乏合理的参照。

一元二次方程有着十分悠久的历史,从两河流域的数学泥版到古埃及的纸草书,从古希腊欧几里得(Euclid,前 325? —前 265?)的《几何原本》到丢番图(Diophantus,200? —284?)的《算术》,从古代中国的《九章算术》到古印度的"求根公式",在浩瀚的历史长河中数学家从未间断过对一元二次方程的研究。美国数学史家 M·克莱因曾指出,历史是教学的指南。鉴于此,本章聚焦一元二次方程的求解,对出版于 19 世纪初期至 20 世纪中叶的美英代数教科书进行考察,以试图回答以下问题:早期教科书中包含了一元二次方程的哪些解法? 所呈现的不同解法的顺序有何差异? 对今日教学有何启示?

---

[*] 华东师范大学教师教育学院硕士研究生。

16.2　教科书的选取

从有关数据库中选取 1800—1959 年间出版的 205 种美英代数教科书为研究对象,以 20 年为一个时间段进行统计,这些教科书的出版时间分布情况如图 16 - 1 所示。

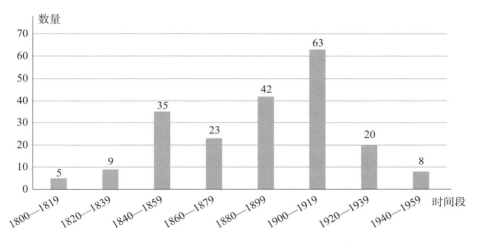

图 16 - 1　205 种美英早期代数教科书的出版时间分布

早期代数教科书中一元二次方程相关内容的分布略有差异,主要涉及"二次方程""代数在几何问题中的应用""代数方程及其解法""一元二次方程""产生二次方程的问题""图像解法""二次方程的理论"等章,基本上都包含定义、解法、相关理论及应用等内容。

16.3　一元二次方程的分类

早期代数教科书中对"一元二次方程"的称谓主要有"quadratic equation"和"equation of the second degree"2 种,定义是"只含有一个未知数,并且未知数的最高次数为 2 的方程"。由于负数概念的缺失,9 世纪阿拉伯数学家花拉子米(al-Khowarizmi)将一元二次方程分成 $ax^2 = b$、$ax^2 = bx$、$ax^2 + bx = c$、$ax^2 = bx + c$ 和 $ax^2 + c = bx$ 5 类。早期代数教科书则将方程分为 2 类:形如 $ax^2 = c$ 的方程称为"纯二次方程"(pure quadratic equation),也称为"不完整二次方程";形如 $ax^2+bx=c$ 的方程称为"一般二次方程",也称为"完整二次方程"。虽然早在 1631 年,英国数学家哈里奥特已将一元二次方程写成一边为 0 的形式,但 19 世纪上半叶的教科书大多保留了传统的常数项在方程右边的形式。

有些教科书将"$x^{\frac{2}{3}}=4$,$x^{\frac{4}{10}}=16$"这样的方程,以及含有两个未知量但未知量指数和的最大值为 2 的方程"$xy=a$,$xy-x-y=c$"也称为二次方程。

随着时间的推移,一般二次方程的分类也在不断演变。一些教科书忽略了负根,因为当时欧洲还有很多人并不接受负数。有几种教科书将一元二次方程分为如下 3 类:$x^2+2ax=b$、$x^2-2ax=b$ 和 $x^2-2ax=-b$,其中 a 和 b 均为正数,且方程至少有一个正根。考虑负根的教科书则将一元二次方程分为 $x^2\pm2ax=b$ 和 $x^2\pm2ax=-b$ 4 类。直到 1849 年出版的教科书中才出现 $Ax^2+Bx+C=0$ 这一今天人们熟悉的形式。

16.4　一元二次方程的解法

早期代数教科书中出现的一元二次方程的解法有 10 余种,除了今天常用的解法外,还有一些教科书另辟蹊径,采用了新的方法。

16.4.1　直接开平方法

纯二次方程的解法是"直接开平方法"。对于一元二次方程 $ax^2+c=d$,大多数教科书给出的步骤如下:

(1) 移项,含有未知数的项移到等式的一边,常数项移到另一边,得 $ax^2=d-c$;

(2) 二次项系数化为 1,方程两边同时除以系数 a,得 $x^2=\dfrac{d-c}{a}$;

(3) 开平方,方程两边同时开平方,得 $x=\pm\sqrt{\dfrac{d-c}{a}}$。

还有几种教科书采用因式分解的方法,如 $x^2=a^2$,将方程写成 $x^2-a^2=0$,由因式分解,得 $(x-a)(x+a)=0$,解得 $x=\pm a$。

16.4.2　配方法

关于配方法,早期教科书中出现最多的是以下 3 种,本文分别称之为"第一种配方法""第二种配方法"和"第三种配方法"。

19 世纪前期,教科书使用的方程形式通常为 $x^2 + px = q$,第一种配方法的步骤如下:

(1) 通过移项、合并同类项,将方程化为上述一般形式;

(2) 如果二次项系数不为 1,那么两边同时除以 x^2 的系数;

(3) 方程两边同加上一次项系数一半的平方,将左边配成一个完全平方式,即 $x^2 + px + \dfrac{p^2}{4} = \left(x + \dfrac{p}{2}\right)^2 = q + \dfrac{p^2}{4}$;

(4) 方程两边开方,得 $x = -\dfrac{p}{2} \pm \sqrt{q + \dfrac{p^2}{4}}$。

对于二次项系数不为 1 的方程 $ax^2 + bx = c$,部分教科书在方程两边同除以 a,将二次项系数化为 1,再用第一种配方法求解。还有教科书采用第二种配方法:方程两边同乘以 $4a$,得 $4a^2x^2 + 4abx = 4ac$;接着在方程两边同加上 b^2,得 $4a^2x^2 + 4abx + b^2 = 4ac + b^2$;于是得 $2ax + b = \pm\sqrt{4ac + b^2}$,从而得 $x = \dfrac{-b \pm \sqrt{4ac + b^2}}{2a}$。 这种方法是由 10 世纪印度数学家释律陀罗(Sridhara,870—930)给出的。

第三种配方法的具体步骤如下:方程两边同乘以二次项系数,得 $a^2x^2 + abx = ac$;两边同时加一次项系数一半的平方,得

$$a^2x^2 + abx + \left(\dfrac{b}{2}\right)^2 = ac + \left(\dfrac{b}{2}\right)^2,$$

两边同时开平方,得 $ax + \dfrac{b}{2} = \pm\sqrt{ac + \dfrac{b^2}{4}}$,从而得 $x = \dfrac{-b \pm \sqrt{4ac + b^2}}{2a}$。

有 29 种教科书同时介绍了上述 3 种配方法,其中有 6 种教科书不仅提到了上述方法,还针对具体的方程给出了其他更为灵活的配方法。例如,对于方程 $8x^2 + 3x = 26$,为了使得二次项为一个平方项,只需将其系数扩大 2 倍,于是有 $16x^2 + 6x = 52$;然后通过增加常数项,将等式左边配成一个完全平方式,即

$$16x^2 + 6x + \dfrac{9}{16} = 52 + \dfrac{9}{16} = \dfrac{841}{16},$$

两边同时开平方,得 $4x + \dfrac{3}{4} = \pm\dfrac{29}{4}$,解得 $x = \dfrac{13}{8}$ 或 $x = -2$。当二次项系数 a 较大时,乘以 $4a$ 后,求解过程变复杂,比如上述例子中系数会扩大为 256。因此有教科书提到,

需根据系数的实际情况选择适当的乘数，只要将方程左边配成一个完全平方式即可。

有3种教科书在介绍配方法时给出了几何解释（如图16－2）：将含有未知数的项配成一个完全平方式，其实就是将一个矩尺形补成一个正方形。

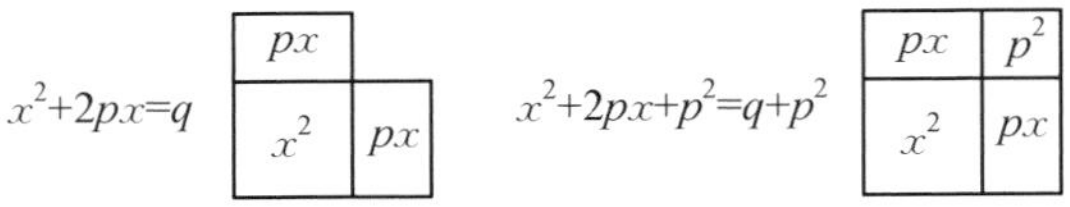
$x^2+2px=q$
px
x^2
px
$x^2+2px+p^2=q+p^2$
px
p^2
x^2
px

图16－2　教科书中对配方法的几何解释

16.4.3　方程两边配方法

关于配方法，几种教科书还出现了另一种特殊的解法，即将方程两边都配成完全平方式。例如，对于方程 $3x^2+10x+8=0$，将其两边同时加1，使得左边的常数项化为平方数，得 $3x^2+10x+9=1$；方程左、右两边再同时加 x^2，使得第一项化为一个平方项，即 $4x^2+10x+9=x^2+1$；通过观察发现，若把左边配成一个完全平方式，一次项应该为 $12x$，所以左、右两边加 $2x$；于是两边都配成了完全平方式，即

$$4x^2+12x+9=x^2+2x+1,$$

两边同时开平方，得 $2x+3=\pm(x+1)$，解得 $x=-2$ 或 $x=-1\frac{1}{3}$。

16.4.4　换元法

换元法由16世纪法国数学家韦达所创用，其实质是通过变量代换将方程化简为能够直接开平方的形式。对于一元二次方程 $x^2+px=q$，设 $x=y-\frac{p}{2}$，则原方程转化为关于 y 的纯二次方程 $y^2=\frac{p^2}{4}+q$，于是得 $y=\pm\sqrt{\frac{p^2}{4}+q}$，因此 $x=-\frac{p}{2}\pm\sqrt{\frac{p^2}{4}+q}$。

16.4.5　降次法

通过降次，将二次方程转化为二元一次方程组来求解，也是一种比较特殊的解法。

将方程 $ax^2+bx=c$ 化为 $ax^2-c=-bx$，两边同时除以 x，得

$$ax-\frac{c}{x}=-b, \tag{1}$$

方程两边同时平方，得

$$(ax)^2-2ac+\left(\frac{c}{x}\right)^2=b^2,$$

方程两边同时加上 $4ac$，得

$$(ax)^2+2ac+\left(\frac{c}{x}\right)^2=b^2+4ac,$$

两边同时开平方，得

$$ax+\frac{c}{x}=\pm\sqrt{b^2+4ac}, \tag{2}$$

(1)+(2)，得

$$2ax=-b\pm\sqrt{b^2+4ac},$$

即

$$x=\frac{-b\pm\sqrt{b^2+4ac}}{2a}。$$

16.4.6 公式法

1842 年以后，有 100 种教科书提出直接使用求根公式解一元二次方程。不过，因方程的一般形式不同，公式的表达也略有不同。对于 $x^2+px=q$，求根公式为 $x=-\frac{p}{2}\pm\sqrt{q+\frac{p^2}{4}}$；而对于 $ax^2+bx=c$，求根公式为 $x=\frac{-b\pm\sqrt{4ac+b^2}}{2a}$。当一般形式 $ax^2+bx+c=0$ 登上历史舞台后，求根公式变为 $x=\frac{-b\pm\sqrt{b^2-4ac}}{2a}$。由此可见，随着时间的推移，求根公式的形式也在发生变化，最终成了今天人们耳熟能详的固定形式。

16.4.7　因式分解法

哈里奥特是第一个将方程写成一边为 0 的形式，也是第一个将方程左边进行因式分解的数学家。19 世纪中叶以后，教科书才开始采用因式分解法，在所考察的 205 种教科书中有近半数介绍了这种解法。Aley & Rothrock(1904)以方程 $x^2 - 5x + 6 = 0$ 为例，介绍了因式分解法：将方程写成 $(x-3)(x-2)=0$，如果乘积 $(x-3)(x-2)$ 的任意一个因式为 0，即 $x=3$ 或 $x=2$，则乘积为 0，编者称之为"因式等于零"。根是使得方程左、右两边相等的未知数的值，因此 3 和 2 都是上述方程的根，故 $x^2 - 5x + 6 = 0$ 有两个根。所有一边为零、另一边可以分解成一次因式乘积的方程都可以用上述方法来求解，且根的数目和方程的次数相等。

对于一般方程 $x^2 + px + q = 0$，通过因式分解将其化为 $(x - x_1)(x - x_2) = 0$，分别令两个因式为 0，即可求得方程的两个根。

16.4.8　和差法

Milne(1901)通过两个具体例子介绍了另一种解法，即古巴比伦人解决"已知两个数的和与乘积，求这两个数"这类问题所采用的"和差术"。因

$$(x + a)(x + b) = x^2 + (a + b)x + ab,$$

故方程 $x^2 + (a+b)x + ab = 0$ 的两个根分别为 $x_1 = -a$，$x_2 = -b$。

以一元二次方程

$$x^2 + 100x + 2\,491 = 0$$

为例，对于二次三项式 $x^2 + 100x + 2\,491$，设 $a + b = 100$，$ab = 2\,491$，欲求 a 和 b 的值，设 $a = 50 + p$，$b = 50 - p$，则有

$$(50 + p)(50 - p) = 2\,491。$$

由平方差公式，得

$$2\,500 - p^2 = 2\,491，$$

于是得 $p^2 = 9$，$p = \pm 3$，故有 $a = 53$，$b = 47$，或 $a = 47$，$b = 53$。因此，原方程的两个根为 $x_1 = -53$，$x_2 = -47$。

16.4.9　设根法

有 2 种教科书呈现了 19 世纪苏格兰数学家华里司(W. Wallace,1768—1842)应用韦达定理推导求根公式的方法,即利用设而不求的思想,通过联立两根之和与两根之差求解。若一元二次方程 $x^2 + px = q$ 的两个根为 α 和 β,则方程可表示为$(x - \alpha)(x - \beta) = 0$,展开后,得

$$x^2 - (\alpha + \beta)x + \alpha\beta = 0。$$

与一般式进行比较,得 $\alpha + \beta = -p, \alpha\beta = -q$。　因为

$$(\alpha - \beta)^2 = (\alpha + \beta)^2 - 4\alpha\beta = p^2 + 4q,$$

所以

$$\alpha - \beta = \pm\sqrt{p^2 + 4q},$$

从而得方程的两个根为

$$\alpha = -\frac{p}{2} + \frac{\sqrt{p^2 + 4q}}{2},\ \beta = -\frac{p}{2} - \frac{\sqrt{p^2 + 4q}}{2}。$$

16.4.10　图像法

二次函数的图像是一条抛物线,利用二次函数与一元二次方程的关系,可以借助图像求解方程,早期教科书中主要涉及 2 种图像法。第一种图像法是通过抛物线与 x 轴的交点确定方程的根。　图 16 - 3 是 Wells & Hart(1912)给出的一个具体例子,其步骤为:

(1) 尽可能简化方程式;

(2) 将所有项移到方程左边;

(3) 用 y 表示步骤(2)中的表达式;

(4) 根据选定的变量 x 的值,找出对应的 y 值;

(5) 使用步骤(4)中获得的数对作为点的坐标,在平面直角坐标系中描点、绘图;

(6) 图像与 x 轴交点的横坐标即为方程的根。

第二种图像法是通过抛物线与直线的交点来求方程的根。例如,Aley & Rothrock(1904)将一元二次方程 $ax^2 + bx + c = 0$ 转化为等价的方程组

$$\begin{cases} y = x^2, \\ ay + bx + c = 0。 \end{cases}$$

如图 16-4，$y=x^2$ 的图像是一条过原点的抛物线，当系数 a、b、c 的值给定时，直线 $ay+bx+c=0$ 是唯一确定的，抛物线与直线交点的横坐标即为方程的根。

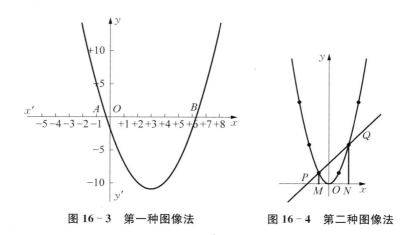

图 16-3　第一种图像法　　　　图 16-4　第二种图像法

如果二次方程的根是整数，则比较容易得到精确值，但如果是分数或者无理数，则通过图像观察和试根只能得到粗略的近似值。

16.5　一元二次方程解法的演变

各种解法的频数分布如图 16-5 所示。关于只含二次项的方程，所有教科书都采

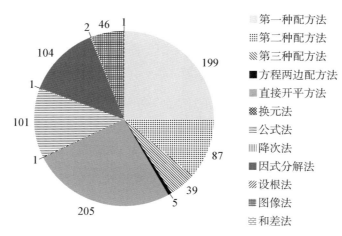

■第一种配方法
▦第二种配方法
▨第三种配方法
■方程两边配方法
■直接开平方法
▨换元法
▤公式法
▥降次法
■因式分解法
▨设根法
▦图像法
▨和差法

图 16-5　各种解法的频数

用了直接开平方法,其他方法交错分布在不同的教科书中。出现较多的方法有配方法、公式法以及因式分解法,和今日教科书一致。换元法、降次法、和差法与设根法等非常规的解法,只在少数教科书中出现。

图 16-6 给出了各种解法在不同时间段的分布情况。

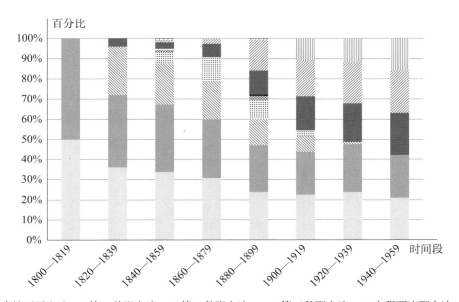

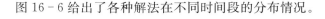

图 16-6　各种解法在不同时间段的分布

由图可见,所有教科书都提到了直接开平方法和第一种配方法。19 世纪中叶开始,一元二次方程的解法逐渐多元化,除了常规方法外,出现了换元法、设根法、降次法、和差法等特殊解法。到了 19 世纪末,公式法和因式分解法逐渐占据重要地位。图像法到了 20 世纪初才缓慢登场,是出现最晚的一种方法。因为 20 世纪之前,函数并非代数教科书中的核心概念,到了 20 世纪初,函数成了中学数学课程的核心概念,因而图像法也应运而生。

关于解法的顺序,不同教科书的编排也有所不同。通过统计分析发现,在同时介绍因式分解法与配方法的 92 种教科书中,约 35% 的教科书是按照一元二次方程解法的历史发展顺序,先介绍配方法;而 65% 的教科书则依据从特殊到一般的数学思想,先呈现因式分解法。

有的教科书在介绍不同解法后进行了总结,以帮助学生根据具体例子选择恰当的解法。对于给定的一个一元二次方程,通过观察,如果可以进行因式分解,那么最好是通过因式分解来求解;如果不能进行因式分解,那么使用配方法。而在选择配方法时,若二次项系数为1,则选择第一种配方法;那么二次项系数不为1且是一个奇数,则选择第二种配方法;若二次项系数为偶数,则可以选择第三种或者更为灵活的配方法。当学生熟练掌握上述配方法后,可以使用公式法来解方程,以节省时间。

16.6 结论与启示

由以上统计和分析可见,关于一元二次方程,美英早期代数教科书给出了十分丰富的解法,除了我们今天熟悉的直接开平方法、配方法、因式分解法和公式法,还有换元法、降次法、和差法、设根法、图像法等多种方法;根据不同形式的方程,配方法也存在不同的做法。这些解法以及解法的编排顺序为今日教学提供了许多思想的启迪。

其一,就配方法而言,除了众所周知的第一种配方法外,还有多种更为灵活的方法。方程两边同乘一个数,可以避免分数的出现,从而简化计算;等式两边都配方,可以避免无理式的出现,更适用于含有字母系数的方程的求解。教师可以设计探究活动,引导学生探究不同的配方法,感受方法之美。

其二,换元法与和差法的本质都是通过一个中间变量的代换将方程转化为可直接开平方的形式,以达到降次目的。降次法与设根法其实都是运用乘法公式的相互转换获得两个二元一次方程来求解。此外,设根法利用根与系数的关系,是对韦达定理的应用,教师可以借鉴数学史,引导学生探究非常规的解法,拓宽思维,体验探究之乐。

其三,图像法可以帮助学生直观理解根的意义,判断根的大小和正负。图像法的第一种形式实质上是高中函数与方程的内容,第二种形式则是解析几何中求抛物线与直线的交点。教师可以借助信息技术作图,以直观的方式让学生认识方程与图像之间的联系,培养直观想象素养,实现能力之助。

其四,早期代数教科书延续并改进花拉子米对方程的分类,还有一些教科书忽略负根,与今天学生在求解二次方程时所出现的错误类似,通过古今联系、中西比较能体现历史相似性,展现文化之魅。

其五,几千年来古代数学家一直孜孜不倦地研究二次方程的相关问题,近代以来数学家也并未固步自封,而是继续探索并寻找不同的解法,这种坚持不懈的探索精神,可以鼓励学生追求创新,体会数学的理性精神,达成德育之效。

其六,历史上,配方法源于几何,而因式分解法出现于方程一般形式(一边为零)出现之后,因此,今日数学教学无需拘泥于历史顺序。早期教科书大多倾向于先通过因式分解法求解特殊的方程,再引入配方法求解所有类型的方程,进而推导求根公式。借鉴早期教科书的编排顺序,可以帮助教师构建知识之谐。

有理由相信,有关一元二次方程求解的历史素材,必将在今日课堂上大放光彩。

参考文献

汪晓勤(2017). HPM:数学史与数学教育. 北京:科学出版社.

Aley, R. J. & Rothrock, D. A. (1904). *The Essentials of Algebra*. New York:Silver, Burdett & Company.

Bonnycastle, J. (1806). *An Introduction to Algebra*. Philadelphia:Joseph Crukshank.

Bridge, B. (1832). *A Treatise on the Elements of Algebra*. Philadelphia:Key, Mielke & Biddle.

Chase, S. (1849). *A Treatise on Algebra*. New York:D. Appleton & Company.

Docharty, G. B. (1852). *The Institutes of Algebra*. New York:Harper & Brothers.

Durell, F. & Robbins, E. R. (1897). *A School Algebra Complete*. New York:Maynard, Merrill & Company.

Greenleaf, B. (1862). *New Elementary Algebra*. Boston:Robert S. Davis & Company.

Hackley, C. W. (1846). *A Treatise on Algebra*. New York:Harper & Brothers.

Milne, W. J. (1901). *Academic Algebra*. New York:American Book Company.

Ray, J. & Kemper, D. (1866). *Elements of Algebra*. Cincinnati:Van Antwerp, Bragg & Company.

Schuyler, A. (1870). *A Complete Algebra for Schools and Colleges*. Cincinnati:Wilson, Hinkle & Company.

Smith, G. W. (1870). *A Complete Algebra*. New York:American Book Company.

Stoddard, J. F. & Henkle, W. D. (1857). *An Algebra Designed for the Use of High Schools, Academies, and Colleges*. New York:Sheldon, Blakeman & Company.

Wells, W. & Hart, W. W. (1912). *New High School Algebra*. Boston:D. C. Heath & Company.

Wood, J. (1815). *The Elements of Algebra*. Cambridge:J. Smith.

$\mathit{17}$ 分式方程

杨孝曼[*]

17.1   引言

在初中数学教学中,方程是一条重要的主线。分式方程作为方程模型的一种,在现实生活中具有广泛应用,是初中阶段数学学习的重要内容之一,也是难点之一。课堂教学中,教师需要引导学生回答以下问题:什么是分式方程? 为什么要学习分式方程? 解分式方程时为什么会产生增根? 为什么不用通分而要用去分母的方法解分式方程? 在提倡学科育人的今天,教师还需要思考:如何实现分式方程的育人价值?

回溯历史,我们发现关于分式方程的问题也困扰过一代又一代的数学家,人们对分式方程的认识经历了从不完善到完善的过程,经过几代数学家的不懈努力,才形成了今天的严谨认识。因此,分式方程的历史既为教学提供了思想启迪,也为教学提供了丰富的素材。

目前,虽然已有少数教师从 HPM 视角开展过分式方程的教学实践,但他们只是利用了 13 世纪初意大利数学家斐波那契(L. Fibonacci,1170—1250)《计算之书》(1202)中的问题以及涉及增根的部分史料,数学史的运用方式局限于复制式和附加式,未能采用重构式。究其原因,HPM 专业学习共同体对于分式方程的历史还缺乏深入的研究。鉴于此,本章聚焦分式方程的定义、解法、增根及验根方法,对美国早期代数教科书进行考察,以期为分式方程的教学提供更多的参考。

17.2   教科书的选取

以分式方程为关键词,对有关数据库中出版于 19 世纪至 20 世纪中叶的 247 种美

---

[*] 华东师范大学教师教育学院硕士研究生。

英代数教科书进行检索,发现仅有 73 种教科书中涉及分式方程,且都出版于美国。这 73 种教科书的出版时间分布情况如图 17 - 1 所示。

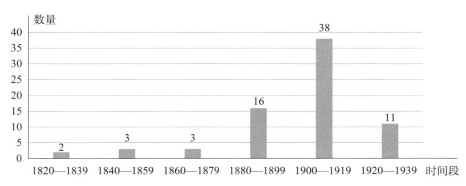

图 17‐1　73 种美国早期代数教科书的出版时间分布

分式方程概念所在章大致可以分为"分式方程""分式方程与字母方程""简单方程""一元方程""方程的求解"和"其他"(如"线性方程""有理函数""变量与函数"等章),具体分布见表 17‐1。其中,"分式方程"章的占比最高,但直到 1880 年之后才开始出现分式方程独立成章的情况。

表 17‐1　分式方程概念在 73 种美国早期代数教科书中的章分布

章名	分式方程	分式方程与字母方程	简单方程	一元方程	方程的求解	其他
数量	25	12	13	9	4	10
比例	34.3%	16.4%	17.8%	12.3%	5.5%	13.7%

17.3　分式方程的定义

虽然斐波那契在《计算之书》中已涉及分式方程问题,18 世纪英国数学家桑德森(N. Saunderson, 1682—1739)在《代数基础》中已讨论了分式方程的解法,但分式方程的定义却出现得很晚。在 1893 年出版的一种教科书中,我们首次发现分式方程的明确定义,而在此之前的教科书则往往将分式方程和分数系数方程混为一谈。

所考察的 73 种教科书中,共有 29 种给出了分式方程的定义,表 17 - 2 列出了其中一些典型例子。

表 17 - 2　美国早期代数教科书中分式方程定义的典型例子

定　义	教科书
含有一项或多项关于未知字母的分式的方程称为分式方程。	Taylor（1893）
分母中含有未知数的方程。	Milne（1901）
将方程化为 $\dfrac{A}{B}=0$ 的形式,其中 A 和 B 都是整式,且不包含公因式,若 B 中含有未知数 x,则原方程就称为分式方程。	Wells（1904）
一旦一个变量出现在方程的任何分式的分母中,这个方程就被称为分式方程。	Comstock（1907）
一个方程称为某个特定字母的分式方程,如果这个字母出现在该方程某个分式的分母上。	Wheeler（1907）
如果方程中至少有一项是分式函数,则该方程是分式方程。	Wilczynski & Slaught（1916）

由于分式的分母中必含有表示未知数的字母,Taylor（1893）的定义与 Milne（1901）的定义其实是等价的。Comstock（1907）的定义反映了当时人们对变量与未知数的混淆。Milne（1901）的定义也是国内现行教科书中采用的方式,此种定义严谨、准确且简洁,但也正因为过于凝练,会给学生的理解带来一定的挑战。例如,针对方程 $\dfrac{x+1}{a}=6$ 是否分式方程的问题,学生仍存在疑惑。针对这一问题,Wheeler（1907）在给出定义后,进一步举例说明方程 $\dfrac{2x}{3x+2}+\dfrac{5}{x-1}=7$ 是关于 x 的分式方程,而 $\dfrac{3x}{a+b}-\dfrac{4x}{2a}=\dfrac{b}{a-b}$ 既是关于 x 的整式方程,也是关于 a 和 b 的分式方程,以此加深学生对分式方程本质的理解。总之,直到 20 世纪上半叶,关于分式方程的定义仍未达成共识。

17.4　分式方程的解法

73 种教科书中共出现了分式方程的 3 类解法,分别为通分法、去分母法和技巧法。其中,有 56 种教科书介绍了 1 种解法,15 种教科书介绍了 2 种解法,2 种教科书介绍了 3 种解法。

17.4.1 通分法

关于通分法,共有 4 种教科书给出了详细介绍。通分法的每一步都是同解变形,因此无需验根。例如,Fisher & Schwatt(1898)将原方程的所有项移到方程左边,通分并化简,记为

$$\frac{N}{D} = 0, \tag{1}$$

其中 N 与 D 是两个互质的多项式。上述化简过程只涉及移项、通分和约分的运算。显然,移项和通分是同解变形,而分子、分母约去公因式并不会影响分式方程的根。所以,方程(1)与原方程是同解方程。对方程(1)去分母,可得

$$N = 0。 \tag{2}$$

易知,方程(1)的解定会满足方程(2),因此也是方程(2)的解,也就是说,在方程的变形过程中没有失根的情况。同时,由于 N 与 D 互质,两者不包含公因子,因此不存在 x 使得 N 和 D 同时为 0。所以,方程(2)的根均为方程(1)的根,也就是说,方程变形过程中没有产生新根。因此,方程(2)与方程(1)是同解方程,与原方程也是同解方程。

通分法不会导致失根或增根的情况,因此不需要验根。但同时,编者也进一步指出,此种方法有时并不是首选解法,因为它在求解某些类型的分式方程时,工作量比较大。

17.4.2 去分母法

有 72 种教科书采用了去分母法,这也是我们今天最常用的方法。例如,Slaught & Lennes(1912)指出:"在求解分式方程时,通常先去分母,将它转化为一个不含分式的同解方程。但是在方程两边同乘最简公分母后,可能会也可能不会引入新根。"例如,求解方程:

$$\frac{2}{x-2} + \frac{1}{x-3} = 2,$$
$$2(x-3) + x - 2 = 2(x-2)(x-3),$$
$$2x^2 - 13x + 20 = 0,$$
$$(x-4)(2x-5) = 0,$$
$$x = 4, \ x = \frac{5}{2}。$$

得到的两个解都满足原方程,因此在去分母时没有产生新根。又如,求解方程:

$$\frac{4x}{x^2-1}-\frac{x+1}{x-1}=1,$$

$$4x-(x+1)^2=x^2-1,$$

$$x^2-x=0,$$

$$x(x-1)=0,$$

$$x=0,\ x=1。$$

经检验,$x=0$ 满足原方程,而 $x=1$ 代入原方程导致分母为 0,因此,$x=1$ 是产生的新根。编者接着总结了求解分式方程的步骤:

(1) 将所有分式约分到最简形式;

(2) 方程两边同乘以所有分母的最简公分母;

(3) 舍去任何使原方程分母为 0 的根,剩下的根就是原方程的解。

部分教科书还论述了分式方程与去分母后的新整式方程之间的关系。例如,Comstock & Sykes(1922)指出,去分母后得到的整式方程可以是线性方程、二次方程或更高次的方程。原方程的所有解都是新整式方程的解,但反之则不一定正确,所以有必要对所有的根进行检验。编者还通过表格和图像进一步说明两者的联系和区别。以方程 $\frac{3}{x}+\frac{9}{2}=0$ 为例,去分母后得到的整式方程为 $6+9x=0$。 两者的关系见表 17-3 和图 17-2。

表 17-3　分式方程和整式方程的关系

x	-5	-4	-3	-2	-1	-0.5	0	1	2	3	4	5
$\frac{3}{x}+\frac{9}{2}$	3.9	3.8	3.5	3	1.5	-1.5		7.5	6	5.5	5.3	5.1
$6+9x$	-39	-30	-21	-12	-3	1.5	6	15	24	33	42	51

在表 17-3 中,当 x 取 0 时,$\frac{3}{x}+\frac{9}{2}$ 无意义,而 $6+9x$ 等于 6,由此可知,整式方程中未知数的取值范围扩大了。

在图 17-2 中,点 A 的横坐标是 $-\frac{2}{3}$,同时也是两个方程共同的解。对于两个方程的关系,Fisher & Schwatt(1898)指出,原分式方程和得到的整式方程是否同解取决

于：如果包含一个未知数的分式方程的两边
同乘一个整式，这个整式不包含对去分母来说
多余的因子，那么得到的整式方程与原分式方
程同解。

关于去分母法，部分教科书认为，只要在
去分母时乘最简公分母，就不会引入新根。如
Smail(1931)称："在去分母时，方程两边乘以
所有分母的最简公分母可以避免引入新根。"
这个结论在今天看来显然是错误的，但当时的

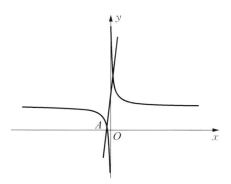

图 17 - 2　分式方程和整式方程的图像

数学家在去分母时，追求每一步都同解，即先将分式方程化简到理想的最简形式，再确
定最简公分母。但后来他们也开始发现，很难直观地去判断一个分式方程是否已化简
到位，也就无法确保所乘整式中不包含"多余因子"。因此，Durell(1914)也指出，当可
以化简的分式比较隐晦或者比较分散时，最好的解法是直接去分母，再通过检验来舍
去不满足原方程的根。

17.4.3　技巧法

针对不同类型的分式方程，采取不同的求解技巧，称为技巧法。有 16 种教科书采
用了此种方法。以下列出了早期代数教科书中常见的两种类型。

（一）类型一

在去分母前，需要先将部分分式进行通分，例如

$$\frac{x-8}{x-10}-\frac{x-5}{x-7}=\frac{x-7}{x-9}-\frac{x-4}{x-6},$$

方程两边分别通分，得

$$\frac{(x-8)(x-7)-(x-5)(x-10)}{(x-10)(x-7)}=\frac{(x-7)(x-6)-(x-4)(x-9)}{(x-9)(x-6)}。$$

分子化简，得

$$\frac{6}{(x-10)(x-7)}=\frac{6}{(x-9)(x-6)}。$$

由分子相同，可得分母相同，即

$$(x-10)(x-7)=(x-9)(x-6),$$

最后解得 $x=8$。（Hall & Knight，1895，pp. 126—127）显然，若第一步就直接乘方程的最简公分母，则会带来非常大的计算量。

（二）类型二

在某些情况下，若分式方程中包含假分式，应先将其化为整式和真分式的和。例如

$$\frac{x-2}{x-4}+\frac{x-3}{x-5}=2,$$

将假分式化简，得

$$1+\frac{2}{x-4}+1+\frac{2}{x-5}=2。$$

进一步化简，得

$$\frac{1}{x-4}+\frac{1}{x-5}=0。$$

去分母，得

$$x-5+x-4=0,$$

最后解得 $x=\dfrac{9}{2}$。（Fisher & Schwatt，1898，pp. 311—315）

技巧法本质上还是要去分母，只是在去分母时会使用一些适合于给定方程特点的特殊方法或技巧，以此来减少解方程的工作量。

17.4.4 解法的演变

图 17-3 给出了 3 种解法的时间分布情况。由图可见，去分母法一直是主流方法。通分法仅存在于 19 世纪末和 20 世纪初，且数量不多。技巧法从 19 世纪末出现以后，一直占有一席之地。

17.5 增根

将分式方程转化为整式方程后，若整式方程的根不能使分式方程成立，这个根就

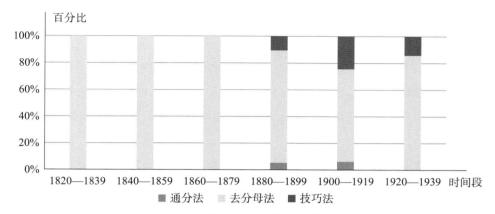

图 17-3 3 种分式方程解法的时间分布

叫做原分式方程的增根,英文中通常称之为"extraneous root",在所考察的 73 种早期代数教科书中仅有 6 种教科书使用了该名称。此外,还有 2 种教科书使用"additional root"。Aley & Rothrock(1904)最早给出增根的说明:"在去分母时引入的新根叫做增根。"而 Durell(1914)并不局限在分式方程范围内讨论增根,他给出的定义为:"增根是在求解方程的过程中(通常是无意中)引入方程的根。"同时,书中还指出:"产生增根最简单的方法是在整式方程的等号两边同乘一个包含未知数的表达式,而更常见(也更难检测)的方法是,在去分母前未将原分式方程中的分式化成最简形式。"

17.5.1 产生增根的原因

有 12 种教科书讨论了增根产生的原因。其中,多数教科书认为,去分母时所乘公分母的次数比最简公分母高,最终导致了增根的出现。根据 Fisher & Schwatt(1898) 的说法,也就是在方程两边同乘了多余的因式(unnecessary factor)。例如

$$\frac{2x}{x^2-9}=\frac{1}{x-3}+4,$$

在不作任何变形的情况下,去分母时所乘的最简公分母为 (x^2-9),此时解得 $x=3$,$x=-\frac{11}{4}$。经检验,$x=3$ 是原方程的增根。但早期教科书持有不同观点,认为应先将方程中包含的分式化成最简形式,即先移项、通分,再约去分子和分母的公因式,得

$$\frac{1}{x+3}=4,$$

因此,对于原分式方程来说,最简公分母是$(x+3)$,而不是(x^2-9)。此处,$(x-3)$就是多余因式。

部分教科书在给出上述原因之前,首先说明在整式方程两边同乘以含有未知数的整式,会产生增根。因此,在乘以最简公分母后,分式方程已经转化为整式方程,上文所说的多余因式本质上就是在得到的新整式方程两边又同乘了含有未知数的整式,从而产生增根。

Jocelyn(1902)则给出以下解释:"设分式方程为$m=n$,L为最简公分母,方程两边同乘以最简公分母,得到整式方程为$Lm=Ln$,或者$Lm-Ln=0$。但由于$m=n$是分式方程,L包含未知数,因此可能存在$L=0$的解满足$Lm-Ln=0$,却不满足$m=n$。"

此外,Slaught & Lennes(1912)认为:"若原分式方程的两个或更多个分母包含一些公因式,如$(x-a)$,那么$x=a$可能会也可能不会成为原方程的增根,但无论如何,这是产生增根的唯一途径。"

17.5.2 验根

有34种教科书强调解分式方程时需要检验。图17-4给出了这些强调验根的教科书的出版时间分布情况。

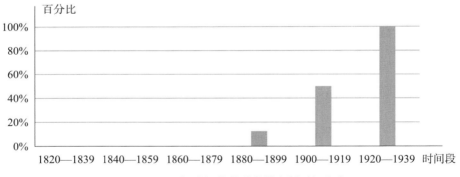

图17-4 强调验根的教科书的出版时间分布

由图可见,1880年之后才开始有教科书强调要验根,之后越来越多的教科书认识到验根的重要性。究其原因,19世纪的教科书在求解分式方程时追求每一步变形都要等价,因而不必进行验根。但经过反复探究,数学家也发现在使用去分母法时,无法确保去分母后得到的新方程与原分式方程同解。因此,1920年之后,几乎所有教科书都强调解分式方程时需要将得到的所有根代入原方程检验,进而确定符合原方程的解。

早期教科书中验根的方法与今天也略有不同。据统计,有 32 种教科书采用将解代入原方程的做法,此时的检验包含两个方面,一是检验所得的解是否使原方程左、右两边相等,二是检验整式方程的解是否使原方程的分母为零。此外,有 2 种教科书仅代入原方程的分母进行检验,只需看是否使原分式方程的分母等于零即可。如 Fite (1913)强调,在解完整式方程后必须检验是否存在解使得原方程的分母为零。同时,Fite(1913)还证明了如下定理:

定理　若新方程的某些根不是原方程的根,则用其替代未知数 x 时,一定会使原方程的某些分母为零。

证明过程如下:

将原方程的所有项都移到等号左边,记为

$$P=0, \tag{3}$$

这里 P 代表一些分式。若 D 是 P 中所有分式的最简公分母,方程两边同乘 D,得到的新方程为

$$PD=0, \tag{4}$$

PD 是关于 x 的多项式。如果存在 x 的值使(4)成立,而此时 D 不等于零,那么它一定会满足(3)。也就是说,它是原方程的根。因此,若存在(4)的根不满足(3),这个根就一定会使 D 等于零。

17.6　教学启示

通过以上考察可以看出,19 世纪到 20 世纪中叶的美国早期代数教科书中关于分式方程的认识仍处于探索阶段,其中不乏一些错误认识。早期教科书为今日教学提供了许多启示。

其一,课堂中,教师应加强学生对分式方程本质的理解。由上述讨论可知,在很长一段时间里,人们并不区分分式方程和分数系数方程,对分式方程的定义也出现过错误。我们有理由相信,学生在辨析分式方程时会产生困难。笔者曾有幸在上海市某中学观摩"可化为一元一次方程的分式方程"一课。课上,教师为了让学生掌握分式方程

的定义,特别指出方程 $\dfrac{x-1}{a}=0$ 不是分式方程。 笔者认为教师的这一做法存在不合理之处。 根据 Wheeler(1907)的说明,上述方程一方面是关于未知数 x 的整式方程,另一方面,若将 a 看作未知数,该方程也是关于 a 的分式方程。 教师应向学生讲解清楚,避免进一步加深学生的困惑。

其二,关于分式方程的解法,教师在课堂中应给予学生自主探究的机会,避免灌输式教学。 目前很多教师认为该课题的重点就是让学生掌握用去分母法解分式方程,并记得要验根即可。 因此,在课堂上,学生并没有机会去体验探究新知的乐趣。 教师可以借鉴并改编早期教科书中的例题,引导学生用不同的方法求解。 同时,可以挑选一些特殊形式的分式方程,让学生自主选择最合适的方法,并互相交流,比较不同方法在求解过程中工作量的大小,进而体会"去分母法"的优劣,解决"为什么不用通分而要用去分母的方法解分式方程"的问题。

其三,分式方程课题的教学难点之一是理解产生增根的原因。 关于增根,国内现行教科书都只在分式方程范围内给出定义。 但据 Durell(1914)的观点,只要在方程的求解过程中引入的新根都是增根,这一定义更有利于学生掌握增根的本质。 此外,在解释分式方程产生增根的原因时,目前主要存在以下两种观点,一是在变形前后,未知数的范围扩大了;二是在方程两边同乘一个式子时,该式子的值为零,使本不相等的两边相等了。 这两种说法本身都没有问题,但对初中学生来说却过于抽象。 教师可以借鉴早期教科书中的解释,也可参考 Comstock & Sykes(1922)的做法,通过列表和数形结合,让学生直观感受原分式方程与整式方程的联系与区别,深入理解产生增根的原因,加深对验根的印象。

其四,教师在进行 HPM 教学设计时,应充分挖掘史料的德育价值,充实分式方程教学的人文内涵。 具体来说,可以通过展示分式方程曲折的发展过程,介绍数学家走过的弯路和犯过的错误,鼓励学生积极地去探索和发现,增强学习数学的信心和勇气,养成坚持不懈的优秀品质。

参考文献

栗小妮,贾彬(2019). HPM 视角下"可化为一元一次方程的分式方程"的教学. 数学教学,(03):13－17.

王倩,沈中宇,洪燕君(2017). HPM 视角下可化为一元二次方程的分式方程教学. 数学教学,
(07): 23 - 26＋37.

张奕一,王敬进,洪燕君(2017). HPM 视角下可化为一元二次方程的分式方程教学. 上海中学数
学,(05): 22 - 25.

Aley, R. J. & Rothrock, D. A. (1904). *The Essentials of Algebra for Secondary
Schools*. New York: Silver, Burdett & Company.

Comstock, C. E. & Sykes, M. (1922). *Beginners' Algebra*. Chicago: Rand McNally &
Company.

Comstock, C. E. (1907). *Elementry Algebra*. Peoria: C. E. Comstock.

Durell, F. (1914). *Durell's Algebra*. New York: Charles E. Merrill Company.

Fisher, G. E. & Schwatt, I. J. (1898). *Text-book of Algebra*. Philadelphia: Fisher &
Schwatt.

Fite, W. B. (1913). *College Algebra*. Boston: D. C. Heath & Company.

Hall, H. S. & Knight, S. R. (1895). *Elementary Algebra*. New York: The Macmillan
Company.

Jocelyn, L. P. (1902). *An Algebra for High Schools and Academies*. Philadelphia: Butler,
Sheldon & Company.

Milne, W. J. (1901). *Academic Algebra*. New York: American Book Company.

Slaught, H. E. & Lennes, N. J. (1912). *First Principles of Algebra*. Boston: Allyn &
Bacon.

Smail, L. L. (1931). *College Algebra*. New York: McGraw-Hill Book Company.

Taylor, J. M. (1893). *An Academic Algebra*. Boston: Allyn & Bacon.

Wells, W. (1904). *Advanced Course in Algebra*. Boston: D. C. Heath & Company.

Wheeler, A. H. (1907). *First Course in Algebra*. Boston: Little, Brown & Company.

Wilczynski, E. J. & Slaught, H. E. (1916). *College Algebra*. Boston: Allyn & Bacon.

18 一元二次不等式

狄　迈[*]

18.1　引言

《普通高中数学课程标准(2017 年版 2020 年修订)》将"不等式"置于必修模块"主题一：预备知识"中，要求帮助学生通过类比理解等式与不等式的异同，更进一步地从函数观点看一元二次不等式。在"双新"(新课程、新教材)背景之下，"一元二次不等式"作为初升高的"预备知识"，正处于学生知识结构衔接的核心地位，这时要帮助学生体会数学语言的抽象性以及思维方式从感性到理性的跃迁，使学生顺利地跨越断层，完成初高中数学学习的过渡(何红梅，2019)。

另一方面，《普通高中数学课程标准(2017 年版 2020 年修订)》明确将"情感信念"列为数学课程目标，提出"通过高中数学课程的学习，认识数学的科学价值、应用价值、文化价值和审美价值"；在"课程结构"中指出，"把数学文化融入课程内容中"。数学史是数学文化的重要组成部分。实践表明，在数学教学中，数学史可以揭示知识之谐，彰显方法之美，营造探究之乐，达成能力之助，展示文化之魅，实现德育之效(Wang, Qi & Wang, 2017)。

研究表明，对于刚学习"不等式"知识的学生来说，有较为明显的历史相似性(林佳乐，汪晓勤，2014)。学生在求解一元二次不等式过程中常出现将解方程代替解不等式、将解方程方法迁移到解不等式等错误(杨懿荔，汪晓勤，2015)。考虑到学生的先验知识，教师必须遵循教科书编排顺序进行教学，但是新入学的学生常会产生如下疑惑：等式与不等式在求解上有何异同？为何要用函数的方法对不等式进行求解？不等式的各种求解方式有何联系？为了回答这些问题，本章对美英早期代数教科书中有关一

---

[*]　华东师范大学教师教育学院硕士研究生。

元二次不等式的内容进行考察,以期从中获取思想的启迪,为今日教学提供参考。

18.2 早期文献中的不等式性质

公元前 3 世纪,古希腊数学家欧几里得在《几何原本》中提出公理——"整体大于部分",在此基础上,借助不等式的基本性质证明了许多涉及不等关系的命题。如《几何原本》卷 1 中的命题 17:"任意一个三角形,其两内角的和总小于两个直角。"欧几里得的证明如下:如图 18 - 1,因为 $\angle ACD > \angle ABC$,所以

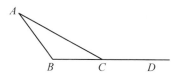

图 18 - 1 《几何原本》卷 1 中的命题 17 的证明

$\angle ACD + \angle ACB > \angle ABC + \angle ACB$,因此,$\angle ABC + \angle ACB$ 小于二直角。这里,欧几里得运用了不等式的性质:若 $x > y$,则 $x + z > y + z$。

《几何原本》卷 5 中的命题 8 则提出:"两个不等量与同一个量的比值中,较大的量比值也较大;一个量与两个不等量的比值中,较小的量比值较大。"此即今天人们熟悉的不等式性质:若 $a > b$,$c > 0$,则 $\dfrac{a}{c} > \dfrac{b}{c}$,$\dfrac{c}{b} > \dfrac{c}{a}$。令 $c = \dfrac{1}{d}$,则有不等式的基本性质:若 $a > b$,$d > 0$,则 $ad > bd$。

19 世纪 30 年代,美英代数教科书中已经出现了不等式(inequality)及其简单的运算规则。Davies(1835)总结了不等式的以下性质:

(1) 在不等式两端增加或减去相同的数量,所得到的不等关系不变。

(2) 将相同意义(不等号相同)的两个不等式两端分别相加,所得到的不等关系不变,例如,若 $a > b$,$c > d$,$e > f$,则 $a + c + e > b + d + f$;但两端分别相减时,结果不一定成立,例如,$9 > 8$,$8 > 6$,但 $9 - 8 < 8 - 6$。

(3) 不等式两端同乘以一个正数,所得到的不等关系不变,例如,由 $a > b$,可得 $3a > 3b$;不等式两端同乘以一个负数,所得到的不等关系变为相反,例如,由 $8 > 7$,两端同乘以 -3,得 $-24 < -21$。

(4) 正数之间的不等式两端各取平方值,不等关系不变。

(5) 当不等式两端有一负数时,无法在执行运算之前知道结果是什么。

该书对不等式的基本性质进行了介绍,指出对于不等式的变形与等式变形是类似的。

Edgerton & Carpenter(1925)叙述了不等式变形的 7 条法则,指出:若不等式两端的值均为正,则两端取相同次幂或相同次方根,不等关系不变,并且可以像等式那样对不等式进行变形。

我们看到,古希腊时期数学家借助几何图形得到不等式的基本性质。后来,数学家均提出"像等式变形那样,对不等式进行变形",所提出的变形规则也是在等式的变形规则基础上再加以完善。换句话说,一切基于不等式变形的不等式求解,与其相应的等式变形与求解过程是一体同心的。

18.3 一元二次不等式的求解

直到 19 世纪末,美英代数教科书中终于出现了一元二次不等式及其解法,其解法一定程度上借鉴了"一元二次方程"的求解方式,主要包括配方法、因式分解法、求根法、函数图像法。

18.3.1 配方法

与一元二次方程的情形类似,对于一元二次不等式,人们最先想到的解法也是配方法。但与方程情形不同的是,在求解不等式时,人们并没有借助于几何图形。

Smith(1896)给出了一元二次不等式的第一种解法——配方法。例如,对于不等式

$$x^2 - 4x + 3 > -1,$$

将不等式左边进行配方,得

$$x^2 - 4x + 3 = (x-2)^2 - 4 + 3。$$

因此,不等式变为 $(x-2)^2 - 1 > -1$,得不等式的解集为 $\{x \mid x \in \mathbf{R}, 且\ x \neq 2\}$。

Rouse(1931)也运用配方法对一元二次不等式进行求解。对于不等式 $k^2 - 8k > 0$,不等式两端分别加 16,得到 $k^2 - 8k + 16 > 16$,即 $(k-4)^2 > 16$,由此可得 $k - 4 < -4$ 或 $k - 4 > 4$,于是得 $k > 8$ 或 $k < 0$。因此,不等式的解集为 $\{k \mid k > 8\ 或\ k < 0\}$。

Smith(1896)的例子较为特殊,经移项,不等号左边原本就是完全平方,并且运算大多涉及不等号左边的恒等变形,并未脱离等式的配方法,单纯将其求解过程代替不等式的求解,对不等式本身的性质体现略少。编者运用不等式的基本性质,通过不等

号两边加上同一常数进行配方,将等式的某些结论迁移至不等式,将已知的等式配方与未知的不等式求解结合起来的同时,展现了不等式配方法本身的特点。

18.3.2　因式分解法

欧拉在其《无穷分析引论》中指出,将整式函数分解成因式,其性质就变得很明显,一眼就可以看出变量取何值时函数值为零。通过因式分解,一元二次不等式也可以更直接地看出满足要求的 x 的取值范围。

Fisher & Schwatt(1901)利用因式分解法来解一元二次不等式。例如,对于不等式 $x^2+5x>-6$,将 -6 移至左边,得 $x^2+5x+6>0$,进而得 $(x+2)(x+3)>0$。为使 $(x+2)$ 与 $(x+3)$ 乘积为正,则两者需同时为正或同时为负。

当 $x>-2$ 时,$(x+2)$ 与 $(x+3)$ 同时为正。如当 $x=-1$ 时,$(x+2)(x+3)=(-1+2)(-1+3)=2>0$。

当 $x<-3$ 时,两者同时为负。如当 $x=-4$ 时,$(x+2)(x+3)=(-4+2)(-4+3)=2>0$。

因此,满足该不等式的 x 的取值范围为 $x>-2$ 或 $x<-3$。

可见,早期人们用因式分解法来解一元二次不等式时,大多借助于代数运算法则,通过因式相乘后的符号来推断每一个因式的符号,进而得出 x 的取值范围,是一种以代数为导向的求解方式。

Miller & Thrall(1950)对于一元二次不等式的求解提出了三种不同方式,其中包括因式分解法。以不等式 $x^2+x+6>0$ 为例,将其写成 $(x-2)(x+3)>0$,根据乘积正负与因式正负的关系,得表 18-1。

表 18-1　$(x-2)(x+3)$ 正负与各因式正负的关系

	$(x+3)$	$(x-2)$	$(x-2)(x+3)$
$x<-3$(如 $x=-4$)	$-$	$-$	$+$
$-3<x<2$(如 $x=0$)	$+$	$-$	$-$
$x>2$(如 $x=3$)	$+$	$+$	$+$

20 世纪初,美英代数教科书开始采用因式分解法来解一元二次不等式,通过乘积正负与因式正负的关系,去判断未知数 x 的取值范围,随后代入特殊数值加以检验。

显然,此时人们尚未将不等式与函数联系在一起,而只局限于代数算法规则本身,自然不会出现利用图像"穿针引线"的直观方法。

18.3.3 求根法

求根法是指运用一元二次方程的求根公式,先考察判别式 b^2-4ac 的正负情况,若满足 $\Delta \geqslant 0$,则求出对应一元二次方程的根,再根据二次项系数 a 的正负性确定 x 的取值。

Hawkes(1905)借助一元二次方程,对一般的一元二次不等式解的情况进行了讨论。

当一元二次方程 $ax^2+bx+c=0$ 有相同实根或虚根时,相对应的一元二次不等式的符号取决于二次项系数 a 的符号;如果方程有两个不同的实根,x 的取值介于两根之间还是两侧,也取决于系数 a 的符号,具体见表 18-2。

表 18-2　Hawks(1905)关于一元二次不等式解的讨论

a	b^2-4ac	ax^2+bx+c (不考虑零点)
＋	一或 0	恒为＋
＋	一或 0	恒为一
＋	＋	x 的值介于两根之间时,值为一;x 的值为两根两端时,值为＋
一	＋	x 的值介于两根之间时,值为＋;x 的值为两根两端时,值为一

明确将一元二次方程的根与一元二次不等式的解集联系在一起,是这个时期教科书所实现的巨大飞跃,它与上文中的因式分解法的区别在于更加直接地肯定了求方程根的重要作用。可以说,求根公式法充分利用了一元二次方程本身的性质,从等式出发探索不等关系,将等式的相关知识与结论运用于不等式。但是,教科书并未解释清楚系数 a 的正负与 x 取值介于两根之间抑或是两端之间的关系,只是将它们之间的对应关系进行了简单的概括。

18.3.4 函数图像法

函数思想在中学数学学习中占有重要地位。今日教科书中,解一元二次不等式的主流方法就是函数图像法。简单地说,函数图像法是指将原有一元二次不等式转化为一元二次函数,根据函数的性质绘制相应的函数图像,通过数形结合得到未知数取值范围的方法。

Hedrick(1908)首次将一元二次不等式转化为函数,借助图像,总结出一元二次方程的根、其代表的函数图像与不等式解集之间的关系。

以不等式 $x^2 + 2x - 8 > 0$ 为例,求解满足该不等式的未知数 x 的取值范围。首先,令 $l = x^2 + 2x - 8 > 0$,绘制其图像(图 18-2)。

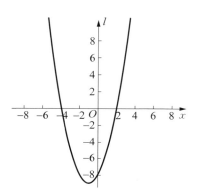

可以得出,$l > 0$ 等价于函数图像位于 x 轴上方,当 x 取值位于 $x = -4$ 左侧或 $x = 2$ 右侧时成立。$x = -4$ 与 $x = 2$ 两个实数点可以通过解方程 $l = 0$,即 $x^2 + 2x - 8 = 0$ 得到。

类似地,方程 $x^2 + 2x - 8 = 0$ 的两个根分别为 $x_1 = -4$,$x_2 = 2$,由图像得出,满足不等式 $x^2 + 2x - 8 < 0$ 的 x 的值介于两根 $x_1 = -4$ 和 $x_2 = 2$ 之间,即 $-4 < x < 2$。

图 18-2　　$l = x^2 + 2x - 8$ 的函数图像

Hedrick(1908)指出:类似地,在任何情况下,我们都可以用图像表示不等号的左、右两侧,看看何时一方超过另一方。从图像上可以明显地看出,我们首先应该找出当两边相等时,使其成立的点就是两个图像的交点。

Hedrick(1908)的方法点明了不等式中"相等"的重要性,"相等"是"不等"的边界。另外,此种借助图像来求解一元二次不等式的方法不仅局限于一元二次不等式,还可以推广到任何不等式的求解。通过移项,绘制不等式两侧代数式所代表的函数图像,观察比较两侧函数值的大小,得到对应的自变量 x 的取值范围就是不等式的解集。在该书中,编者虽用函数的图像来求解不等式,但并没有明确提出用函数来解决不等式的问题,但是其中蕴含了今日的函数思想。

Edgerton & Carpenter(1925)明确提出用函数图像来解不等式:将不等式进行移项,左边的代数式转化为函数 $f(x)$,绘制函数图像,当函数图像位于 x 轴上方时,函数值为正,即满足不等式 $f(x) > 0$。

Davis(1942)给出了一般一元二次不等式的函数解法。对于一般一元二次不等式 $ax^2 + bx + c > 0$(其中 a、b、c 均为常数,若不等号为"$<$",则两端同乘 -1,得到"$>$"),我们绘制以 x 为自变量的函数 $y = ax^2 + bx + c$ 的图像。

如果函数图像全部位于 x 轴上方,那么不等式 $ax^2+bx+c>0$ 对于全部 x 均成立;相反地,如果函数图像全部位于 x 轴下方,那么不等式对于任何 x 都不成立,即无解。如果介于中间的情况,有部分值满足 $y>0$ 这一条件。显而易见的是,满足条件的 x 的值介于一元二次方程 $ax^2+bx+c=0$ 的两根之间,或小于较小的根、大于较大的根。

至此,一元二次不等式与函数终于难舍难分,此后几乎所有有关一元二次不等式的求解均会涉及"函数图像法"。

Hart(1947)将函数图像法称为"不等式的图像解法",将求解的重点放在对函数图像的观察与解释方面,指出:一元不等式可以通过变形化为 $f(x)>0$ 或 $f(x)<0$ 的形式。对变形后的不等式的求解步骤为:

(1)画出函数 $f(x)$ 的图像。

(2)使得 $f(x)$ 图像位于 x 轴上方的 x 的取值,即为满足不等式 $f(x)>0$ 的 x 的取值;使得 $f(x)$ 图像位于 x 轴下方的 x 的取值,即为满足不等式 $f(x)<0$ 的 x 的取值。

以上"不等式的图像解法"详细列出了一元二次不等式的求解步骤,这也是今日解一元二次不等式最常用的方法,但是对于刚刚步入高中、数学抽象能力与转化能力较弱的学生来说,函数思想要求相对较高,需要训练才可以掌握,教师需加以引导,搭建脚手架,鼓励学生自主探索并推广函数图像法。

18.4 一元二次不等式解法的演变

根据早期代数教科书中的相关叙述,以 20 年为一个时间段,图 18-3 呈现出"一元二次不等式"解法的演进过程。

19 世纪末到 20 世纪初,关于一元二次不等式的研究逐渐增加,不同解法也如雨后春笋般涌现。一开始,人们类比一元二次方程的解法而使用了配方法,也出现了生搬硬套、忽视不等式本身性质的现象。接着,人们开始关注方程的根,从"不等"中寻找"相等"这一转折点,尝试因式分解法,运用代数运算性质来解不等式。求根法的出现也反映出"相等"与"根"的重要地位。最后,不等式、等式与函数有机融合,寻找函数中"不等"的意义,根据函数图像,利用"数形结合"求解不等式。

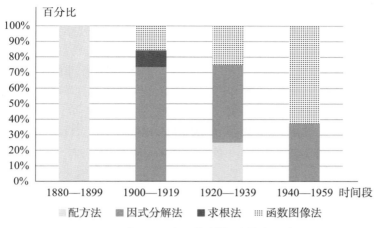

图 18-3 "一元二次不等式"解法的演进过程

18.5 教学启示

综上所述,历史上出现的一元二次不等式的多种解法,为今日不等式教学提供了诸多启示。

其一,从"不等"中寻找"相等"。将等式的根与不等式的解明确联系起来是在求根法中,借助二次方程的判别式,讨论 x 的取值范围与方程根之间的关系。后期的求根法与函数图像法都将"一元二次方程"的根放到了重要位置,明确方程的根、函数的零点对不等式的解的重要作用是理解各种方法本质的第一步。

其二,关注函数思想。本章呈现的各种解法的演变过程反映出早期数学家对不等式求解的探索与函数思想发展的进程。可以看出,由代数算法过渡到函数思想并非一蹴而就,历史上也通过求根法加以过渡。因此,在基础方式与函数图像法的衔接、函数思想的培养上,求根法的引入或可起到润滑作用。

其三,通过技术实现由静到动的转变。通过学习,初中生对相等关系有了初步的认识,且思维多停留于静态。想要学生将不等式与函数联系在一起,重点是"动态"的实现。教师可通过几何画板的动态展示,帮助学生将二次函数的零点与方程、不等式的解联系在一起,从具体的动画中抽象出数学概念之间的联系。

参考文献

何红梅(2019).核心素养视野下高中数学"预备知识"的教学策略研究.重庆师范大学.

林佳乐,汪晓勤(2014).高中生对负数大小关系的理解.数学通报,53(11)：30－33＋38.

欧几里得(2003).几何原本.西安：陕西科学技术出版社.

杨懿荔,汪晓勤(2015).国外不等式教与学研究综述.中学数学月刊,(11)：51－53＋57.

中华人民共和国教育部(2020).普通高中数学课程标准(2017 年版 2020 年修订).北京：人民教育出版社.

Davies，C. & Bourdon, M. (1835). *Elements of Algebra*. New York：Wiley & Long.

Davis，H. T. (1942). *College Algebra*. New York：Prentice-Hall.

Edgerton，E. I. & Carpenter, P. A. (1925). *Advanced Algebra*. Boston：Allyn & Bacon.

Euler，L. (1988). *Introduction to Analysis of the Infinite*. New York：Springer Verlag.

Fisher，G. E. & Schwatt, I. J. (1901). *Higher Algebra*. Philadelphia：Fisher & Schwatt.

Hart，W. R. (1947). *Introduction to College Algebra*. Boston：D. C. Heath & Company.

Hawkes，H. E. (1905). *Advanced Algebra*. Boston：Ginn & Company.

Hedrick，E. R. (1908). *An Algebra for Secondary Schools*. New York：American Book Company.

Miller，E. B. & Thrall，R. M. (1950). *College Algebra*. New York：Ronald Press Company.

Rouse，L. J. (1931). *College Algebra*. Boston：D. C. Heath & Company.

Smith，C. (1896). *Elementary Algebra*. New York：The Macmillan Company.

Wang，X. , Qi，C. & Wang，K. (2017). A categorization model for educational values of history of mathematics：an empirical study. *Science & Education*，26：1029－1052.

公　式　篇

19 等差数列

韩 粟[*]

19.1 引言

弗赖登塔尔曾说:"没有数的序列,就没有数学。"数列的历史源远流长,其中,等差数列是数学史上出现得最早的数列之一,古埃及纸草书中记载的粮食分配问题、古巴比伦泥版书上的兄弟分银问题、中国古代典籍《九章算术》中的二马相遇问题,等等,都涉及等差数列(汪晓勤,2017)。由于等差数列与人类社会生产生活息息相关,所以原本侧重各异、缺乏联系的东西方古代数学不约而同地聚焦了等差数列的研究(童晓群,蒋亮,2015)。

我国高中数学课程中,等差数列有着成熟的知识体系,现行高中数学教科书在该主题上所呈现的内容区别不大,许多教师也倾向于使用固定的模式进行教学。但对于学生而言,他们是第一次学习,在学习新知识时会产生种种疑问,比如:为何要命名这种数列为等差数列? 它的定义是否唯一? 公式推导是否可以另辟蹊径? 对于上述问题,教科书并没有给出确切的答案,解答仍然藏在广袤的历史深处等待我们寻找。

鉴于此,本章对美英早期代数教科书进行考察,以试图回答以下问题:早期教科书是如何引入和定义等差数列的? 等差数列的通项公式与求和公式是如何推导的? 对今日教学有何启示?

19.2 研究对象

从有关数据库中选取 1800—1959 年间出版的 126 种美英代数教科书作为研究对

[*] 华东师范大学教师教育学院硕士研究生。

象,其中,117 种出版于美国,9 种出版于英国。以 20 年为一个时间段进行统计,这些
教科书的出版时间分布情况如图 19-1 所示。本章对这些教科书中等差数列的引入、
定义、通项及求和等相关知识进行考察。

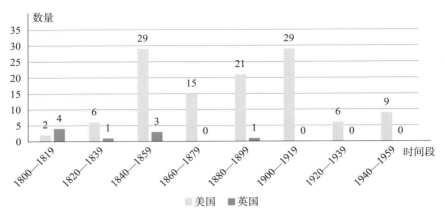

图 19 - 1   126 种美英早期代数教科书的出版时间分布

19.3   等差数列的引入方式

19.3.1   算术比例引入

所考察的 126 种教科书中,有 15 种通过“算术比例”引入等差数列,它们均出版于
1880 年之前。Simpson(1800)在“比例”章中,首先定义“算术比例”:“有 4 个数,若前两
数之差与后两数之差相等,则称它们构成算术比例。”再定义“连续算术比例”:“有一列
数,若每两个相邻数的差都相等,则称它们构成连续算术比例。”构成连续算术比例的这
列数就是算术数列(arithmetical progression)。为不致混淆,以下均称等差数列。

19.3.2   一般数列引入

自 1840 年起,有 50 种代数教科书陆续采取先定义一般数列,后定义特殊数列的
方式来引入等差数列。例如,Nowlan(1947)定义:“数列是按某种确定顺序出现的一
列数,而形如

$$(a)\ 1,\ 4,\ 7,\ 10,\ \cdots;$$

$$(b)\ 1,\ \frac{1}{4},\ \frac{1}{7},\ \frac{1}{10},\ \cdots;$$

(c) 1，2，4，8，…

的三类数列分别称为等差数列、调和数列和等比数列。"Young & Jackson（1910）认为，当一组数由某种规律确定时，这组数即为数列，并指出："当一个数列的规律已知时，任何项都可以被直接确定，故应先研究具有简单规律的数列，如等差数列和等比数列。"

19.3.3 函数引入

在 1880—1959 年出版的教科书中，有 4 种另辟蹊径，通过一次函数引入等差数列。Smail(1931)将等差数列作为"一元线性函数"这一章中的一节。以 $y=2x+3$ 为例，计算 $x=0$，1，2，3，… 时 y 的值，得到一列数 3，5，7，9，…，其中相邻两数之差都等于 2。一般地，对任意一元线性函数 $y=ax+b$，x 依次取 0，1，2，3，… 时，得到一系列函数值

$$b，a+b，2a+b，3a+b，4a+b，…，$$

每相邻两函数值之差等于 a，这样的一组数即为等差数列。

19.3.4 小结

除了上述 3 种引入方式外，还有 57 种教科书直接引入等差数列。这 4 种引入方式在各时间段的分布情况如图 19－2 所示。

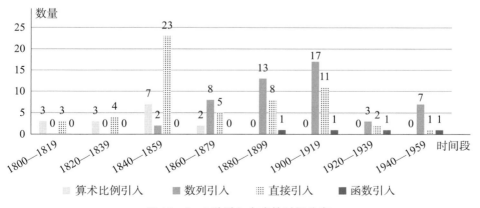

图 19－2　4 种引入方式的时间分布

由图可见，算术比例引入多见于 19 世纪早期与中期，随后不再被采用，但它很好地解释了为什么我们熟知的等差数列在西方更多地被称为算术数列；函数引入出现于 19 世纪末期，这时期函数理论蓬勃发展，因此教科书编者开始用函数的观点来分析数列，但这种方式并未成为主流。总的看来，直接引入和数列引入占据主导地位。

19.4　等差数列的定义

19.4.1　算术比例定义

虽然有 15 种教科书利用算术比例来引入等差数列，但只有 4 种用算术比例来定义等差数列。如 Day(1814)给出如下定义："如 10，8，6，4，2，…这样依次减少一个相同量的一些数称为连续算术比例，即等差数列。"Sestini(1855)给出了类似的定义。

19.4.2　公差定义

有 117 种教科书采用了公差定义法，不同教科书的表述互有不同，可分为增减式、加法式、减法式及相邻式 4 种。

有 49 种教科书采用增减式定义。Bridge(1832)提出："一系列量若通过相继增加相同量而递增，或通过相继减去相同量而递减，则称这些量构成等差数列。"Colburn(1825)给出了更简洁的定义："按照一个相同量递增或递减的一系列数是等差数列。"

有 48 种教科书采用加法式定义。Davies & Bourdon(1835)认为："若一个数列的每一项都是由前一项加上一个常量得到，则称该数列为等差数列，该常量为数列的公差。"在其后一段中，编者对上述定义进行了补充："当公差是正数时，数列是递增的；当公差是负数时，数列是递减的。"

在增减式定义中，公差默认为非负数，等差数列的单调性取决于运算方式而不取决于公差的符号，而加法式定义可以视作将增减定义中公差的取值范围扩大至实数集，而运算方式减少至加法一种，因此等差数列的单调性又重新归结于公差的正负。

有 3 种教科书采用减法式定义。其中一种表述为：若从任何项中减去下一项得到的差都相同，则称该数列为等差数列。另一种表述为：若从任何项中减去上一项得到的差都相同，则称该数列为等差数列。这两种定义中的公差互为相反数，目前我国高中教科书均采用后一种。

有 17 种教科书采用相邻式定义。Wentworth(1881)指出："任意两个相邻项之差与另两个相邻项之差相等的数列是等差数列。"其他教科书则将定义表述为:"等差数列是这样一个数列,其中任意两个相邻项的差是一个常数。"这类定义并未明确"差"究竟是前一项减去后一项的结果,还是后一项减去前一项的结果,因此未被大多数教科书所采用。

表 19-1 给出了上述 4 种形式的现代符号表述。

表 19-1　公差定义法 4 种形式的现代符号表述

形式	数量	现代符号表述	公差 d 的取值范围	项数 n 的取值范围
增减式	49	$a_n = a_{n-1} + d$ 或 $a_n = a_{n-1} - d$	$d \in [0, +\infty)$	$n \in \mathbf{N}^*, n > 1$
加法式	48	$a_n = a_{n-1} + d$	$d \in \mathbf{R}$	$n \in \mathbf{N}^*, n > 1$
减法式	3	$a_n - a_{n+1} = d$ 或 $a_{n+1} - a_n = d$	$d \in \mathbf{R}$	$n \in \mathbf{N}^*$
相邻式	17	$a_{n+1} - a_n = d$ 或 $a_n - a_{n+1} = d$	$d \in \mathbf{R}$	$n \in \mathbf{N}^*$

19.4.3　函数定义

Dupuis（1900）别出心裁地用函数来定义等差数列。他首先给出了首项、公差及项数的符号表示,分别为 a、d 和 n。然后设 f_n 是项数 n 的一个函数,则 f_n 作为对应法则,给出了某个数列的第 n 项,所以只要知道 f_n 的表达式,就知道了整个数列。最后他提出:若一个数列的第 n 项 f_n 形如 $a + (n-1)d$,则该数列为等差数列。

这种方法将数列视为定义域是正整数集的函数,并将数列用函数的解析式表示出来,与现行初中教科书中一次函数的定义方式类似。

19.5　等差数列的通项公式及其推导

19.5.1　通项公式

部分教科书将等差数列的通项公式表示为

$$l = a + (n-1)d, \tag{1}$$

除了首、末项的写法外,与今日教科书中的公式一致。

另有一部分教科书根据定义,将通项公式表示为

$$l = a \pm (n-1)d。 \tag{2}$$

如用增减式定义时,公式(2)中的公差 $d \geqslant 0$,当等差数列递增时,通项公式为(1);当等差数列递减时,通项公式为

$$l = a - (n-1)d。 \tag{3}$$

除此之外,少数教科书对公式(2)提出了不同的解释:公差为 $\pm d$,其中 $d \geqslant 0$,当公差为 d 时,通项公式为(2);当公差为 $-d$ 时,通项公式为(3)。公式(2)在 19 世纪到 20 世纪初期的教科书中出现频率较高,但随着等差数列及公差定义的统一,到 20 世纪中期,等差数列的通项公式基本统一为(1)。

19.5.2 推导方法

(一) 定义法

有 17 种教科书选择直接由定义得到通项公式:由于等差数列的每一项都是由前一项加上公差 d 得到的,所以每一项中 d 的系数总是要比所在项的序数少 1,所以第 n 项为 $a + (n-1)d$。选择定义法的教科书不约而同地提及"显而易见""轻而易举""马上看出"等字眼,猜测其原因有二:一是早期代数教科书编者认为等差数列的通项公式显而易见,无需归纳,更不需严格证明;二是他们认为研究等差数列的重点是求和而不是末项,所以甚至不需要给出末项的符号表示。

(二) 不完全归纳法

有 105 种教科书采用不完全归纳法推导等差数列的通项公式。在采用公差定义法的教科书中,以加法式定义为例:如 Wilson(1872)设等差数列的首项为 a,公差为 d,则第 2 项为 $a+d$,第 3 项为 $(a+d)+d$,即 $a+2d$,同理第 4 项为 $a+3d$,不难发现第 1—4 项中 d 的系数比这一项在数列中的序数少 1,归纳得等差数列第 n 项中 d 的系数应为 $n-1$,则第 n 项为 $a+(n-1)d$,即为等差数列的通项公式(1)。若教科书采用增减式、减法式或相邻式定义,那么推导通项公式的方法或如出一辙,或先由上述过程得到(1),然后补充第 2、3、4 项分别为 $a-d$、$a-2d$、$a-3d$ 的情况,最后不完全归纳得另一通项公式(3)。

(三) 函数法

Wilczynski & Slaught(1916)在函数定义的基础上提出:对于任意线性函数 $mx +$

b，当 x 依次取 0，1，2，3，$\cdots$ 时，函数值

$$b, m+b, 2m+b, 3m+b, \cdots \tag{4}$$

按顺序构成等差数列；反过来，对于任何等差数列，都存在一个线性函数 $mx+b$，当 x 按顺序取 0，1，2，3，$\cdots$ 时，函数值与等差数列的对应项相等。基于此，可以用等差数列的首项 a 和公差 d 分别替代(4)中的 b 和 m，则(4)表示为

$$a, a+d, a+2d, a+3d, \cdots, \tag{5}$$

显然，第 i 项即为 $a+(i-1)d$。因此，若项数为 n，则对应第 n 项为 $a+(n-1)d$，即为等差数列的通项公式。

（四）数学归纳法

19 世纪中期，归纳法还停留在不完全归纳法的应用阶段，直到 19 世纪末期才出现数学归纳法的名称和应用。(方倩，汪晓勤，2017)Skinner(1917)将数学归纳法应用于等差数列通项公式的证明。他通过观察一些具体等差数列，猜想等差数列 $\{a_n\}$ 的第 n 项

$$a_n = a_1 + (n-1)d \, 。 \tag{6}$$

假设当 $n=k$ 时猜想成立，即

$$a_k = a_1 + (k-1)d, \tag{7}$$

根据等差数列的规律以及(7)，得

$$a_{k+1} = a_k + d = a_1 + (k-1)d + d = a_1 + (k+1-1)d \, 。 \tag{8}$$

(8)的最后一个等式与(7)的差别仅仅是将 k 替换成 $k+1$。这说明，若公式(6)对 $n=k$ 成立，则对 $n=k+1$ 同样成立。所以，对任意的正整数 n，公式(6)均成立，证毕。

由于数学归纳法的逻辑基础直到皮亚诺公理提出后才正式建立起来，所以早期代数教科书中尽管存在着数学归纳法在数列上的应用，但深究其本质却并不符合逻辑基础。对于等差数列的通项公式而言，在当时教科书普遍采用不完全归纳法推导的背景之下，数学归纳法的尝试意味着归纳推理理论趋于完善，有效避免了不完全归纳法的或然性。

19.6　等差数列的前 n 项和公式及其推导

19.6.1　前 n 项和公式

所有教科书无一例外地讨论了前 n 项和问题。一部分教科书在引入部分即指出：研究数列的目的就是研究数列的和。一部分教科书得到前 n 项和公式

$$S = \frac{(a+l) \times n}{2},\tag{9}$$

其中 a、l、n 为等差数列的首项、末项和项数，并指出：等差数列的前 n 项和等于首、末项之和乘以项数的一半。

除（9）以外，以（1）为通项公式的教科书，或将（1）代入（9），或直接由（1）导出，得到

$$S = \frac{n}{2} \times [2a + (n-1)d]。\tag{10}$$

同理，以（2）为通项公式的教科书中有前 n 项和公式

$$S = \frac{n}{2} \times [2a \pm (n-1)d]。\tag{11}$$

由此可见，通项公式的形式会对前 n 项和公式的形式产生直接的影响。

19.6.2　推导方法

（一）首尾配对法

仅有 3 种教科书采用了古老的首尾配对法推导前 n 项和公式，其中 Sestini（1855）的方法如下：

首先将任意等差数列的前 n 项表示为

$$a, a+d, a+2d, \cdots, a+(n-3)d, a+(n-2)d, a+(n-1)d。\tag{12}$$

观察（12）发现，第 2 项与倒数第 2 项的和，第 3 项与倒数第 3 项的和，等等，都等于首、末项之和 $2a + (n-1)d$。

若 n 为偶数，将 n 项配成 $\frac{n}{2}$ 对，每一对之和都等于 $2a + (n-1)d$，因此得前 n 项和公式（10）。

若 n 为奇数,则(12)中除去中间项,其余 $n-1$ 项可配成 $\dfrac{n-1}{2}$ 对,每一对之和为 $2a$ $+(n-1)d$,因此 $n-1$ 项之和等于 $\dfrac{n-1}{2}[2a+(n-1)d]$;中间项为第 $\dfrac{n+1}{2}$ 项,即 $a+$ $\left(\dfrac{n-1}{2}\right)d$。因此,前 n 项之和为

$$\frac{n-1}{2}\big[2a+(n-1)d\big]+\Big[a+\frac{1}{2}(n-1)d\Big],\tag{13}$$

同样可得公式(10)。

可见,公式(10)对 n 为偶数和奇数的情况都是适用的。由于公式推导过程中需要将与首、末项等距的项配对相加,所以这种方法常被称为首尾配对法。

(二)倒序相加法

有 122 种教科书采用了倒序相加法,但不同教科书所选已知量互有不同,可分为 3 类。

第 1 类已知量为首项 a、公差 d 和项数 n。 Wood(1815)提出:等差数列的前 n 项求和式既可以写成

$$S=a+(a+d)+(a+2d)+\cdots+[a+(n-2)d]+[a+(n-1)d],\tag{14}$$

还可以写成

$$S=[a+(n-1)d]+[a+(n-2)d]+\cdots+(a+2d)+(a+d)+a。\tag{15}$$

将(14)与(15)的对应项分别相加,得

$$2S=n\times[2a+(n-1)d],\tag{16}$$

再除以 2,即得前 n 项和公式(10)。该方法是对首尾配对法的直接改进,避免了对项数的奇偶性进行讨论。

第 2 类已知量为首项 a、公差 d、末项 l 及项数 n。 Seaver & Walton(1882)认为,如果将等差数列倒序书写,即从 l 开始,则第 2 项就是 $l-d$,第 3 项是 $l-2d$,直到最后一项,即原来的首项 a 可表示为 $l-(n-1)d$,所以前 n 项和公式可以写成

$$S=l+(l-d)+(l-2d)+\cdots+[l-(n-2)d]+[l-(n-1)d]。\tag{17}$$

将(14)与(17)的对应项相加,得

$$2S = n \times (a + l), \tag{18}$$

再除以 2,即得前 n 项和公式(9)。这种方法实为将原等差数列表示为一个首项为 l、公差为 $-d$ 的等差数列,但不同的表示并不影响前 n 项和的值。此外,较第一种倒序法而言,利用这种方法更能直观地观察到对应项在相加时正负抵消,从而配对相等。

第 3 类已知量为等差数列的前 n 项。Lacroix(1818)将它们表示为 a,b,c,$\cdots$,i,k,l,则前 n 项和

$$S = a + b + c + \cdots + i + k + l, \tag{19}$$

倒序之后成为

$$S = l + k + i + \cdots + c + b + a。 \tag{20}$$

将(19)与(20)相加,得

$$2S = (a+l) + (b+k) + (c+i) + \cdots + (i+c) + (k+b) + (l+a)。 \tag{21}$$

由等差数列的性质,若记公差为 δ,则由首项开始有

$$a + \delta = b,\ b + \delta = c,\ \cdots,\ i + \delta = k,\ k + \delta = l, \tag{22}$$

由末项开始有

$$l - \delta = k,\ k - \delta = i,\ \cdots,\ c - \delta = b,\ b - \delta = a。 \tag{23}$$

将(22)与(23)中的对应等式相加,得

$$a + l = b + k = c + i = \cdots。 \tag{24}$$

由(21)和(24),易得前 n 项和公式(9)。这种方法利用等差数列的递推性质

$$a_{n+1} - a_n = d\,(n \in \mathbf{N}^*) \tag{25}$$

进行双向递推,证明了倒序相加后对应项相加确为定值。

(三) 数学归纳法

Whyburn & Daus(1955)猜想并应用数学归纳法证明等差数列的前 n 项和公式。记任意等差数列的前 n 项和为 S_n,则

$$S_1 = a,$$

$$S_2 = 2a + d = 2a + \left(\frac{1 \times 2}{2}\right)d,$$

$$S_3 = 3a + (1+2)d = 3a + \left(\frac{2 \times 3}{2}\right)d,$$

$$S_4 = 4a + (1+2+3)d = 4a + \left(\frac{3 \times 4}{2}\right)d。 \tag{26}$$

(26)表明 S_n 可能具有如下形式

$$S_n = na + \frac{(n-1)n}{2}d。 \tag{27}$$

假设当 $n = k$ 时,(27)成立,即

$$S_k = ka + \frac{(k-1)k}{2}d, \tag{28}$$

则当 $n = k+1$ 时,

$$
\begin{aligned}
S_{k+1} = S_k + u_{k+1} &= ka + \frac{(k-1)k}{2}d + a + kd \\
&= (k+1)a + \left[\frac{(k-1)k}{2} + k\right]d \\
&= (k+1)a + \left[\frac{k(k+1)}{2}\right]d \\
&= (k+1)a + \frac{[(k+1)-1](k+1)}{2}d。
\end{aligned}
\tag{29}
$$

由(26)、(28)和(29),可得(27)对任意正整数 n 均成立,所以(27)是等差数列的前 n 项和公式。

运用数学归纳法的前提是能通过归纳猜想出公式。重新观察(26),猜想的关键是 d 的系数能否表示为 n 的代数式,观察发现 S_1、S_2、S_3、S_4 中 d 的系数正好为 0、1、1 +2、1+2+3,它们恰好是自然数 0,1,2,3,… 对应前 1、2、3、4 项的和,显然自然数构成一个首项为 0、公差为 1 的特殊等差数列。所以,Whyburn & Daus(1955)的数学归纳法是将一般等差数列的前 n 项和归结为特殊等差数列的前 n 项和,这种方法对学生的观察能力提出了较高的要求。

19.7 结论与启示

由以上分析可见,在等差数列的引入上,美英早期代数教科书与今日教科书不尽

相同,早期教科书或直接引入等差数列,或以函数观点将其作为特殊的一次函数,还有部分教科书采用了算术比例的引入方式,揭示了英文语境中等差数列之名的由来。在定义等差数列时,大部分教科书放弃了算术比例的原始定义而采用公差定义,凸显了等差数列的代数特征。等差数列的定义对通项公式的形式产生直接影响,随着定义趋于统一以及人们对实数集的认识逐渐清晰,通项公式由分为两类至最终统一,且编者普遍采用不完全归纳法推导通项公式。如今常用的推导等差数列前 n 项和公式的倒序相加法,同样也是早期教科书中的主流方法,但参与推导的已知量以及倒序形式与今日略有区别。在数学归纳法登上历史舞台后,一些教科书编者开始尝试用数学归纳法证明通项公式与前 n 项和公式。

等差数列是我国中学数学的传统教学内容,但不能因为其传统便使得教学日益固化。美英早期代数教科书中有关等差数列引入、定义、通项及求和的内容经过筛选、分类与整理,可以成为课堂教学的理想素材。比如,教师可以让学生在研究具体数列的基础上,自己总结等差数列的定义,并与公差定义法的 4 种形式进行对应,再比对其与教科书中等差数列定义的异同,思考为何我国现行教科书最后选择了美英早期教科书中并不常见的减法式,从而构建知识之谐。

现行教科书中推导或证明等差数列通项公式的方法多为不完全归纳法及累加法,教师还可以在课堂上引进数学归纳法,发展学生的逻辑推理素养。以倒序相加为等差数列求和的基本思想,引导学生采取不同的已知量,构建倒序式并设法配对相消,而不必局限于教科书所呈现的单一形式,彰显方法之美。此外,还可以探索几何方法并应用数学归纳法加以证明,培养学生的直观想象素养,实现能力之助。

教师可以带领学生探究为何等差数列又名算术数列,任何一个数学名词都有其来源,追溯算术数列的词源可以让学生思考简单的加减算术如何形成比例,由算术比例又如何形成等差数列,结合中国古代数学史知识,感受东西方数学文化的背景差异,展现文化之魅。学生还可以运用思维导图等信息技术,自主构建以等差数列为中心,以比例、函数及方程为分支的代数知识网络,体会探究之乐。

在历史长河中,等差数列的知识并不是一成不变的,而是随着数学知识体系的完善和社会生产实际的需要不断发展的,在立德树人的教育目标引领下,教师教授给学生的不应只是传统的知识与技能,还应在课堂中使学生耳濡目染数学的人文价值和理性精神,这样才能潜移默化地达成德育之效。

参考文献

方倩,汪晓勤(2017). 20 世纪中叶以前西方代数教科书中的数学归纳法. 数学教学,(11)：1－4;31.

童晓群,蒋亮(2015).对话"等差数列".中学数学教学参考,(19)：15－17.

汪晓勤(2017). HPM：数学史与数学教育.北京：科学出版社.

Bridge, B. (1832). *A Treatise on the Elements of Algebra*. Philadelphia：Key, Mielke & Biddle.

Colburn, W. (1825). *An Introduction to Algebra*. Boston：Cummings, Hilliard & Company.

Davies, C. & Bourdon, M. (1835). *Elements of Algebra*. New York：Wiley & Long.

Day, J. (1814). *An Introduction to Algebra*. New Haven：Howe & Deforest.

Dupuis, N. F. (1900). *The Principles of Elementary Algebra*. New York：The Macmillan Company.

Lacroix, S. F. (1818). *Elements of Algebra*. Cambridge：The University Press.

Nowlan, F. S. (1947). *College Algebra*. New York：McGraw-Hill Book Company.

Seaver, E. P. & Walton, G. A. (1882). *The Franklin Elementary Algebra*. Philadelphia：J. H. Butler.

Sestini, B. (1855). *A Treatise on Algebra*. Baltimore：J. Murphy & Company.

Simpson, T. (1800). *A Treatise of Algebra*. London：L. Hanford.

Skinner, E. B. (1917). *College Algebra*. New York：The Macmillan Company.

Smail, L. L. (1931). *College Algebra*. New York：McGraw-Hill Book Company.

Wentworth, G. A. (1881). *Elements of Algebra*. Boston：Ginn & Heath.

Whyburn, W. M. & Daus, P. H. (1955). *Algebra for College Students*. New York：Prentice-Hall.

Wilczynski, E. & Slaught, H. E. (1916). *College Algebra*. Boston：Allyn & Bacon.

Wilson, J. W. (1872). *An Elementary Algebra*. Philadelphia：Eldredge & Brother.

Wood, J. (1815). *The Elements of Algebra*. Cambridge：J. Smith.

Young, J. W. A. & Jackson, L. L. (1910). *A Second Course in Elementary Algebra*. New York：D. Appleton & Company.

20 等比数列

韩 栗[*]

20.1 引言

从两河流域神秘的楔形文字到恒河流域深奥的吠陀梵文,从埃及大陆莱茵得纸草书记载的财产之和到齐鲁大地上惠子与墨子的尺棰取半之争,等比数列的悠久历史从古代四大文明中可见一二。(汪晓勤,2017)随着数学的发展,等比数列的概念不断完善,知识不断丰富,成为刻画现实世界的一类函数模型。

等比数列是今日高中数学的重要内容,迄今已有不少教师尝试从 HPM 视角进行教学设计并付诸实践。受历史素材的局限,已有的课例在等比数列概念教学中仅采用了少数历史上的问题,如古埃及的猫鼠问题和斐波那契的棋盘问题,以揭示知识的必要性;在前 n 项和公式的教学中采用了历史上的若干推导方法,包括源于古埃及的递推法或方程法、欧几里得的比例法以及欧拉的错位相减法,以呈现方法的多元性。但是,教师并未考虑等比数列概念形成的自然性、定义的多元性以及更多推导前 n 项和公式的方法。

历史上的数学教科书是一座宝藏,其中蕴含了丰富的教学资源、有益的思想养料以及独特的知识呈现方式。鉴于此,本章聚焦等比数列的相关内容,对 19 世纪初期至 20 世纪中期出版的美英代数教科书进行考察,以试图回答以下问题:早期教科书是如何引入并定义等比数列的? 书中有哪些推导等比数列前 n 项和公式的方法? 对今日教学有何启示?

20.2 教科书的选取

从有关数据库中选取 1800—1959 年间出版的 118 种美英代数教科书作为研究对

---

* 华东师范大学教师教育学院硕士研究生。

象,其中 108 种出版于美国,10 种出版于英国。以 20 年为一个时间段进行统计,这些教科书的出版时间分布情况如图 20 - 1 所示。

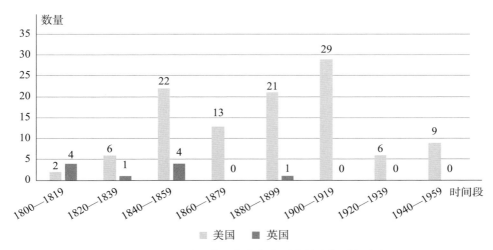

图 20 - 1 118 种美英早期代数教科书的出版时间分布

早期代数教科书中等比数列的知识不胜枚举,本章拟对引入、定义及前 n 项和公式三个知识点进行深入研究。本章中对数列与级数不作严格区分,统称数列。

在所考察的 118 种教科书中,等比数列主要分布于"比例""数列""几何比例""几何数列""数列与对数""幂与指数函数""数学归纳法"等章。

20.3 等比数列的引入

经过统计和分析,118 种教科书的引入方式可分成直接引入、比例引入、数列引入和指数引入 4 种,其分布情况如图 20 - 2 所示。

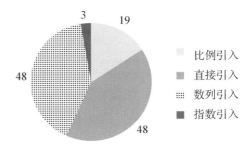

图 20 - 2 4 种引入方式的分布

20.3.1 比例引入

有 19 种教科书以几何比例来引入。Lawrence(1853)先定义几何比是一个量除以另一个量的商,再定义几何比例是两个相等的几何比,最后通过推广相等几何比的个数引入等比数列。

20.3.2　数列引入

有 48 种教科书以数列为属概念,引入作为种概念的等比数列。包含两种情形:一种情形是通过数列分类方式来引入,如 Clarke(1881)指出:数列可以按有穷与无穷、递增与递减、收敛与发散分类;还可以按数列内部特定规律分类,以此引入等比数列。另一种情形是通过具体数列来引入,如 Milne(1881)给出以下数列:(1)$2x$,$4x$,$8x$,$16x$;(2)从 $2a$ 开始,依次乘以 $3a$ 所得到的 5 项数列;(3)从 a 开始,依次乘以 r 所得到的 6 项数列。

20.3.3　指数引入

有 3 种教科书采用了指数引入。其中,Mitchel(1845)利用了指数方程:"到目前为止,我们都在讨论那些不把未知量作为指数的方程。而考试中有两类主题都出现了一种方程 $a^x = b$,其中 a 和 b 是已知量,a 的指数 x 是未知量,这两类主题就是等比数列和对数。"Smail(1931)则利用了指数型函数:"首先取函数 $y = 3(2^x)$,依次计算 $x = 0$,1,2,3,$\cdots$ 时的 y 值,得到一组数字 3,6,12,24,$\cdots$,这组公比为 2 的数构成一个等比数列。一般地,取指数型函数 $y = k \cdot a^x$,计算 $x = 0$,1,2,3,$\cdots$ 时对应的 y 值,得到一组数字 k,ka,ka^2,ka^3,$\cdots$,这组公比为 a 的数构成等比数列。"

20.3.4　引入方式的演变

图 20-3 给出了 4 种引入方式的时间分布情况。由图可见,19 世纪最早的教科书均采用比例引入方式,"比例"一章的主要内容通常为比与比例的性质,等比数列所占篇幅极小。19 世纪中期,教科书开始将数列知识单独编排成章,自数列引入出现后,比例引入逐渐退出历史舞台。与直接引入相比,数列引入通过演绎或归纳获得等比规律,为等比数列概念的出现奠定了基础。因此,进入 20 世纪,直接引入的使用频率明显下降,数列引入成为主流。

指数符号产生于 17 世纪,用指数引入等比数列与历史序恰好相反,在我们所考察的早期教科书中,2 种采用指数函数引入的教科书均出版于 20 世纪 20 年代后,此时函数在数学课程中的地位逐渐提升,将数列视为特殊的函数,符合知识的逻辑序。

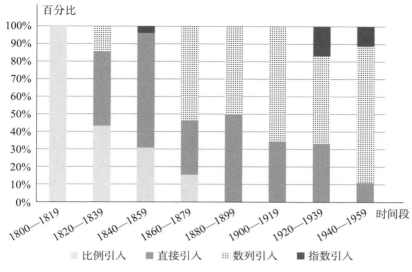

图 20‑3　4 种引入方式的时间分布

20.4　等比数列的定义

　　根据等比数列的不同构造方式,早期教科书中的等比数列定义可分为比例定义、比值定义、乘法定义和除法定义 4 类,其分布情况如图 20‑4 所示。

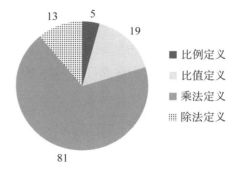

图 20‑4　4 类定义的分布

20.4.1　比例定义

　　从数学史上看,数列与比例是息息相关的。有 5 种教科书用几何比例来定义等比数列。如 Simpson(1800)以"4 个数构成算术或几何比"的定义为基础,进一步定义:"当每两个相邻项的差或比值相等时,则称它们构成连续比例,如 2,4,6,8,…构成连续算术比例;2,4,8,16,…构成连续几何比例,这类比例又称为数列,它们始终满足同一规律。"

20.4.2　比值定义

　　有 19 种教科书采用了比值定义。Hall(1840)用符号语言表述:"如果有一个数列

a_1，a_2，a_3，… 的任一项与前一项的比值在整个数列范围内都相同，即 $\dfrac{a_2}{a_1} = \dfrac{a_3}{a_2} = \dfrac{a_4}{a_3}$ =…，则称数列 a_1，a_2，a_3，… 为等比数列。"比值定义揭示了"等比数列"一词的术语之本。

20.4.3　乘法定义

有 81 种教科书采用了乘法定义，是早期教科书中出现频率最高的定义方式。该定义的雏形可上溯到古埃及人的倍乘法。不同教科书的表述不尽相同，定义中对于乘数的描述集中在"常量""常倍数"及"公因子"3 种，具体见表 20-1。

表 20-1　乘法定义的 3 种形式

形式	定　　义	代表教科书
常量式	等比数列是除第一项外，每一项都是由前一项乘以一个称为比值的常量而获得的数列。	Bradbury(1868)
常倍数式	若数列的每一项都是由前一项乘以一个常倍数而形成的，则该数列称为等倍数列，又称等比数列。	Chase(1849)
公因子式	当多个量按照连续乘同一公因数展开时，则称它们构成等比数列。	Colenso(1849)

Lilley(1892)认为，正如等差数列由重复的加法或减法得到，等比数列也由重复的乘法或除法得到，这说明初等数学中也蕴含着研究代数运算结构的思想。

20.4.4　除法定义

有 13 种教科书采用了除法定义：一列数中，若任何一项（第一项之后）除以前一项的商在整个数列中都相同，则这个数列是等比数列。历史上曾短暂地出现过等商数列的命名，现行教科书仍以商（quotient）的首字母 q 作为公比的符号。

20.4.5　定义的演变

图 20-5 给出了等比数列 4 类定义的时间分布情况。由图可见，比例定义仅存在于 19 世纪 60 年代以前，而比值定义一直存在至 20 世纪中期。比例定义中"连续"一词过于直观，不满足数学的抽象性，而比值定义既保留了"比较"的知识源流，又突出了"比值"的定量描述，很好地满足了数学的抽象性与严谨性。

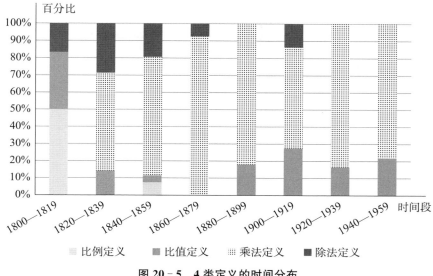

图 20‑5 4 类定义的时间分布

乘法定义和除法定义都源于四则运算,但乘法定义中后一项为前一项与公比乘积的表述,更符合学生从前往后认识一列数的过程,顺势可以获得等比数列的通项,所以较除法定义而言,乘法定义广泛分布于西方早期乃至我国现行教科书中。

20.5 等比数列前 n 项和公式的推导

记等比数列的首项为 a_1,项数为 n,末项(或通项)为 a_n,公比为 q,前 n 项和为 S_n。所考察的 118 种教科书中出现了 2 种形式的前 n 项和公式:

$$S_n = \frac{a_1 q^n - a_1}{q - 1}, \tag{1}$$

$$S_n = \frac{a_n q - a_1}{q - 1}。 \tag{2}$$

早期教科书中呈现了丰富的求和公式推导方法,可以分为错位相减法、错位相加法、乘子消项法、递推累加法、掐头去尾法、恒等式法、解析几何法和数学归纳法 8 类,各类方法的教科书数目如图 20‑6 所示。其中,有 3 种教科书采用了 2 种推导方法,1 种教科书直接给出了公式。

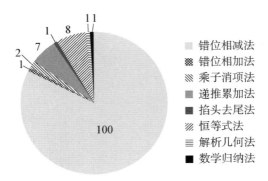

图 20 - 6　前 n 项和公式推导方法的数目

20.5.1　错位相减法

有 100 种教科书采用了错位相减法,此法是教科书中运用最广泛的推导方法。

Peacock(1842)首先将等比数列的前 n 项和表示为

$$S_n = a_1 + a_1q + \cdots + a_1q^{n-1}。 \tag{3}$$

(3)两边同乘公比,得

$$qS_n = a_1q + a_1q^2 + \cdots + a_1q^{n-1} + a_1q^n。 \tag{4}$$

若 $q > 1$,则由(4)减(3);若 $q < 1$,则由(3)减(4),即得前 n 项和公式(1)。

Peacock(1842)随后指出运用上述方法的理由:"当我们将两个数列逐项相减后,保留下来的仅有原数列的首项 a_1 与新数列的末项 a_1q^n,两数列中其他相同的项都被消去。"部分教科书通过把(3)、(4)右端的相同项对齐来表示两和式的错位,更直观地表示出消项的过程。

20.5.2　错位相加法

对错位相减法稍加改变即得错位相加法:在(3)两边同乘公比的相反数 $-q$,得

$$-qS_n = -a_1q - a_1q^2 - \cdots - a_1q^{n-1} - a_1q^n。 \tag{5}$$

(3)加(5),得 $S_n - qS_n = a_1 - a_1q^n$,即得前 n 项和公式(3)。

在和式两边同乘 q 或同乘 $-q$ 的构造看似从天而降,但其本质与初中解二元一次方程组的加减消元法并无二致,变化的只是消去和保留的项数,朴素的化简思想始终如一。

20.5.3 乘子消项法

上述两法都需要构造一个新的和式,对两式进行运算、消项。若在(3)两边同乘常数 $q-1$,得

$$(q-1)S_n = (q-1)(a_1 + a_1 q + \cdots + a_1 q^{n-1})。 \tag{6}$$

化简得

$$(q-1)S_n = a_1 q^n - a_1, \tag{7}$$

(7)两边同除以 $q-1$,即得等比数列前 n 项和公式(1)。

从乘法分配律的角度,同乘 $q-1$ 实际上是一边构造亟待消去的下一项,一边消去刚才构造的上一项,循环往复,最后只剩下 a_1 和 $a_1 q^n$ 两项,动态的消项过程隐含在单个和式里,这种一步到位的方法对学生的代数思维提出了更高的要求。

20.5.4 递推累加法

有 7 种教科书采用了先由定义递推,后由累加化简的方法推导等比数列前 n 项和公式。

由定义得

$$a_2 = a_1 q, \ a_3 = a_2 q, \ a_4 = a_3 q, \ a_5 = a_4 q, \cdots, a_n = a_{n-1} q, \tag{8}$$

将(8)中所有等式相加,得

$$a_2 + a_3 + a_4 + a_5 + \cdots + a_n = (a_1 + a_2 + a_3 + a_4 + \cdots + a_{n-1})q。 \tag{9}$$

(9)左边的 $n-1$ 项和等于 $S_n - a_1$,(9)右边括号中的 $n-1$ 项和等于 $S_n - a_n$,即

$$S_n - a_1 = (S_n - a_n)q, \tag{10}$$

合并同类项,即得前 n 项和公式(2)。

20.5.5 掐头去尾法

Harney(1840)以 $n=5$ 为例,借助等比数列通项公式,记前 5 项和

$$S_5 = a_1 + a_1 q + a_1 q^2 + a_1 q^3 + a_1 q^4。 \tag{11}$$

将(11)右边"掐"去头部,得

$$S_5 - a_1 = a_1 q + a_1 q^2 + a_1 q^3 + a_1 q^4 \text{。} \tag{12}$$

将(11)右边"去"掉尾部,得

$$S_5 - a_1 q^4 = a_1 + a_1 q + a_1 q^2 + a_1 q^3 \text{。} \tag{13}$$

比较(12)和(13),得

$$S_5 - a_1 = (S_5 - a_1 q^4) q, \tag{14}$$

合并同类项,化简,得前 5 项和 $S_5 = \dfrac{a_1 q^5 - a_1}{q - 1}$。

因为上式中 $a_1 q^5$ 是第 5 项 $a_1 q^4$ 与公比 q 的乘积,所以用 $a_1 q^{n-1}$ 代替 S_5 中的第 5 项,即得等比数列前 n 项和公式(1)。

20.5.6　恒等式法

有 8 种教科书运用多项式除法中的一个恒等式推导前 n 项和公式。Ryan(1826) 最早在用错位相减法推导公式时意识到:当 $q = 1$ 时,公式(1)中 $S_n = \dfrac{a - a}{1 - 1} = \dfrac{0}{0}$,编者以恒等式

$$\frac{1 - q^n}{1 - q} = q^{n-1} + q^{n-2} + q^{n-3} + \cdots + q + 1 \tag{15}$$

给出解释:在这种特殊情况下,符号 $\dfrac{0}{0}$ 的值应该与 na_1 相等,试图说明公式(1)的普适性。

Taylor(1843)在"多项式除法"一章中,对

$$\frac{x^n - y^n}{x - y} = x^{n-1} + x^{n-2} y + x^{n-3} y^2 + \cdots + x y^{n-2} + y^{n-1} \tag{16}$$

中的 x 取特殊值 1,y 用 q 替换,得到恒等式(15),而等比数列的和式可以写成

$$S_n = a_1 (1 + q + q^2 + \cdots + q^{n-1}), \tag{17}$$

其中,括号中的多项式与(15)右边的多项式完全相同,将(15)代入(17),即得前 n 项和公式(1)。

这一方法指出,等比数列前 n 项和的关键不在于首项,而在于公比。求解任意等

比数列的前 n 项和,化归后都是求解首项为 1、公比相同的等比数列的前 n 项和。

20.5.7　解析几何法

Smail(1931)在直角坐标系中巧妙地构造出等比数列的图像,以 $a_1 > 0$、$0 < q < 1$ 为例,先画出直线 OQ:$y = qx$,并确定 x 轴上一点 $A_1(a_1, 0)$,过点 A_1 作 y 轴平行线,交直线 OQ 于点 P_1,则 $A_1 P_1 = a_1 q$,再过点 P_1 作平行于 x 轴、长度等于 $a_1 q$ 的线段 $P_1 M_2$,…… 不断重复上述步骤,可以得到点列 $\{P_n\}$、$\{M_n\}$ 和 $\{A_n\}$,显然点 A_n 的坐标为 $(S_n, 0)$。

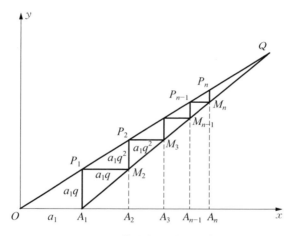

图 20 - 7　等比数列的几何表征

如图 20 - 7,因为直线 OQ 的斜率为 q,所以 $\dfrac{P_n A_n}{OA_n} = q$,又因为 $P_n A_n = S_{n+1} - a_1$,即

$$\frac{S_{n+1} - a_1}{S_n} = q,\tag{18}$$

将 $S_{n+1} = S_n + a_1 q^n$ 代入(18),移项化简,即得求和公式(1)。其他情形同理可得。

20.5.8　数学归纳法

数学归纳法并非编者在推导前 n 项和公式时的首选,他们往往将"数学归纳法"一章置于"数列"一章之后,将证明前 n 项和公式留作数学归纳法的应用。假设前 n 项和公式成立,即

$$a_1 + a_1 q + a_1 q^2 + \cdots + a_1 q^{n-1} = \frac{a_1 - a_1 q^n}{1-q}, \tag{19}$$

将(19)两边同时加上 $a_1 q^n$，得

$$a_1 + a_1 q + a_1 q^2 + \cdots + a_1 q^{n-1} + a_1 q^n$$
$$= \frac{a_1 - a_1 q^n}{1-q} + a_1 q^n$$
$$= \frac{a_1 - a_1 q^n + a_1 q^n - a_1 q^{n+1}}{1-q} \tag{20}$$
$$= \frac{a_1 - a_1 q^{n+1}}{1-q}。$$

因为(19)对 $n=1$ 同样成立，所以(19)对所有正整数 n 都成立。虽然在今天看来这并不是严格的数学归纳法，但其符合早期教科书中先归纳假设，再验证特例的顺序(方倩 & 汪晓勤，2017)。

20.5.9　推导方法的演变

除去数学归纳法，其他方法都是设法消去求和式的 $n-2$ 个中项，建立只含 3 个基本量的前 n 项和公式。由图 20 - 8 可见，早期教科书中等比数列前 n 项和公式的推导方法从多元逐渐走向单一，错位相减法在各时期内的使用频率最高，其余方法在教科书中交替出现，到 20 世纪中期错位相减法成为书中唯一呈现的方法。

19 世纪早期，递推累加法的频繁运用得益于此时期教科书对数列递推关系的重视，随后这种方法不再出现。掐头去尾法、错位相加法与乘子消项法都与错位相减法一脉同源，其中掐头去尾法用移项代替相减，错位相加法以公比的相反数为乘子从而变相减为相加，乘子消项法以公比与 1 的差作为乘子，内蕴了错位相减的过程。解析几何法的诞生可谓"无心插柳"，同样恒等式法一开始也错误地用于统一 $q \neq 1$ 和 $q = 1$ 两种情形下的求和公式，直至 20 世纪早期才作为少数教科书中的第二种方法出现。

关于 $q = 1$ 的迷思最早在 Wilczynski & Slaught(1916) 中得到解决。编者指出，和式两边同除以 $1-q$ 时除数不能为 0。这么简单的一个问题却难倒了一众数学家，由此看出分类讨论的数学思想多么地不可或缺！

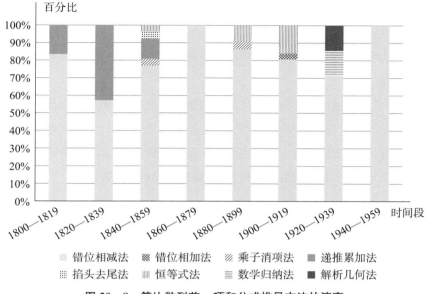

图 20 - 8 等比数列前 n 项和公式推导方法的演变

20.6 结论与启示

以上我们看到,在等比数列这一主题上,美英早期代数教科书采用了丰富的引入和定义方式以及前 n 项和公式的推导方法,这些方式或方法为今日教学带来了诸多启示。

其一,在引入并定义等比数列时,可以让学生先描述给定数列逐项之间的规律,根据历史相似性,乘法定义或除法定义都可能成为学生在概念形成过程中的语言表征。通过展示"比——比例——等比数列"的知识脉络,引导学生体会教科书采用比值定义的合理性,构建知识之谐。

其二,在推导等比数列的前 n 项和公式时,传统的错位相减法可能让学生产生"为什么在和式的等号两边同乘公比"的疑问,教师可以引导学生变换和式等号两边的乘数,探究得到错位相加法和乘子消项法,深刻地认识到同乘的目的是消去中间项,而乘数的选择也不限于公比。此外,用移项代替相减可以导出掐头去尾法,根据前后项的递推关系不仅可以导出代数上的递推累加法,还可以在坐标系中构造图像,由斜率为公比导出解析几何法,彰显方法之美。

其三，数学归纳法和恒等式法可以用来证明猜想、归纳得到的前 n 项和公式，体现数学的严谨性。虽然学生尚未学习多项式除法，但由乘除互为逆运算，启示着可以通过多项式乘法来获得所需恒等式，并用综合法证明前 n 项和公式，培养逻辑推理素养，实现能力之助。

其四，数学史的融入可以揭示等比数列的知识源流，如借助微视频技术，展现西方早期教科书中等比数列定义及求和方法的演变，通过古今对照和中西对比，体现数学文化的多元性，展示文化之魅。数学家对科学真理的热爱、追求和探索，有助于学生形成动态的数学观，体会数学背后的理性精神，最终达成德育之效。

参考文献

方倩，汪晓勤(2017).20 世纪中叶以前西方代数教科书中的数学归纳法.数学教学，(11)：1-4＋31.

汪晓勤(2017). HPM：数学史与数学教育.北京：科学出版社.

Bradbury，W. F. （1868）. *Eaton's Elementary Algebra*. Boston：Thompson，Brown & Company.

Chase，S. (1849). *A Treatise on Algebra*. New York：D. Appleton & Company.

Clarke，J. B. （1881）. *Algebra for the Use of High Schools，Academies and Colleges*. San Francisco：A. L. Bancroft & Company.

Colenso，J. W. （1849）. *The Elements of Algebra*. London：Longman & Company.

Curtis，L. J. （1978）. Concept of the exponential law prior to 1900. *American Journal of Physics*，46(9)：896-906.

Hall，T. G. (1840). *The Elements of Algebra*. London：John W. Parker.

Harney，J. H. （1840）. *An Algebra upon the Inductive Method of Instruction*. Louisville：Morton & Griswold.

Lawrence，C. D. (1853). *Elements of Algebra*. Auburn：Alden，Beardsley & Company.

Lilley，G. (1892). *The Elements of Algebra*. Boston：Silver，Burdett & Company.

Milne，W. J. (1881). *The Inductive Algebra*. New York：American Book Company.

Mitchel，O. M. （1845）. *An Elementary Treatise on Algebra*. Cincinnati：E. Morgan & Company.

Peacock，G. (1842). *A Treatise on Algebra*. Cambridge：J. & J. J. Deighton.

Ryan，J. & Adrain，R. （1826）. *An Elementary Treatise on Algebra*. New-York：Collins & Hannay.

Simpson, T. (1800). *A Treatise of Algebra*. London: L. Hanford.

Smail, L. L. (1931). *College Algebra*. New York: McGraw-Hill Book Company.

Taylor, J. M. (1889). *A College Algebra*. Boston: Allyn & Bacon.

Wilczynski, E. J. & Slaught, H. E. (1916). *College Algebra*. Boston: Allyn & Bacon.

21 排列

韩　粟[*]

21.1 引言

图 21 - 1　ICME - 14 会标

计数问题是数学中的重要研究对象之一，而排列是一类最基本的计数模型，具有便利生产生活的实用意义，如号码编排、赛事设计及电路布线等，还体现着数学的文化及应用价值，如第 14 届国际数学教育大会（ICME - 14）的会标正是以阴爻与阳爻排列而成的卦象表示了开会年份 2021（图 21 - 1）。

排列的学习能够培养学生思维的有序性和缜密性。小学阶段要求学生运用枚举、归纳等思想方法解决座位排列、书本排列等具体问题（刘晓燕，徐章韬，2017），为高中阶段学习更为抽象的排列概念和一般的排列数公式奠定了基础。《普通高中数学课程标准（2017 年版 2020 年修订）》要求"通过实例，理解排列的概念，能够利用计数原理推导排列数公式"（中华人民共和国教育部，2020），而在一些教师的教学实践中，却存在着题海战术重于原理、概念及公式教学的现象（许娟，2006），全然忽视了学生学习要熟能生巧，其"巧"必须建立在"熟"的地基之上（李士锜，1996）。此外，尽管部分教师意识到排列的教学需要革新，但也并未投入教学研究中（许娟，2006），究其原因，可能是囿于现有的教科书资源，如人教版 A 版、沪教版及苏教版均采用填空法证明排列数公式，再导出全排列数公式，但排列数公式的推导远不止一种方法（方倩，

＊ 华东师范大学教师教育学院硕士研究生。

2018),学生进行组合运算的难度顺序也是由全排列到排列(胡海霞,汪晓勤,2009),而教科书顺序却是由排列到全排列。可见,挖掘适宜的教学资源和素材,对改善排列的教学具有重要意义。

鉴于此,本章聚焦排列内容,对 19 世纪初期至 20 世纪中期出版的美英代数教科书进行考察,以尝试回答以下问题:(1)早期教科书是如何引入并定义排列概念的?(2)书中有哪些推导排列数公式的方法?(3)对今日教学有何启示?

21.2 研究方法

从有关数据库中选取 1810—1949 年间出版的 61 种美英代数教科书作为研究对象,以 20 年为一个时间段进行统计,这些教科书的出版时间分布情况如图 21 - 2 所示。

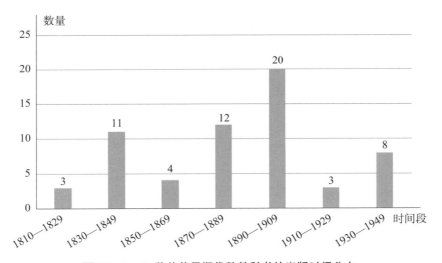

图 21 - 2　61 种美英早期代数教科书的出版时间分布

为回答研究问题(1)和(2),按年份依次检索上述 61 种教科书,从中分别摘录出排列概念的引入、定义、排列数公式及推导方法 4 个知识点的原始文本,再经内容分析,确定每一知识点的分类标准,将原始文本按标准归于不同类别,最后统计并分析每一个知识点下不同类别的数量、时间分布及演变规律。结合现行教科书和排列教学的相关文献,回答研究问题(3)。

21.3 排列的引入

由于 61 种教科书中,排列和组合的内容均出现在同一章,所以此处讨论的引入多为对排列和组合的整体引入。除直接呈现概念外,早期代数教科书中排列的引入方式可分成字母排序引入、二项式系数引入、计数问题引入和计数原理引入 4 类。

21.3.1 字母排序引入

大多数早期代数教科书以简单的英文字母排序引入排列概念,例如,3 个字母 a、b、c 可以以 abc、acb、bac、bca、cab、cba 这 6 种方式排列,而从 3 个字母中选择 2 个字母进行排列的方式有 ab、ba、ac、ca、bc、cb 这 6 种 (Dickson,1902,p. 85)。这可以上溯到公元 8 世纪,伊斯兰词典编纂者计算了排列阿拉伯字母可组成的单词的个数 (Katz,1998,pp. 263—264),而进入 19 至 20 世纪,Wilczynski & Slaught(1916)指出:"排列组合中,不同字母具有表示不同数、人、动物乃至任意类元素等更广泛的符号代数意义。"

21.3.2 二项式系数引入

欧拉在《代数基础》中提出:"组合理论可以用于确定二项式定理中的系数,从中导出一个单独的组合数公式是有益的。"(Euler,1810,p. 170)紧接着欧拉辨析了排列和组合的区别。Sestini(1855)则在指出"二项式系数可以表示若干个不同量的组合数"后,引入并讨论了排列与组合。

21.3.3 计数问题引入

部分教科书以数学内、外部的计数问题引入排列组合,例如,Fisher & Schwatt (1899)以"4、5、6 三个数字能组成哪些两位数"和"A、B、C 三个人能组成哪些两人委员会"引入考虑顺序的排列概念和不考虑顺序的组合概念,引入的问题也起到了概念辨析之用。

21.3.4 计数原理引入

与今日教科书无一例外地以两类计数原理为排列组合的前一节内容不同,在所考察的早期代数教科书中,最早提出乘法原理的是 Wentworth(1881)。所有教科书均未提到加法原理,所以乘法原理又被称为基本原理,这一现象与我国人教版教科书中计数原理内容设置之变迁(1951—2004)大致相符(韩豆豆,2019),说明无论东西方,计数原理,尤其是加法原理,它们的明确提出都晚于排列组合。计数原理可以看作是教科书编者从计数问题中提炼出的不证自明的前提,他们意识到:若以这一前提为基础,学生可以更条理分明地进行组合推理。这也与我国当前课程标准的教学要求相符。

早期代数教科书中乘法原理的陈述多为"如果做第一件事有 m 种方式,做第二件事有 n 种方式,那么做这两件事便有 mn 种方式",很少推广到更一般的情况,而直观的图示(图 21 - 3)有助于学生形象地理解乘法原理,同时也能很好地引入排列内容,如启发学生借助树状图枚举具体的排列等。

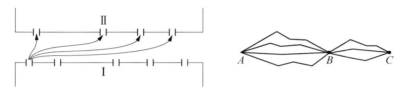

图 21 - 3　早期代数教科书中乘法原理的直观图示

21.4　排列的定义

对早期代数教科书中排列定义的讨论,可以分 3 类情况展开:仅定义排列;先定义全排列,再定义排列;先定义组合与全排列,再定义排列。

21.4.1　仅定义排列

Loomis(1846)定义"量被排列的不同顺序称为它们的排列(permutations)",而同时期,Bridge 等(1848)定义"排列是指当任意个量 2 个 2 个一起,3 个 3 个一起……时,它们的顺序所能发生变化(changes)的数量"。前者比较简洁,但偏口语化;后者尽管详细,但却混淆了排列和排列数,也忽略了取出量为 1 的情形。之后,Docharty(1852)进一步给出如下排列定义:"任意个量的排列是指这些量相对于它们的顺序所发生的变化",并通过简单例证,指出这些量既可以是全部的量,也可以是部分的量。

此外,Hill(1857)从字母书写顺序的角度,给出排列定义如下:"排列是指从 n 个字母中分别选取 1，2，3，…，n 个字母书写得到的结果，每一种情形中，字母书写的顺序都彼此不同，例如，对 3 个字母 a、b、c 的排列，当选取 1 个字母并按顺序书写时，排列为'a，b，c'；当选取 2 个字母时，排列为'ab，ac，ba，bc，ca，cb'；当选取 3 个字母时，排列为'abc，acb，bac，bca，cba，cab'。"

21.4.2　先定义全排列，再定义排列

Clarke（1881）从名称和符号上区分了全排列（permutations）和排列（arrangements），先定义全排列是"一些物品按所有可能的顺序放置的结果，每一件物品能且仅能在每个结果中出现一次"，并记"n 件物品全排列的个数为 $\overset{}{\underset{n}{P}}$"。接着，定义排列是"将一些物品分成 1 个 1 个，2 个 2 个，3 个 3 个，……，m 个 m 个，再将它们分别按所有可能的顺序放置的结果"，并记"从 n 件物品中取出 m 件的排列数为 $\overset{m}{\underset{n}{A}}$"。Newcomb(1881)在全排列的基础上，定义了由部分元素构成集合的排列（permutations of sets）："当全排列仅由 n 个中的 m 个组成时，称为从 n 个中取出 m 个的排列。"这与人教社 1954 年的教科书编译本中定义"选排列"的做法不谋而合。

21.4.3　先定义组合与全排列，再定义排列

Olney(1873)另辟蹊径，先定义组合（combinations）是"从 n 件物品中取出 m 件（$m \leqslant n$）所组成的不同的组"，而全排列是"物品间一个接一个的不同顺序"，由此定义"排列是组合的全排列"（arrangments are permutations of combinations）。这一定义体现出解排列组合问题中"先选后排"的思路。

21.4.4　讨论

人教版 A 版及苏教版教科书对排列的定义均为："一般地，从 n 个不同元素中取出 $m(m \leqslant n)$ 个元素，并按照一定的顺序排成一列，叫做从 n 个不同元素中取出 m 个元素的一个排列。"苏教版教科书还补充了"如无特殊说明，取出的 m 个元素都是不重复的"，而沪教版教科书中未有"按照一定的顺序"这一表述。这三种现行教科书都在排列的基础上定义了全排列是"n 个不同元素全部取出的一个排列"。

经比较可知，美英早期代数教科书中对排列的定义与我国现行乃至新中国成立以来的数学教科书都不尽相同。首先，前者多数在定义中强调"所有不同的顺序"，而后者

的提法多为"按照一定顺序排成的一列"。然后,前者很少在定义中明确总体(n)和取出部分(m)中元素的互异性,仅个别教科书在定义后补充表示:"在没有特别说明的情况下,排列或组合中的物品都应被理解为不同的物品。"(Marsh,1905,pp. 362—364)这是因为许多早期教科书研究了重复排列和物品有相同时的排列问题,而我国自1978年数学教学大纲起便彻底删去了物品有相同时的排列,到1985年数学教学大纲又彻底删去了重复排列。以使用最广泛的人教版教科书为例,1951年版教科书中备注说明了"字母 a,b,$\cdots$,k 各不相同,而任何字母之重复在组合及排列中皆不允许",自1964年版教科书起"不同"开始作为排列定义中"元素"一词的定语(韩豆豆,2019),并沿用至今。

最后,对于一些早期代数教科书将 permutations 一词限制在取出全部元素的情况,而将取出部分元素的情况以 arrangements 称谓,Venable(1872)认为这些区别并不总是存在的,两种情况都可以兼用 permutations 一词;而我国现行教科书中,除沪教版教科书基于 permutation 的首字母 p,将排列数用 P_n^m 表示外,其余版本均用 A_n^m 表示排列数。

21.5　排列数公式推导

统一记从 n 个不同元素中取出 m 个元素的排列数为 A_n^m,则有61种教科书中的排列数公式为

$$\mathrm{A}_n^m = n(n-1)(n-2)\cdot\cdots\cdot(n-m+1)。 \tag{1}$$

引入阶乘(factorial)后,(1)还可以改写成

$$\mathrm{A}_n^m = \frac{n!}{(n-m)!}。 \tag{2}$$

早期代数教科书中呈现了丰富的公式推导方法,可以分为递推法、迭代法、热尔松法、插空法、填空法和归纳法6类,各类方法的频数分布情况如图21-4所示。其中1种教科书用2种方法分别推导了全排列数公式(即 n 的阶乘)和排列数公式,1种教科书不加推导地给出了排列数公式。

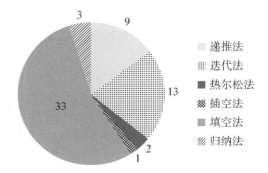

图 21-4　排列数公式推导方法的频数分布

21.5.1 递推法

有 9 种教科书采用了递推法。例如,Boyd(1901)先将从 a_1,a_2,$\cdots$,a_n 共 n 个元素中分别取出 1 个、2 个、3 个元素的所有排列对应构造成 1 行 n 列、n 行 $n-1$ 列、$n(n-1)$ 行 $n-2$ 列的矩阵(图 21 - 5 所示为从 n 个元素中取出 2 个元素的所有排列构成的矩阵)。

$$a_1a_2, \quad a_1a_3, \quad a_1a_4, \quad \cdots, \quad a_1a_{n-1}, \quad a_1a_n$$

$$a_2a_1, \quad a_2a_3, \quad a_2a_4, \quad \cdots, \quad a_2a_{n-1}, \quad a_2a_n$$

$$a_3a_1, \quad a_3a_2, \quad a_3a_4, \quad \cdots, \quad a_3a_{n-1}, \quad a_3a_n$$

$$\cdots \quad\quad \cdots \quad\quad \cdots \quad\quad \cdots \quad\quad \cdots \quad\quad \cdots$$

$$\cdots \quad\quad \cdots \quad\quad \cdots \quad\quad \cdots \quad\quad \cdots \quad\quad \cdots$$

$$a_na_1, \quad a_na_2, \quad a_na_3, \quad \cdots, \quad a_na_{n-2}, \quad a_na_{n-1}$$

图 21 - 5　从 n 个元素中取出 2 个元素的所有排列构成的矩阵

易得:每个矩阵中的元素总数即为对应的排列数 $A_n^1 = n$,$A_n^2 = n(n-1)$,$A_n^3 = n(n-1)(n-2)$,假设已经从 n 个元素中取出 $r-1$ 个元素进行了排列,则剩下的 $n-(r-1)=n-r+1$ 个元素都可以依次放在上述每个排列后充当第 r 个取出的元素,因此每个"旧"排列都可以对应产生 $n-r+1$ 个"新"排列,即有

$$A_n^r = (n-r+1)A_n^{r-1}。 \tag{3}$$

对(3)中的 r 连续赋值 2,3,$\cdots$,m,得到 $A_n^2 = (n-1)A_n^1$,$A_n^3 = (n-2)A_n^2$,$\cdots$,$A_n^m = (n-m+1)A_n^{m-1}$,将它们累乘,得到

$$A_n^2 A_n^3 A_n^4 \cdot \cdots \cdot A_n^m = A_n^1 A_n^2 A_n^3 \cdot \cdots \cdot A_n^{m-1}(n-1)(n-2) \cdot \cdots \cdot (n-m+1), \tag{4}$$

除以两边相同的因子,再由 $A_n^1 = n$ 便可以得到排列数公式(1)。

21.5.2 迭代法

有 13 种教科书采用了迭代法,推导过程如下:

(1) 当 n 个元素 1 个 1 个取时,显然排列数就等于 n。

(2) 当 n 个元素 2 个 2 个取时,考虑 a_1 可以被接连放在 a_2,a_3,$\cdots$,a_n 之前,形成 $n-1$ 个排列;同理,a_2 可以被接连放在 a_1,a_3,$\cdots$,a_n 之前,形成 $n-1$ 个与前面不同

的排列。因此，a_3，a_4，$\cdots$，a_n 都可以被接连放在其他元素之前，各自形成 $n-1$ 个新的排列。所以，当 n 个元素 2 个 2 个取时，排列数等于 $n(n-1)$。

（3）当 n 个元素 3 个 3 个取时，若先取出 a_1 放在首位，则将推导过程（2）中的 n 用 $n-1$ 代替，得到剩下 $n-1$ 个元素 2 个 2 个取的排列数等于 $(n-1)(n-2)$；同理，a_2，a_3，$\cdots$，a_n 都可以被先取出放在首位，相应剩下的 $n-1$ 个元素 2 个 2 个的排列数仍等于 $(n-1)(n-2)$。所以，当 n 个元素 3 个 3 个取时，排列数等于 $n(n-1)(n-2)$。

由上述过程，可以归纳出：当 n 个元素 m 个 m 个取时，即从 n 个元素中取出 m 个元素的排列数等于 $n(n-1)(n-2) \cdot \cdots \cdot (n-m+1)$。继续下去，当 n 个元素全部取出时，排列数等于所有自然数的乘积 $n(n-1)(n-2) \cdot \cdots \cdot 3 \times 2 \times 1$。

由迭代法推导排列数公式的关键在于：要求从 n 个元素中取出 r 个元素的排列数，则用 $n-1$ 代替上一步的 n，得到从 $n-1$ 个元素中取出 $r-1$ 个元素的排列数，然后乘以元素总数 n。不难发现，这正是排列数的性质之一

$$\mathrm{A}_n^r = n\mathrm{A}_{n-1}^{r-1} 。 \tag{5}$$

21.5.3　热尔松法

有 2 种教科书采用了 14 世纪法国犹太数学家本·热尔松（Levi ben Gerson，1288—1344）在《数之书》中的证明方法（汪晓勤，韩祥临，2002，pp. 82—83），用今天常用的数学语言复述如下：

（1）证明命题 1——"n 个不同元素的排列数等于 $n-1$ 个不同元素的排列数与 n 的乘积（即 $\mathrm{A}_n^n = n\mathrm{A}_{n-1}^{n-1}$）"成立，累乘或者赋值、迭代，都可得到全排列数公式

$$\mathrm{A}_n^n = 1 \times 2 \times 3 \cdot \cdots \cdot (n-1)n = n! 。 \tag{6}$$

（2）依次证明命题 2——"从 n 个不同元素中取出 2 个元素的排列数等于 $n(n-1)$"和命题 3——"从 n 个不同元素中取出 m 个元素的排列数等于从 n 个不同元素中取出 $(m-1)$ 个元素的排列数与 $(n-m+1)$ 的乘积"，即 $\mathrm{A}_n^2 = n(n-1)$ 和 $\mathrm{A}_n^m = (n-m+1)\mathrm{A}_n^{m-1}$，累乘或者赋值、迭代，即得排列数公式（1）。

实际上，由公式（3）和（5），可以将热尔松的方法视为迭代法和递推法的"组合"，由迭代法证明全排列数公式，由递推法证明排列数公式，而两种方法都可以独立地推导出全排列数公式和排列数公式，因此，热尔松法稍显繁琐，很少被教科书采用。

21.5.4 插空法

Chase(1849)采用在元素间插空的方法推导了全排列数公式。

（1）先确定 a_1，则 a_2 可放在 a_1 之后或之前，即 a_1a_2 或 a_2a_1，因此 2 个元素的全排列数为 $1\times 2=2$；

（2）引入 a_3，它在由 2 个元素 a_1 和 a_2 构成的全排列中，都有 3 个位置可放，因此 3 个元素的全排列数为 $1\times 2\times 3=6$。

依此类推，当引入第 n 个元素 a_n 时，它在由 $n-1$ 个元素构成的全排列中，都有 n 个位置可放。综上，得到 n 个元素的全排列数公式(6)。 插空法也常用于解决元素不相邻的排列组合问题。

21.5.5 填空法

填空法是早期代数教科书中推导排列数公式运用最广泛的方法，也是我国现行教科书中的推导方法。Marsh(1905)指出，求从 n 个不同元素中取出 r 个元素的排列数等价于求用 n 个不同的物体填满 r 个不同位置的方法数。

第一个位置可以填 n 个中的任意 1 个，所以有 n 种填法；第二个位置可以填剩下 $n-1$ 个中的任意 1 个，所以有 $n-1$ 种填法；依此类推，见表 21-1，第 3，4，$\cdots$，r 个位置分别有 $n-2$，$n-3$，$\cdots$，$n-(r-1)$ 种填法。所以由乘法原理，填满 r 个不同位置的方法数为

$$n(n-1)(n-2)\bullet\cdots\bullet(n-r+1),$$

即证得排列数公式(1)。

表 21-1 填空法

位置	第 1 个	第 2 个	第 3 个	第 4 个	$\cdots$	第 r 个
填法	n	$n-1$	$n-2$	$n-3$	$\cdots$	$n-(r-1)$

21.5.6 归纳法

在运用归纳法的 3 种教科书中，1 种运用了不完全归纳法，其余 2 种运用了数学归纳法。

Durell(1897)根据从 4 个不同元素中取出 2 个元素的排列数为 $4\times 3=12$，类比得到从 n 个不同元素中取出 2 个元素的排列数为 $n(n-1)$，进一步由不完全归纳法得到

从 n 个不同元素中取出 m 个元素的排列数为 $n(n-1)(n-2)\cdot\cdots\cdot(n-m+1)$。

Hawkes(1905)先由特殊的排列数计算式,猜想在一般情况下,从 n 个不同元素中取出 m 个元素的排列数为公式(1),再用数学归纳法证明如下:

(1) 令 $m=1$,显然从 n 个元素中取出 1 个元素的排列数为 n;令 $m=2$,则取出 2 个元素来排列,第 1 个位置的填法有 n 种,第 2 个位置的填法有 $n-1$ 种,所以从 n 个元素中取出 2 个元素的排列数为 $n(n-1)$。

(2) 假设公式(1)对 $m=k$ 时成立,即 $A_n^k=n(n-1)(n-2)\cdot\cdots\cdot(n-k+1)$,则当 $m=k+1$ 时,由假设前 k 个位置的填法有 $n(n-1)(n-2)\cdot\cdots\cdot(n-k+1)$ 种,此时剩下 $n-k$ 个元素,所以第 $k+1$ 个位置就有 $n-k$ 种填法,所以由乘法原理,从 n 个不同元素中取 $k+1$ 个元素的排列数等于 $n(n-1)(n-2)\cdot\cdots\cdot(n-k+1)(n-k)$,即 A_n^{k+1}。

由证明过程(1)和(2),排列数公式(1)得证。

21.5.7 推导方法的演变

1810—1949 这 140 年间 6 种推导排列数公式(包括全排列数公式)的方法在各时期内的分布情况如图 21-6 所示。由图可见,早期代数教科书中排列数公式的推导方法呈现"从单一到多元,最终回归单一"的演变趋势。19 世纪初期迭代法独占鳌头,随着时间的推移,其余 5 种方法交替出现,到 20 世纪中期,填空法最终成为早期代数教科书中唯一呈现的方法,并沿用至今。

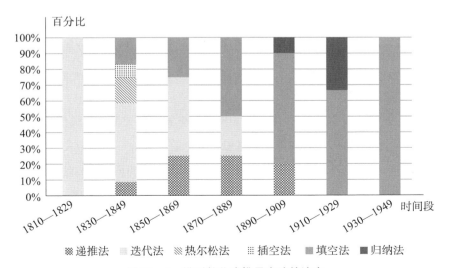

图 21-6 排列数公式推导方法的演变

迭代法、递推法和填空法作为早期代数教科书中出现频率最高的 3 种推导方法，前两种实际上分别体现了排列数具有的 $A_n^r = n A_{n-1}^{r-1}$ 和 $A_n^r = (n-r+1)A_n^{r-1}$ 两个性质，虽然在代数推理上并不困难，但从排列是"排成一列"的角度，它们不如填空法直观形象；自 19 世纪末期起，乘法原理开始出现在教科书中，而填空法正反映出从 n 个不同元素中取出 m 个元素来排列的这一事件可分为 m 步完成，所以由乘法原理，运用填空法更可谓水到渠成。此外，推导方法之一的归纳法从不完全归纳法到数学归纳法的转变，也体现了早期代数教科书中证明方法日臻完善的过程（方倩，汪晓勤，2017）。

21.6 结论与启示

综上所述，美英早期代数教科书中有 4 种引入排列组合内容的方式，分别为字母排序引入、二项式系数引入、计数问题引入和计数原理引入。在对排列概念的定义上，早期代数教科书中的定义允许存在重复排列和物品有相同时的排列，这与我国教科书大相径庭。最后，早期代数教科书中有着丰富的排列数公式推导方法，包括递推法、迭代法、热尔松法、插空法、填空法和归纳法。以上种种为今日教学带来了诸多启示。

其一，在引入并定义排列概念时，可以让学生先依据自己的生活经验和学习经验进行描述，从易到难地解决一些特殊计数问题，逐步经历排列概念从具体到抽象、从特殊到一般的形成过程。课堂上的计数问题不仅可以来源于生活，也可以来源于数学史，如古希腊哲学家克里希普（Chrysippus，前 280—前 206）的公理排列问题，法国数学家布丢（J. Buteo，16 世纪）的组合锁问题（汪晓勤，韩祥临，2002，pp. 210—212），印度数学家婆什迦罗（Bhaskara，1114—1185）的散卜神手握物品问题，等等（Katz，1998，p. 230），增加课堂的趣味性和人文性。

其二，在推导排列数公式时，填空法无疑是历史和现实交汇出的最佳选择，但其他方法中蕴含的递推、迭代及归纳等数学思想在学生的数学学习中也至关重要。研究表明，教师教学和组合运算对学生的组合推理有显著影响（胡海霞，汪晓勤，2009）。从 HPM 视角，教师可以运用重构式，让学生基于排列数公式的推导解释排列数的性质 $A_n^r = n A_{n-1}^{r-1}$ 和 $A_n^r = (n-r+1)A_n^{r-1}$；也可以运用顺应式，先让学生猜想排列数公式，自主探究其推导方法，然后进行古今对照，体会方法之间的异同及乘法原理的基石作用，营造探究之乐，彰显方法之美，实现能力之助。

参考文献

方倩(2018). HPM 视角下排列、组合和二项式定理的课例研究. 华东师范大学.

方倩,汪晓勤(2017). 20 世纪中叶以前西方代数教科书中的数学归纳法. 数学教学,(11)：1－4＋31.

韩豆豆(2019). 高中排列组合内容设置之变迁研究(1951—2004 年). 内蒙古师范大学.

胡海霞,汪晓勤(2009). 影响高中生组合推理的因素. 数学教育学报,18(6)：26－29.

李士锜(1996). 熟能生巧吗. 数学教育学报,5(03)：46－50.

刘晓燕,徐章韬(2017). 小学数学教科书中"组合问题"的编排. 数学教育学报,26(03)：68－72.

汪晓勤,韩祥临(2002). 中学数学中的数学史. 北京：科学出版社.

许娟(2006). 高中排列组合的教学研究与实践. 西北师范大学.

中华人民共和国教育部(2020). 普通高中数学课程标准(2017 年版 2020 年修订). 北京：人民教育出版社.

Boyd, J. H. (1901). *College Algebra*. Chicago：Scott, Foresman & Company.

Bridge, B., Phillips, J. M. & Atkinson, T. (1848). *An Elementary Treatise on Algebra*. London：A. Scott.

Chase, S. (1849). *A Treatise on Algebra*. New York：D. Appleton & Company.

Clarke, J. B. (1881). *Algebra for the Use of High Schools, Academies and Colleges*. San Francisco：A. L. Bancroft & Company.

Dickson, L. E. (1902). *College Algebra*. New York：John Wiley & Sons.

Docharty, G. B. (1852). *The Institutes of Algebra*. New York：Harper & Brothers.

Durell, F. & Robbins, E. R. (1897). *A School Algebra Complete*. New York：Charles E. Merrill Company.

Euler, L. (1810). *Elements of Algebra*. London：J. Johnson & Company.

Fisher, G. E. & Schwatt, I. J. (1899). *Elements of Algebra*. New York：The Macmillan Company.

Hawkes, H. E. (1905). *Advanced Algebra*. Boston：Ginn & Company.

Hill, D. H. (1857). *Elements of Algebra*. Philadelphia：J. B. Lippincott & Company.

Katz, V. J. (1998). *A History of Mathematics：An Introduction*. Massachusetts：Addison-Wesley.

Loomis, E. (1846). *A Treatise on Algebra*. New York：Harper & Brothers.

Marsh, W. R. (1905). *Elementary Algebra*. New York：Charles Scribner's Sons.

Newcomb, S. (1881). *Algebra for Schools and Colleges*. New York：Henry Holt &

Company.

Olney, E. (1873). *A University Algebra*. New York: Sheldon & Company.

Sestini, B. (1855). *A Treatise on Algebra*. Baltimore: J. Murphy & Company.

Venable, C. S. (1872). *An Elementary Algebra*. New York: University Publishing Company.

Wentworth, G. A. (1881). *Elements of Algebra*. Boston: Ginn & Heath.

Wilczynski, E. J. & Slaught, H. E. (1916). *College Algebra*. Boston: Allyn & Bacon.

22 组合

韩 粟[*]

22.1 引言

　　组合问题伴随着人类的计数需要而产生，是现代组合数学研究的起源之一。最早人们通过枚举来解决一些数值较小的组合问题，然后逐渐归纳出一些特殊的组合数公式，再推导得到一般的组合数公式、性质及更多的组合恒等式，直至 17 世纪，法国数学家帕斯卡(B. Pascal，1623—1662)和英国数学家沃利斯(J. Wallis，1616—1703)才正式提出"组合"(combination)这一术语(汪晓勤，韩祥临，2002，p. 213)。

　　排列组合是高中数学课程中公认的既难教又难学的内容。《普通高中数学课程标准(2017 年版 2020 年修订)》要求"通过实例，理解组合的概念，能够利用计数原理推导组合数公式"(中华人民共和国教育部，2020)，与排列内容的要求完全一致。Batanero 等(1997)最早系统地研究了学生解排列组合问题的错误类型，研究表明，混淆排列与组合导致的顺序错误是学生最常见的错误类型之一(Batanero，Godino & Navarro-Pelayo，1997)这一结果也得到了其他研究的印证(胡海霞，2006；沈金兴，2006)。教学中，由于排列在前，组合在后，因此，学生错误的起点很可能是在学习组合概念时未能理解其与排列概念的本质区别。此外，记错组合数公式也是常见的错误类型(Batanero，Godino & Navarro-Pelayo，1997)。为了消除学生学习组合的障碍，有研究者尝试从 HPM 视角进行课例研究(方倩，2018)，尽管作了革新组合教学的尝试，但史料运用"广而不深"，未能充分体现数学史的教育价值。可见，为了开展 HPM 视角下的组合课例研究，还需挖掘更适切的历史素材，使其更好地服务于教学。

　　鉴于此，本章聚焦组合内容，对 19 世纪初期至 20 世纪中期出版的美英代数教科

---

* 华东师范大学教师教育学院硕士研究生。

257

书进行考察,以试图回答以下问题:(1)早期代数教科书是如何引入并定义组合概念的?(2)有哪些推导组合数公式的方法?(3)对今日教学有何启示?

22.2 研究方法

从相关数据库中选取 1810—1949 年出版的 61 种美英代数教科书作为研究对象,以 20 年为一个时间段进行统计,这些教科书的出版时间分布情况如图 22-1 所示。

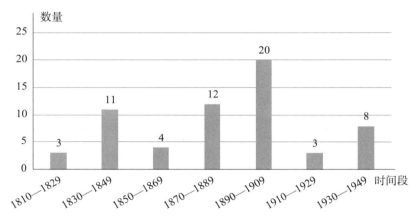

图 22-1 61 种美英早期代数教科书的出版时间分布

为回答研究问题(1)和(2),按年份依次检索上述 61 种早期代数教科书,从中分别摘录出组合概念的引入、定义、组合数公式及推导方法 4 个知识点的原始文本,再经内容分析,确定每一个知识点的分类标准,将原始文本按标准归于不同类别,最后统计并分析每一个知识点下不同类别的数量、时间分布及演变规律。结合现行教科书和组合教学的相关文献,回答研究问题(3)。

22.3 组合概念的引入与定义

22.3.1 引入

除直接呈现概念外,早期代数教科书中组合概念的引入方式可分成二项式系数引入、计数问题引入和计数原理引入 3 类,具体见表 22-1。

表 22‑1　早期代数教科书中组合概念的引入方式

类别	具体内容	代表性教科书
二项式系数引入	组合理论可以确定二项式定理中的系数,从中导出一个单独的组合数公式是有益的。	Euler(1810)
计数问题引入	问题1:写下4、5、6三个数字能组成的所有两位数。 问题2:A、B、C三个人能组成哪些二人委员会? 两个问题明确了从一定数量的物品中选取出一部分的方式的区别,一种是考虑顺序,如问题1;一种是不考虑顺序,如问题2。	Fisher & Schwatt(1899)
计数原理引入	在直接讨论本章的主题之前,我们必须回答这样一个问题:如果完成第一件事有 p 种方式,完成第二件事有 q 种方式,那么连续完成这两件事一共有多少种不同的方式? 假设……这就导出了以下基本原理:如果完成第一件事有 p 种方式,完成第二件事有 q 种方式,那么连续完成这两件事一共有 pq 种不同的方式。当然第二件事的完成与第一件事是完全独立的。	Hawkes(1905)

22.3.2　定义

早期代数教科书中组合概念的定义可以大致分为 3 类:基于排列(arrangements)的定义,基于集(组)(groups/sets/collections/selections)的定义,基于选择方法(ways)的定义,具体见表 22‑2。

表 22‑2　早期代数教科书中的组合定义

类别	具体内容	代表性教科书
基于排列的定义	组合是指任意两个排列之间至少相差一个字母的排列方式。	Bourdon(1831)
基于集(组)的定义	组合是指任意数个数的量组成的不同集,而无需考虑它们的排列顺序。	Loomis(1846)
基于选择方法的定义	从 n 件物品中选择 r 件的不同方法,不考虑选择或排列的顺序,称为从 n 件物品中选取 r 件的组合。	Smith(1895)

22.3.3　讨论

在排列组合内容的编排上,美英早期代数教科书并未完全采用我国今日教科书中"计数原理——排列——组合——二项式定理"的顺序。例如,一些早期代数教科书并未分节呈现排列和组合内容,组合概念紧接在排列概念后;乘法原理直至 1881 年才出现在温特沃斯(G. A. Wentworth,1835—1906)编写的《代数基础》中,且被视为唯一的计数原理。在概念引入上,早期教科书的处理并不如今日教科书那样细致入微。例如,今日教科书将计数原理贯穿始终,对照引入排列的计数问题设计引入组合的计数问题等,而 19 世纪的教科书多为开门见山地呈现组合概念,少数以计数问题引入,极少数教科书以二项式系数引入。到了 20 世纪,计数原理引入才逐渐成为主流方式,并多被作为引言或第一节内容,辅以一些简单的计数问题。这说明编者意识到计数原理是排列组合中不证自明的前提,它有助于学生理解并顺利进行组合推理,而简单计数问题能帮助学生逐步地完成从特殊到一般的过渡。

在组合的定义上,Bourdon(1831)先定义排列是"将 m 个字母 2 个 2 个地、3 个 3 个地、4 个 4 个地……m 个 m 个地以各种可能的顺序一个接一个地写出来的结果",再如表 22-2 所示,基于排列提出了一个非常抽象的组合定义,尽管凸显了组合中元素的互异性,但是却使组合概念不必要地依附于排列概念。

基于集(组)的定义和基于选择方法的定义都比较直观,易于理解,且强调了无需考虑元素的排列顺序,而今日教科书中组合的定义——"一般地,从 n 个不同元素中取出 $m(m \leqslant n)$ 个元素作为一组,叫做从 n 个不同元素中取出 m 个元素的一个组合"可以视作二者的融合,但未指明元素的无序性,而是在定义后对排列与组合的辨析中加以强调。

22.4 组合数公式的推导

统一记从 n 个不同元素中取出 m 个元素的组合数为 C_n^m,则所考察的 61 种教科书中的组合数公式为

$$\mathrm{C}_n^m = \frac{n(n-1)(n-2) \cdot \cdots \cdot (n-m+1)}{1 \times 2 \times 3 \cdot \cdots \cdot (m-1)m}。 \tag{1}$$

由排列数公式

$$\mathrm{A}_n^m = n(n-1)(n-2) \cdot \cdots \cdot (n-m+1), \tag{2}$$

(1)可以改写成

$$\mathrm{C}_n^m = \frac{\mathrm{A}_n^m}{\mathrm{A}_m^m}; \tag{3}$$

由阶乘符号,(1)还可以表示成

$$C_n^m = \frac{n!}{m!\,(n-m)!}。 \tag{4}$$

不同于排列数公式,组合数公式的推导仅有 4 种,分别为化异为同法、对应关系法、迭代法和差分法。仅有 1 种教科书采用化异为同法,1 种采用迭代法,1 种采用差分法,其余 58 种无一例外地采用了对应关系法。

22.4.1 化异为同法

欧拉在《代数基础》一书中,由含有相同元素的排列数计算公式,推导了组合数公式。

已知 n 个不同元素的排列数为 $n(n-1)(n-2)\cdot\cdots\cdot3\times2\times1$,假设现有 m 个元素相同,则排列数减少至

$$\frac{n(n-1)(n-2)\cdot\cdots\cdot3\times2\times1}{m(m-1)\cdot\cdots\cdot3\times2\times1}, \tag{5}$$

(5)即为含有 m 个相同元素、其余元素均不同的 n 个元素的排列数。

现在要求从 n 个不同元素中取出 m 个元素的组合数,已知其排列数由(2)给出,假设有 m 个元素相同,则等价于不考虑它们的排列顺序,所以要求的组合数应等于 $\frac{n(n-1)(n-2)\cdot\cdots\cdot(n-m+1)}{m(m-1)\cdot\cdots\cdot3\times2\times1}$,即得组合数公式(1)。

可以看到,欧拉的这一方法是基于将不同的元素假设为相同的元素,且建立的等量关系式为要求的组合数等于某一种排列数,对学生来说难以理解,易于将两者混淆起来。由于我国早在 1978 年就在数学教学大纲中彻底删去了物品有相同时的排列(韩豆豆,2019),因此这一方法并不适用于今日教学。

22.4.2 对应关系法

人教版 A 版教科书在推导组合数公式前,以从 3 个不同元素中取出 2 个元素为例,指出"以'元素相同'为标准分类,就可以建立起排列和组合之间的对应关系……进一步地,能否从这种对应关系出发,由排列数求出组合数?"据此,将由排列数推导组合数公式的方法统称为对应关系法,具体又可以细分为以下 3 种形式。

(一)倍数关系

在乘法原理尚未登场前,早期代数教科书多考虑排列数和组合数之间的倍数关

系。如 Wood(1815)首先证明：从 n 个元素中 2 个 2 个取的组合数为 $\dfrac{n(n-1)}{2}$，3 个 3 个取的组合数为 $\dfrac{n(n-1)(n-2)}{3\times2}$。

由于 n 个元素中 2 个 2 个取的排列数为 $n(n-1)$，但是每一个组合，如 ab，包含两个排列 ab、ba，所以排列数是组合数的两倍，即 n 个元素中 2 个 2 个取的组合数为 $\dfrac{n(n-1)}{2}$；同理，3 个 3 个取的排列数为 $n(n-1)(n-2)$，但是每个组合包含 $3\times2\times1$ 个排列，所以排列数是组合数的 $3\times2\times1$ 倍，即 n 个元素中 3 个 3 个取的组合数为 $\dfrac{n(n-1)(n-2)}{3\times2\times1}$。

由上，可得推论如下：

从 n 个元素中取出 m 个元素的组合数为 $\dfrac{n(n-1)(n-2)\cdot\cdots\cdot(n-m+1)}{m(m-1)\cdot\cdots\cdot3\times2\times1}$，即组合数公式(1)。

(二) 乘 法 原 理

自乘法原理位于排列组合章的章首开始，越来越多的早期教科书通过分两步叙述排列数公式的推导过程来获得组合数公式，如 Knebelman & Thomas(1942)指出，为求组合数 C_n^m 的表达式，考虑从 n 个元素中取出 m 个元素的排列是如何构造的：

(1) 从 n 个元素中不计顺序地取出 m 个元素，有 C_n^m 种方法；

(2) 每 m 个元素都有 A_m^m 种排列方法，

所以对应的排列数

$$A_n^m = C_n^m A_m^m。$$

因此组合数

$$C_n^m = \frac{A_n^m}{A_m^m} = \frac{n(n-1)\cdot\cdots\cdot(n-m+1)}{m!} = \frac{n!}{m!(n-m)!}。$$

(三) 递 推 累 乘

有 2 种教科书采用了基于对应关系但不同于上述两种形式的方法。记从 n 个元素中取出 m 个元素的排列数为 X，m 个元素的全排列数为 Y，从 n 个元素中取出 m 个元素的组合数为 Z，则与上面同理，易得 X、Y、Z 满足关系式 $X=YZ$，即 $Z=\dfrac{X}{Y}$。

又由排列数公式,记

$$X = n(n-1)(n-2) \cdot \cdots \cdot (n-m+2)(n-m+1) = P(n-m+1),$$

$$Y = 1 \times 2 \times 3 \cdot \cdots \cdot (m-1)m = Qm,$$

即得

$$Z = \frac{P(n-m+1)}{Qm} = \frac{P}{Q} \cdot \frac{(n-m+1)}{m}。 \tag{6}$$

由 $P = n(n-1)(n-2) \cdot \cdots \cdot (n-m+2)$,$Q = 1 \times 2 \times 3 \cdot \cdots \cdot (m-1)$,可知 $\dfrac{P}{Q}$ 表示从 n 个元素中取出 $m-1$ 个元素的组合数。

(1) 令 $m=2$,则 $\dfrac{P}{Q}$ 表示从 n 个元素中取出 1 个元素的组合数,显然等于 n,所以代入(6),得从 n 个元素中取出 2 个元素的组合数 $Z = n \cdot \dfrac{(n-1)}{2}$;

(2) 令 $m=3$,则 $\dfrac{P}{Q}$ 表示从 n 个元素中取出 2 个元素的组合数,由上得 $\dfrac{P}{Q} = n \cdot \dfrac{(n-1)}{2}$,代入(6),得从 n 个元素中取出 3 个元素的组合数 $Z = n \cdot \dfrac{(n-1)}{2} \cdot \dfrac{(n-2)}{3}$;

依次类推,从 n 个元素中取出 4 个元素的组合数 $Z = n \cdot \dfrac{(n-1)}{2} \cdot \dfrac{(n-2)}{3} \cdot \dfrac{(n-3)}{4}$。

一般地,从 n 个元素中取出 m 个元素的组合数为 $n \cdot \dfrac{(n-1)}{2} \cdot \cdots \cdot \dfrac{(n-m+1)}{m}$,即得组合数公式(1)。

对比对应关系法下的 3 种叙述形式,第 1 种往往要通过枚举一些简单的组合与对应的排列来对排列数和组合数之间的倍数关系加以说明;第 2 种依据乘法原理能够直接推导一般的情形,更为简明扼要、条理分明;第 3 种在得出 $Z = \dfrac{X}{Y}$ 时,实际上已经得到了组合数公式,后面的累乘步骤于公式推导而言是无用功。综上,不难理解今日教科书均采取对应关系法的第 2 种叙述形式的原因。

22.4.3 迭代法

Smith(1895)先由对应关系法推导了组合数公式,然后指出:"下面一种方法可以独立于排列数公式推导出组合数公式",这一方法可以分为两步:

(1) 记从 n 个元素 a, b, c, $\cdots$ 中取出 m 个元素的组合数为 C_n^m,则 C_n^m 个组合中一共有 mC_n^m 个字母;从另外一个角度,从 n 个元素中取出 m 个元素的组合中,每一个元素出现的次数一定等于从剩余 $n-1$ 个元素中取出 $m-1$ 个元素的组合数 C_{n-1}^{m-1},所以每个元素一定出现了 C_{n-1}^{m-1} 次,因此所有的组合中一共有 nC_{n-1}^{m-1} 个字母,由此即得

$$mC_n^m = nC_{n-1}^{m-1} 。 \tag{7}$$

(2) (7)对一切 n 和 m 均成立,所以不断地用 $n-1$ 和 $m-1$, $n-2$ 和 $m-2$,$\cdots\cdots$ 迭代,我们有

$$mC_n^m = nC_{n-1}^{m-1} ,$$
$$(m-1)C_{n-1}^{m-1} = (n-1)C_{n-2}^{m-2} ,$$
$$(m-2)C_{n-2}^{m-2} = (n-2)C_{n-3}^{m-3} ,$$
$$\cdots$$
$$2C_{n-m+2}^2 = (n-m+2)C_{n-m+1}^1 ,$$
$$C_{n-m+1}^1 = n-m+1 。$$

将上面 m 个等式累乘,消去等式两边的相同项,得到

$$(m!)C_n^m = n(n-1)(n-2) \cdot \cdots \cdot (n-m+1) ,$$

于是得 $C_n^m = \dfrac{n(n-1)(n-2) \cdot \cdots \cdot (n-m+1)}{m!}$,即得组合数公式(1)。

可见,Smith(1895)通过建立关于 C_n^m 和 C_{n-1}^{m-1} 的等式,再不断迭代以推导组合数公式。

22.4.4 差分法

Harney(1840)在前一章中,利用二项式定理证明了: r 阶等差数列 $\{a_n\}$ 的前 n 项和

$$S_n = na_1 + \frac{n(n-1)}{2!}d_1 + \frac{n(n-1)(n-2)}{3!}d_2 + \cdots + \frac{n(n-1) \cdot \cdots \cdot (n-r)}{(r+1)!}d_r ,$$

$$\tag{8}$$

其中 d_1，d_2，d_3，$\cdots$，d_r 是各阶等差数列的首项。

而在推导组合数公式时，编者先猜想从 n 个元素 a，b，c，$\cdots$ 中取出 m 个元素的组合数为

$$\frac{n}{1} \cdot \frac{(n-1)}{2} \cdot \frac{(n-2)}{3} \cdot \cdots \cdot \frac{(n-m+1)}{m}。$$

证明过程如下：

（1）考虑从 n 个元素中取出 2 个元素。

① 当只有 2 个元素 a 和 b 时，它们仅有 1 个组合 ab；

② 加入第 3 个元素 c，它可以和元素 a、b 组合，得到 2 个新的组合 ac、bc；

③ 加入第 4 个元素 d，它可以和元素 a、b、c 组合，得到 3 个新的组合 ad、bd、cd；

④ 依此类推，当加入第 n 个元素时，它可以和前 $n-1$ 个元素组合，得到 $n-1$ 个新的组合。

所以，从 n 个元素中取出 2 个元素的组合有 $1+2+3+\cdots+(n-1)$ 个，根据等差数列求和公式，

$$1+2+3+\cdots+(n-1) = \frac{n}{1} \cdot \frac{(n-1)}{2},$$

所以从 n 个元素中取出 2 个元素的组合数为 $\frac{n}{1} \cdot \frac{(n-1)}{2}$。

（2）考虑从 n 个元素中取出 3 个元素。

① 当只有 3 个元素 a、b、c 时，它们仅有 1 个组合 abc；

② 加入第 4 个元素 d，它可以和前 3 个元素中的二元组合组成新的三元组合，即和证明过程（1）中①、②中的组合组成 3 个新的组合 abd、acd、bcd；

③ 加入第 5 个元素 e，它可以和证明过程（1）中①、②、③中的二元组合组成 6 个新的三元组合 abe、ace、bce、ade、bde、cde；

④ 依此类推，当加入第 n 个元素时，它可以和前 $n-1$ 个元素中的二元组合组成新的三元组合，由证明过程（1）知，可得到 $1+2+3+\cdots+(n-2)$ 个新的三元组合。

所以，从 n 个元素中取出 3 个元素的组合有 $1+3+6+\cdots+(1+2+\cdots+n-2)$ 个，而 $1+(1+2)+(1+2+3)+\cdots+(1+2+\cdots+n-2)$ 是首项 $a_1=1$，各阶差分

数列首项 $d_1=2$、$d_2=1$ 的二阶等差数列的前 $n-2$ 项和,由(8),得

$$S_{n-2}=1+(1+2)+(1+2+3)+\cdots+(1+2+\cdots+n-2)$$

$$=n-2+\frac{(n-2)(n-3)}{2!}\times 2+\frac{(n-2)(n-3)(n-4)}{3!},$$

化简,得 $S_{n-2}=\dfrac{n(n-1)(n-2)}{3!}$。

所以,从 n 个元素中取出 3 个元素的组合数为 $\dfrac{n}{1}\cdot\dfrac{(n-1)}{2}\cdot\dfrac{(n-2)}{3}$。

(3) 依此类推,从 n 个元素中取出 4 个元素的组合数为 $\dfrac{n}{1}\cdot\dfrac{(n-1)}{2}\cdot\dfrac{(n-2)}{3}\cdot$ $\dfrac{(n-3)}{4}$。

一般地,从 n 个元素中取出 m 个元素的组合数为 $\dfrac{n}{1}\cdot\dfrac{(n-1)}{2}\cdot\dfrac{(n-2)}{3}\cdots\cdot$ $\dfrac{(n-m+1)}{m}$,即得组合数公式(1)。

由证明过程的最后一步可以发现,Harney(1840)并没有严格证明一般情形,而是由不完全归纳得出结论,这样的证明在其书中普遍存在,也与数学归纳法在西方早期教科书中的演进过程相符(方倩,汪晓勤,2017)。如果要严密地推导组合数公式,应该先得到结论:从 n 个元素中取出 m 个元素的组合数等于首项 $a_1=1$,各阶差分数列首项 d_1,d_2,d_3,$\cdots$,d_{m-1} 分别为 $m-1$,$m-2$,$\cdots$,2,1 的 $m-1$ 阶等差数列的前 $n-m$ $+1$ 项和,然后代入(8),化简,得

$$S_{n-m+1}=\frac{n(n-1)(n-2)\cdots\cdot(n-m+1)}{m!}。$$

即证。

22.4.5 讨论

图 22-2 呈现了1810—1949 这 140 年间早期代数教科书中组合数公式推导方法的演变。显然,100 多年间,对应关系法始终独占鳌头,其余方法只是零星出现。但是,无论是从组合推理的难易程度,还是推导过程的长短篇幅,都不难理解为什么早期教科书和今日教科书不约而同地选择了对应关系法。

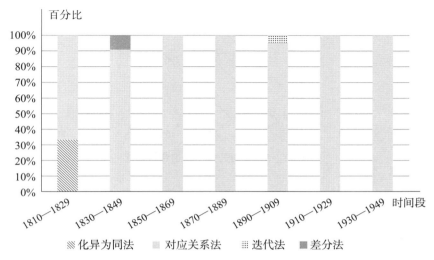

图 22‑2 早期代数教科书中组合数公式推导方法的演变

化异为同法和差分法涉及的知识都不在现行课程标准规定范围内，因此很难以原本的面貌重现于今日课堂中。但是对于后者，我们可以基于加法原理厘清其推导过程，并从中导出一个组合恒等式：

将从 n 个元素中取出 m 个元素组成的组合分为 $n-m+1$ 类：

• 第 1 类：第 m 个元素和从前 $m-1$ 个元素中取出的 $m-1$ 个元素组成的 m 元组合，有 $C_{m-1}^{m-1}=1$ 个；

• 第 2 类：第 $m+1$ 个元素和从前 m 个元素中取出的 $m-1$ 个元素组成的 m 元组合，有 C_m^{m-1} 个；

• 第 3 类：第 $m+2$ 个元素和从前 $m+1$ 个元素取出的 $m-1$ 个元素组成的 m 元组合，有 C_{m+1}^{m-1} 个；

……

• 第 $n-m+1$ 类：第 n 个元素和从前 $n-1$ 个元素中取出的 $m-1$ 个元素组成的 m 元组合，有 C_{n-1}^{m-1} 个；

所以，从 n 个元素中取出 m 个元素的组合数

$$C_n^m = C_{m-1}^{m-1} + C_m^{m-1} + C_{m+1}^{m-1} + \cdots + C_{n-1}^{m-1}。$$

这一组合恒等式正反映了贾宪三角中的一个性质：贾宪三角中的第 n 行第 $m+1$ 个数 C_n^m，等于第 m 条斜线前 $n-m+1$ 个数的和。（图 22‑3）

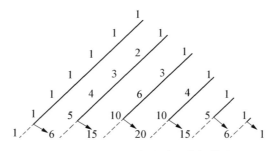

图 22 - 3　贾宪三角中的组合恒等式

22.5　结论与启示

综上所述,美英早期代数教科书中有 3 种引入组合的方式,分别为二项式系数引入、计数问题引入和计数原理引入,而组合概念的定义可以分为基于排列的定义、基于集(组)的定义和基于选择方法的定义 3 类。早期教科书中有 4 种排列数公式推导方法,分别为化异为同法、对应关系法、迭代法和差分法。以上种种为今日教学带来了诸多启示。

其一,在引入并定义组合概念时,可以先让学生尝试解决一些特殊的计数问题,这些问题既可以来源于生活,也可以来源于历史,比如印度数学家摩诃毗罗(Mahāvīra,约 800—870)的宝石项链问题,犹太数学家伊本·艾斯拉(Rabbi Ben Ezra,1092—1167)的行星会合问题,荷兰数学家舒腾(F. van Schooten,1615—1660)的正整数素因数问题,等等(汪晓勤,韩祥临,2002,pp. 210—214),这些饶有趣味的史料素材也能增加课堂的人文气息。在计数问题解决后,再从特殊到一般,即从具体组合问题到抽象的组合概念的定义,教师还可以通过古今对照,让学生体悟今日教科书所采用定义的合理性。

其二,在推导组合数公式时,对应关系法是早期教科书和今日教科书跨越时空作出的共同选择,它彰显了乘法原理的基石作用,但其他方法中蕴含的递推、迭代、归纳等数学思想对学生高中乃至未来高等数学学习也尤为重要。对此,教师可以先让学生归纳猜想组合数公式,然后小组探究其推导证明,最后展示小组探究成果,对比并讨论不同小组的方法的异同,实现数学史在营造探究之乐、彰显方法之美方面的价值。

其三,在组合数性质教学或贾宪三角的探究教学中,若班级学情较好,教师还可以启发学生思考：能否从加法原理或者乘法原理与加法原理结合的角度，分别制订"从 n 个元素中取出 m 个元素的组合"的计数方案？ 然后尝试导出不同计数方案对应的组合恒等式，说明不同组合恒等式在贾宪三角中对应的性质，由此提升组合推理的能力，培养逻辑推理、数学运算等核心素养。

参考文献

方倩(2018). HPM 视角下排列、组合和二项式定理的课例研究. 华东师范大学.

方倩，汪晓勤(2017). 20 世纪中叶以前西方代数教科书中的数学归纳法. 数学教学，(11)：1－4＋31.

韩豆豆(2019). 高中排列组合内容设置之变迁研究(1951—2004 年). 内蒙古师范大学.

胡海霞(2006). 影响高中生组合推理的因素. 华东师范大学.

沈金兴(2006). 导致排列组合问题解题困难的因素. 中学数学教学参考，(07)：54－56.

汪晓勤，韩祥临(2002). 中学数学中的数学史. 北京：科学出版社.

中华人民共和国教育部(2020). 普通高中数学课程标准(2017 年版 2020 年修订). 北京：人民教育出版社.

Batanero，C.，Godino，J. D. & Navarro-Pelayo，V. (1997). Effect of the implicit combinatorial reasoning in secondary school pupils. *Educational Studies in Mathematics*，32：181-199.

Bourdon，M. (1831). *Elements of Algebra*. New York：E. B. Clayton.

Euler，L. (1810). *Elements of Algebra*. London：J. Johnson & Company.

Fisher，G. E. & Schwatt，I. J. (1899). *Elements of Algebra*. New York：The Macmillan Company.

Harney，J. H. (1840). *An Algebra upon the Inductive Method of Instruction*. Louisville：Morton & Griswold.

Hawkes，H. E. (1905). *Advanced Algebra*. Boston：Ginn & Company.

Knebelman，M. S. & Thomas，T. Y. (1942). *Principles of College Algebra*. New York：Prentice-Hall.

Loomis，E. (1846). *A Treatise on Algebra*. New York：Harper & Brothers.

Smith，C. (1895). *Elementary Algebra for the Use of Preparatory Schools*. New York：The Macmillan Company.

Wentworth，G. A. (1881). *Elements of Algebra*. Boston：Ginn & Heath.

Wood，J. (1815). *The Elements of Algebra*. Cambridge：J. Smith.

命 题 篇

23 符号法则

邵爱娣* 栗小妮**

23.1 引言

"负负得正"是初等代数中一个十分重要的符号法则,早在公元 7 世纪就已为印度数学家婆罗摩笈多(Brahmagupta,598—670)所知。13 世纪,意大利数学家斐波那契在《计算之书》中提出"负负得正"法则,但仅将其用于计算 $(a-b)(c-d)$,而非两个纯粹的负数相乘。之后,中国数学家朱世杰(1249—1314)在《算学启蒙》中也提出"正负术":"同名相乘为正,异名相乘为负。"16—17 世纪,欧洲数学家,如德国的斯蒂菲尔和克拉维斯(C. Clavius,1538—1612)等相继在其代数著作中提出符号法则。到了 18 世纪,英国数学家桑德森、瑞士数学家欧拉等先后试图对符号法则进行证明。19 世纪,德国数学家汉克尔(H. Hankel,1839—1873)和 F·克莱因揭示了"负负得正"无法证明的事实。

18 世纪以来,"负负得正"法则始终是数学教学中的一个难点。19 世纪法国著名作家司汤达(Stendhal,1783—1842)因为他的两位数学老师未能合理解释"负负得正"的缘由而对数学失去了兴趣。(佟巍,汪晓勤,2005)著名昆虫学家法布尔(H. Fabre,1823—1915)在自学数学时因教科书未能清晰地解释"负负得正"而"吃尽苦头"。(法布尔,2016)即使到了今天,很多学生对该法则也仍只知其然而不知其所以然。巩子坤(2010)的调查显示,97%的学生能够利用"负负得正"法则进行运算,但不超过 11.5%的学生可以给出合理的解释,说明对于学生来说,运用法则容易,但理解法则却很困难。因此,选择恰当的方法解释符号法则,乃是教科书编者和数学教师需要解决的重

---

* 上海市延安初级中学教师。
** 上海市长宁区教育学院高中数学教研员。

要问题。

贾随军等(2015)的研究表明,20 世纪以来中学数学教科书对于"负负得正"的解释主要有运用现实模型、运用相反数的性质、隐性运用分配律、显性运用分配律、运用减法运算、运用变换等 6 种方式。但上述研究仅局限于国内外 34 种中学数学教科书,即 1963—2008 年间出版的 10 种国外教科书和 1906—2012 年间出版的 24 种国内教科书。我们还需要以更宽阔的视野去研究"负负得正"的历史,以便为今日教科书编写、课堂教学以及 HPM 课例研究提供更丰富的素材和更深刻的思想。为此,本章对1820—1939 年间出版的美国代数教科书进行考察,以试图回答以下问题:美国早期代数教科书是如何解释"负负得正"的? 从中可以总结出哪些类型?"负负得正"的解释方式在 120 年间经历了怎样的演变过程? 对今日教科书编写和课堂教学有何启示?

23.2　研究对象

从有关数据库中搜索 19—20 世纪的美国代数教科书全文。最终,在 1820—1939 年间出版的美国代数教科书中选出 200 种,以 20 年为一个时间段进行统计,这些教科书的出版时间分布情况如图 23－1 所示。

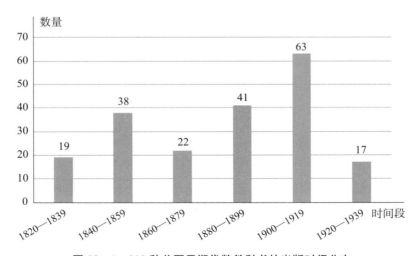

图 23－1　200 种美国早期代数教科书的出版时间分布

200 种美国代数教科书的书名互有不同,有《代数基础》《代数专著》《代数初阶》《代数导引》《代数举要》《初等代数》《学校代数》《中学代数》《大学代数》《大中学代数》等。

200 种美国代数教科书中,有 174 种是中学教科书,19 种是大学教科书,7 种是高中和大学教科书合本。"负负得正"法则出现在"乘法""正数和负数""负数""乘法和除法"等章,出现在"乘法"章的最多,占 63.5%,其次是"正数和负数"章,占 14%。

所有 200 种教科书都对"负负得正"法则作出了各自的解释,本章对这些解释进行仔细的归类和分析。对于不易归类或有歧义的解释方式,作者一起交流研讨,最终确定其所属类别。

23.3 关于"负负得正"的解释

200 种教科书中,关于"负负得正"的解释方式可以分为利用分配律、连减法、利用相反数、归纳法、几何方法、物理模型和生活模型 7 类。

有 175 种教科书各给出了 1 类解释,24 种各给出了 2 类解释,只有 1 种教科书给出了 3 类解释。7 类解释共出现 226 次,具体分布情况如图 23 - 2 所示。

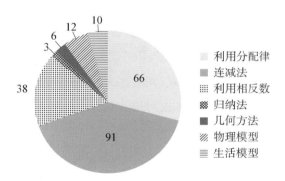

图 23 - 2 "负负得正"解释方式的分布

23.3.1 利用分配律

有 66 种教科书(占 29.2%)运用(或逆向运用)乘法分配律,试图去证明"负负得正",德国数学家 F·克莱因称之为"半逻辑证明"。具体有以下 4 种做法。

方法 1 利用 $(a-b)(c-d)$。

这种方法源于斐波那契。在《计算之书》中,斐波那契利用几何方法证明了等式(Siegler,2002)

$$(a-b)(c-d)=ac-ad-bc+bd(a>b>0,c>d>0)。 \tag{1}$$

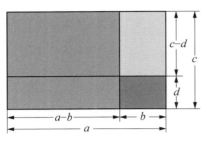

图 23-3 斐波那契的几何证明

如图 23-3 所示。有 55 种教科书直接利用公式 (1)得出"负负得正",但只有 Schuyler(1870)通过扩大(1)的适用范围给出进一步的解释：在 (1)中,若 $b=d=0$,则 $(+a)(+c)=+ac$;若 $a=d=0$,则 $(-b)(+c)=-bc$;若 $b=c=0$,则 $(+a)(-d)=-ad$;若 $a=c=0$,则 $(-b)(-d)=+bd$。

方法 2 利用 $(a-a)(-d)$ 或 $(-a)[(-b)+b]$。

有 8 种教科书采用此法。如 Hill(1857)先证明"正负得负"：因为 $(a-a)d=[a+(-a)]d=ad+(-a)d=0$,所以 $(-a)d=-ad$。再由

$$(a-a)(-d)=[a+(-a)](-d)=a(-d)+(-a)(-d)$$
$$=-ad+(-a)(-d)=0,$$

得到 $(-a)(-d)=ad$。

Slaught & Lennes(1908)和 Rietz & Crathorne(1910)首先证明"正负得负"：设 $a(-b)=x$,则 $a(-b)+ab=x+ab$,即 $a[(-b)+b]=x+ab$,于是得 $a\times0=0=x+ab$,所以 $x=-ab$,即 $a(-b)=-ab$。再设 $(-a)(-b)=x$,则 $(-a)(-b)+(-a)b=x-ab$,即 $(-a)[(-b)+b]=x-ab$,于是得 $(-a)\times0=0=x-ab$,所以 $(-a)(-b)=ab$。

方法 3 利用 $(-a)[c-(b+c)]$。

有 2 种教科书采用此法。将 $-b$ 视为 $c-(b+c)$,则有(Strong, 1859, pp. 20—21)

$$(-a)(-b)=(-a)[c-(b+c)]$$
$$=-ac-[-a(b+c)]$$
$$=-ac-(-ab-ac)$$
$$=-ac+ab+ac=ab。$$

方法 4 利用 $[(+m)-(+a)](-b)$。

只有 Lefevre(1896)采用此法。考虑 $[(+m)-(+a)](-b)$,一方面,利用"正负得负",有

$$[(+m)-(+a)](-b)=(+m)(-b)-(+a)(-b)$$
$$=-bm-(-ba)=-bm+(+ba)。$$

另一方面,有

$$[(+m)+(-a)](-b)=-bm+(-a)(-b),$$

因此得

$$(-a)(-b)=+ab。$$

23.3.2 连减法

连减法是对乘法意义的拓广:将一个数乘以一个正整数,相当于连加该数若干次;将一个数乘以一个负整数,相当于连减该数若干次,由此得到"负负得正"。有 91 种教科书(占 40.3%)采用此法。例如,Taylor(1889)的方法如下:

$$(+4)\times(+3)=+(+4)+(+4)+(+4)=+12;$$
$$(-4)\times(+3)=+(-4)+(-4)+(-4)=-12;$$
$$(+4)\times(-3)=-(+4)-(+4)-(+4)=-12;$$
$$(-4)\times(-3)=-(-4)-(-4)-(-4)=+12。$$

23.3.3 利用相反数

所谓相反数法,是将 $(-a)b$ 和 $(-a)(-b)$ 看作一对相反数,若已知前者为负,则后者必为正。这种方法源于欧拉。欧拉在《代数基础》中,首先通过债务的倍数来说明"正负得负":将 $-a$ 视为债务,取 3 次,则债务必变成 3 倍多,因此 $(-a)\times3=-3a(a>0)$,一般地,有 $(-a)b=-ab(a>0,\,b>0)$,所以"正负得负"。由于 $(-a)(-b)(a>0,\,b>0)$ 要么等于 ab,要么等于 $-ab$,但已证 $(-a)\times b=-ab$,因此 $(-a)\times(-b)=ab$。(Euler, 1821, pp. 9—11)

有 38 种教科书(占 16.8%)采用此法。具体有以下 3 种形式。

方法 1 反证法。

有 3 种教科书采用此法。如 Young(1838)的解释是:若承认 $(-b)a=-ab$(已证),则必有 $(-b)(-a)=+ab$,否则 $(-b)a=(-b)(-a)$,于是 $a=-a$,矛盾。

方法 2 直接改变符号。

有 32 种教科书采用此法。如 Smyth(1850)的解释如下：若乘数为 $+b$，则被乘数保留自己的符号，重复 b 次，于是有 $(+a)(+b)=+ab$，$(-a)(+b)=-ab$；若乘数为 $-b$，则被乘数取相反符号，重复 b 次，于是有 $(+a)(-b)=-ab$，$(-a)(-b)=+ab$。之后的教科书多倾向于用具体数字来说明这种情形，先说明 $(-3)\times4=-12$，而 $(-3)\times(-4)$ 意指 -3 改变符号，即 3，再重复 4 次，即 $(-3)\times(-4)=12$。（Hall & Knight，1885，pp. 26—27）

方法 3 利用 -1 的意义。

这种方法的出发点是"-1 与任意一个数的乘积等于该数的相反数"或"乘以 -1 就是取一次、变符号"。有 3 种教科书采用此法。如：

$(-m)\times(-n)=(-1)\times m\times(-n)=(-1)\times(-n)\times m=mn$(Keigwin, 1886, pp. 9—10)；

$(-3)\times(-4)=(-1)\times3\times(-4)=(-1)\times(-12)=+12$(Taylor, 1889, pp. 13—14)；

$(-a)\times(-b)=a\times(-1)\times b\times(-1)=ab\times(-1)\times(-1)$

$$=(-ab)\times(-1)=ab\text{(Hayes，1897，pp. 20—21)。}$$

23.3.4 归纳法

这种方法最早为桑德森所采用。Saunderson(1739)先提出命题："一个等差数列的各项依次乘以同一个数，所得乘积构成等差数列。"利用该命题，等差数列 "4，0，-4" 中的项依次乘以 3，所得乘积构成等差数列，前两个乘积依次为 12 和 0，因此第三个乘积为 -12，即 $(-4)\times3=-12$；依次乘以 -3，所得乘积构成等差数列，前两个乘积依次为 -12 和 0，因此第三个乘积为 12，即 $(-4)\times(-3)=12$。有 3 种教科书采用此法。

Benedict(1877)取等差数列 "$+4$，$+3$，$+2$，$+1$，0，-1，-2，-3，-4"，先将各项分别乘以 $+3$，观察所得等差数列的规律，得出"负正得负"；再将数列各项分别乘以 -3，观察新数列的规律，得出"负负得正"，如图 23 - 4 所示。

$+4$	$+3$	$+2$	$+1$	$+0$	-1	-2	-3	-4
$+3$								
12	$+9$	$+6$	$+3$	$+0$	-3	-6	-9	-12
$+4$	$+3$	$+2$	$+1$	$+0$	-1	-2	-3	-4
-3								
-12	-9	-6	-3	$+0$	$+3$	$+6$	$+9$	$+12$

图 23 - 4　**Benedict(1877)对"负负得正"的解释**

23.3.5 几何方法

有 6 种教科书采用有向线段来解释"负负得正"。如 Newcomb(1882)中给出如下几何解释：假设 a 表示从零点向右长度为 1 cm 的线段，则 $-a$ 表示从零点向左长度为 1 cm 的线段，如图 23-5 所示。

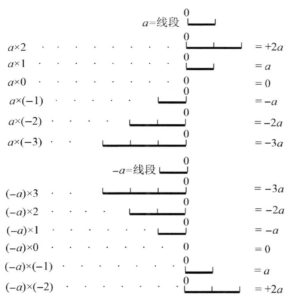

图 23-5 Newcomb(1882)对"负负得正"的几何解释

Long & Brenke(1913)设向右为正方向，用三个单位长度在直线上沿着正方向测量 5 次，所测得的线段长度为 $(+5)\times(+3)=+15$。若沿着反方向测量 5 次，得 $(-5)\times(+3)=-15$。用反方向的三个单位长度沿着该方向测量 5 次，得 $(+5)\times(-3)=-15$。将反方向上三个单位长度反向测量 5 次，得 $(-5)\times(-3)=+15$。如图 23-6 所示。

23.3.6 物理模型

部分教科书利用物理量之间的关系，如浮力、行程、杠杆等解释"负负得正"，我们将其归为物理模型解释方式。

（一）气球模型

利用气球所受浮力大小来说明正负数的乘法法则，称为气球模型，有 5 种教科书

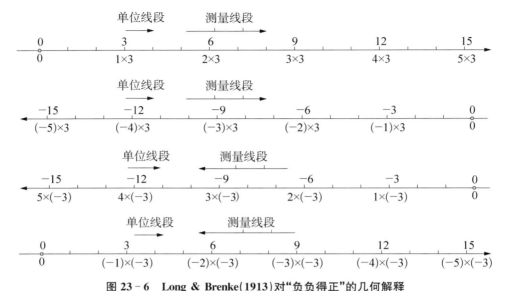

图 23-6 Long & Brenke(1913)对"负负得正"的几何解释

采用此法。如 Slaught & Lennes(1908)的解释如下：

一位气球驾驶员在出发之前,做了如下准备工作:(1)他给气球充入 9 000 立方英尺的气体,气体每一千立方英尺的上升力为 75 磅;(2)他取了 8 袋沙子,每袋重 15 磅。则此时气球受到的浮力为 $(+75) \times (+9) = +675$ 磅,受到的阻力为 $(-15) \times (+8) = -120$ 磅。若在气球飞行过程中,驾驶员打开阀门,放掉 2 000 立方英尺的气体,相当于气球受到的阻力增加了 $(+75) \times (-2) = -150$ 磅;若驾驶员扔掉 4 袋沙子,相当于气球受到的浮力增加了 $(-15) \times (-4) = +60$ 磅。

(二)行程模型

利用物体行驶过程中路程、速度和时间的关系解释"负负得正",称为行程模型,有 5 种教科书采用此法。如 Oliver,Wait & Jones(1882)给出了以下解释:一列火车以 20 英里/时的速度从西往东开,现经过 A 处,则 5 小时后,将到达 A 处以东 100 英里处,此即 $20 \times (+5) = 100$；5 小时前,位于 A 处以西 100 英里处,此即 $20 \times (-5) = -100$。若火车以 20 英里/时的速度从东往西开,现经过 A 处,则 5 小时后,将到达 A 处以西 100 英里处,此即 $(-20) \times (+5) = -100$；5 小时前,位于 A 处以东 100 英里处,此即 $(-20) \times (-5) = 100$。

Hopkins & Underwood(1905)则采用人的运动来解释,如图 23-7 所示。规定向东走为正,向西走为负,未来的时间为正,过去的时间为负。一个人以 3 英里/时的速度向东走,4小时后他位于起点东面12英里处,即(+4)×(+3)=+12。一个人以3英里/时的速度向西走,4小时后他位于起点西面12英里处,即(+4)×(−3)=−12。一个人以3英里/时的速度往东走,4小时前他位于起点西面12英里处,即(−4)×(+3)=−12。一个人以3英里/时的速度向西走,4小时前他位于起点东面12英里处,即(−4)×(−3)=+12。

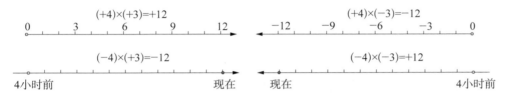

图 23-7　Hopkins & Underwood(1905)中的"负负得正"行程模型图示

（三）力矩模型

Keal & Leonard(1938)采用了力矩模型,如图 23-8 所示。规定支点右边的力臂为正,支点左边的力臂为负,向上的作用力为正,向下的作用力为负,逆时针方向转动的力矩为正,顺时针方向转动的力矩为负。

正力作用于正力臂,杠杆沿逆时针方向旋转,产生正力矩,即 (+3)×(+7)=21;

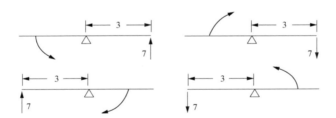

图 23-8　Keal & Leonard(1938)中的"负负得正"力矩模型图示

负力作用于正力臂,杠杆沿顺时针方向旋转,从而产生负力矩,即 (+3)×(−7)=−21;

正力作用于负力臂,杠杆沿顺时针方向转动,产生负力矩,即 (−3)×(+7)=−21;

负力作用于负力臂,杠杆沿逆时针方向旋转,产生正力矩,即 (−3)×(−7)=21。

（四）水箱模型

Aley & Rothrock(1904)采用了水箱模型:

一个容量为 1000 加仑的水箱当前含有 600 加仑的水,考虑以下 4 种情况:

(1) 一根水管以 10 加仑/时的速度将水注入水箱,则 $8\frac{1}{2}$ 小时后注水 85 加仑,即 $10 \times 8\frac{1}{2} = 85$。

(2) 在与情况(1)中相同的速度下,6 小时前水箱含水量比现在多 -60 加仑,即 $10 \times (-6) = -60$。

(3) 一根排水管以 5 加仑/时的速度排水,10 小时后水箱增加 -50 加仑的水,即 $(-5) \times 10 = -50$。

(4) 一根排水管以 6 加仑/时的速度排水,8 小时前水箱含水量比现在多 48 加仑,即 $(-6) \times (-8) = 48$。

23.3.7 生活模型

生活模型是指基于现实生活情境(如收入、债务等)的解释方式,具体可分成以下两种情形。

有 5 种教科书采用节约和浪费(Rushmer & Dence,1923,pp. 73—74)、收益和损失(Engelhardt & Haertter,1926,pp. 75—76)来解释"负负得正"。如 Beman & Smith(1900)设计了如下情境:某镇上每人每周需纳税 1 美元,若有 5 人迁入该镇,则该镇每周增加收入 $(+5) \times (+1) = +5$ 美元;若有 5 人迁出该镇,则该镇每周增加收入 $(-5) \times (+1) = -5$ 美元。该镇每周为每个流浪汉支付 1 美元,若有 5 个流浪汉迁入,则该镇每周增加收入 $(+5) \times (-1) = -5$ 美元;若有 5 个流浪汉迁出,则该镇每周增加收入 $(-5) \times (-1) = +5$ 美元。

美国数学家和数学史家 M·克莱因曾用债务解释"负负得正"。假定某人每天欠债 5 美元(记为 -5),在给定日期他身无分文(0 美元)。那么在给定日期 3 天后(记为 $+3$)他欠债 15 美元,即 $(+3) \times (-5) = -15$;在给定日期 3 天前(记为 -3),他的财产比给定日期多 15 美元,即 $(-3) \times (-5) = 15$。 (Boulet,1998)

有 5 种教科书采用了类似的解释,如 Durell & Robbins(1897)给出如下解释:

(1) 100 美元取 5 次,得 500 美元,即 $(+100) \times (+5) = +500$;

(2) 100 美元的债务取 5 次,得 -500 美元,即 $(-100) \times (+5) = -500$;

(3) 100 美元扣除 5 次,得 -500 美元,即 $(+100) \times (-5) = -500$;

（4）100 美元的债务扣除 5 次，相当于增加了 500 美元，即（－100）×（－5）＝＋500。

23.4 分布与讨论

23.4.1 各种解释方式的分布

由于每个时间段所选取教科书的数量不均，本章采用百分率统计。以 20 年为一个时间段，这 7 类解释方式的时间分布情况如图 23－9 所示。

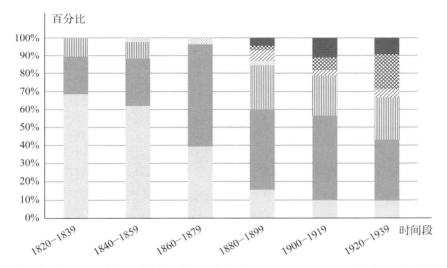

图 23－9 "负负得正"解释方式的时间分布

由图可见，1880 年以前，"负负得正"的解释方式较为单一，以利用分配律和连减法解释为主，其中利用分配律解释占主导地位，但随着时间的推移，该方法所占的比率逐渐下降。1880 年后，解释方式逐渐多样化，出现了几何方法、物理模型和生活模型等。

1840 年后，利用分配律逐渐减少，连减法逐渐增加。在我们所考察的时间范围内，连减法占比仅次于利用分配律，该方法仅拓展了乘法的意义，再结合加减法的性质，受到早期教科书编者的青睐。

利用相反数在所有解释方式中位列第三。1820—1859 年之间该解释方式共出现

6 次,每个时间段占比较为接近。1860—1879 年之间没有出现,在该时间段,大部分编者倾向于连减法。1880—1939 年之间共出现 32 次,相比于 1820—1859 年,每个时间段的占比逐渐上升。可见,相反数法由于简洁明了而成为 19 世纪后期和 20 世纪初期教科书编者偏爱的方法之一。

归纳法出现于 1840 年后。在 200 种教科书中,归纳法共出现 3 次,在所有方法中出现次数最少。国内现行人教版和北师大版教科书也采用了这种方式。

几何方法主要借助于有向线段的度量来解释符号法则,出现于 19 世纪后期,但次数较少。该方法虽然直观,但由于蕴含向量思想,且正向和反向测量与有向线段的正负方向易于混淆,对学生来说未必容易,这大概是教科书编者很少选择它的原因。

物理模型和生活模型出现于 1880 年后,与前 5 种解释方式相比,这两类模型将数学与现实情境联系起来,由生产、生活中的实际事例抽象出符号法则,较之几何方法更直观,更易于接受,因此随着时间的推移,占比逐渐上升。国内现行部分教科书也选择了物理模型,如沪教版教科书采用行程模型,苏科版教科书采用水位升降模型。

23.4.2 讨论

利用分配律、连减法、利用相反数、归纳法和几何法都是从数学内部出发解释符号法则,而物理模型和生活模型则是从数学外部出发来解释该法则。尽管物理模型和生活模型呈逐渐上升趋势,但大部分教科书(占总数的 90.7%)依然局限于数学内部的逻辑关系。

"负负得正"解释方式的演变与数学和数学教育的进步息息相关。就数学而言,1880 年以前的教科书毫无例外都试图从数学内部出发证明"负负得正"。但随着时间的推移,数学家逐渐认识到"负负得正"不能证明的事实。19 世纪德国数学家汉克尔发现,"在形式化的算术中,'负负得正'是不能证明的"。德国数学家 F·克莱因将"负负得正"法则视为"危险的绊脚石",他对数学教师提出忠告:"不要试图去证明符号法则的逻辑必要性,别把不可能的证明讲得像真的一样。"(Klein,1945,pp. 27—28)自此人们才发现,教科书中利用分配律所进行的"证明",其实根本不是真正的证明。因此,1880 年以后,利用分配律来证明"负负得正"的教科书显著减少。

物理模型和生活模型的出现和占比的逐渐上升与 19 世纪末至 20 世纪初的数学教育变革有关。1892 年,美国组织了全国性的中等学校教学委员会,重新制订中等学校教育目标和标准课程计划,倡导算术要具体化,努力把算术、代数和几何互相联系起来。(马忠林,2001)20 世纪初出现了国际性的数学教育改革运动。1901 年,培利认为数学教学的目的不是为了考试和造就数学家,实用性决定了应该教什么。新的教学方法应该让人们认识到数学的实用性。他主张教学要基于学生的经验,让学生自己构建抽象的概念。1902 年,受培利的影响,美国数学家摩尔(E. H. Moore,1862—1932)呼吁要少强调数学的系统性和形式化,多强调数学的实用性,提倡实验的教学方法。(Hassler & Smith, 1935, pp. 105—130)在这些背景下,更多的教科书开始关注"负负得正"法则与现实情境之间的联系,生活模型和物理模型应运而生。

23.5 结论与启示

综上,1820—1939 年间的 200 种美国代数教科书采用了多种不同的方式解释"负负得正"。从早期的 3 类方式发展到后期的 7 类方式并存。随着时间的推移,"半逻辑"的利用分配律方法解释逐渐减少,连减法逐渐占据上风,成为受数学家青睐的方式。在此期间,归纳法仅仅昙花一现。19 世纪末至 20 世纪初开始,受数学教育改革的影响,几何方法、物理模型和生活模型逐渐进入人们的视野,并且其占比逐渐上升。尽管如此,连减法和利用相反数仍然占据优势。

早期代数教科书中的"负负得正"解释方式及其演变规律,为今日的教科书编写、教师专业发展和课堂教学带来一定的启示。

23.5.1 对教科书编写的启示

早期代数教科书中"负负得正"法则的解释为今日教科书编写提供了丰富的材料。教科书编者可以考虑如何展示"负负得正"这一法则的产生和形成过程,才能让学生感受到它的合理性。贾随军等(2015)在其考察的我国各版本教科书中发现,约 6 成教科书从数学本身解释"负负得正"法则。早期教科书编者也更倾向于从数学内部出发解释"负负得正",如连减法和利用相反数。尽管物理模型和生活模型更具趣味性,但其中涉及几个变量的实际意义,不易为学生所理解;而连减法和利用相反数言简意赅,较易理解。今日教科书编者可以兼顾两种方式,让学生明白:不论从数学内部出发还是从现实情境出发,"负负得正"都是合理的存在。

23.5.2 对教学的启示

早期代数教科书中"负负得正"解释方式的研究,可以让教师了解一个看似简单的法则背后的历史轨迹,知道"负负得正"是为了保证已有运算律成立而作出的"规定",教师不要试图在教学中证明法则的合理性,因而犯科学性错误。同时,早期教科书中的 7 类解释方式为教师提供了丰富的教学资源和更多的选择;从不同解释方式出现的频数,也可以看到前人的倾向性,为自己的选择提供参考。另外,通过了解历史上数学家认识"负负得正"的曲折过程以及"负负得正"解释方式的演变,教师可以预测学生的认知障碍,自信而坦然地面对学生"为什么负负得正"的疑问,保护学生的好奇心和求知欲,渗透数学德育,实现人性化的数学教育。

有理数乘法教学的难点在于如何向学生解释"负负得正"的合理性。教师在运用早期教科书所提供的有关素材时,既可以采用复制式,也可以采用顺应式。例如,学生在学习有理数乘法时已经学习了有理数的减法和相反数等知识,这时选用连减法和利用相反数较为合适。对于物理模型和生活模型,教师可选择学生熟悉的情境,并进行适当改编,作为数学解释的补充。

参考文献

法布尔(2016).昆虫记.上海:世界图书出版公司.

巩子坤(2010)."负负得正"何以能被接受.数学教学,(03):7-10.

贾随军等(2015).20 世纪以来中学数学教材中"负负得正"法则解释方式的研究.数学教育学报,24(04):76-81.

马忠林(2001).数学教育史.南宁:广西教育出版社.

佟巍,汪晓勤(2005).负数的历史与"负负得正"的引入.中学数学教学参考,(Z1):126-128.

Aley, R. J. & Rothrock, D. A. (1904). *The Essentials of Algebra*. New York: Silver, Burdett & Company.

Beman, W. W. & Smith, D. E. (1900). *Elements of Algebra*. Boston: Ginn & Company.

Benedict, J. T. (1877). *Elements of Algebra*. New York: Albert Mason.

Boulet, G. (1998). On the essence of multiplication. *For the Learning of Mathematics*, 18(3): 12-18.

Durell, F. & Robbins, E. R. (1897). *A School Algebra Complete*. New York: Maynard, Merrill & Company.

Engelhardt, F. & Haertter, L. D. (1926). *First Course in Algebra*. Philadelphia: The John

C. Winston Company.

Euler, L. (1821). *An Introduction to the Elements of Algebra*. Cambridge: Hilliard & Metcalf.

Hall, H. S. & Knight S. R. (1885). *Elementary Algebra for Schools*. London: Macmillan & Company.

Hassler. J. O. & Smith, R. R. (1935). *The Teaching of Secondary Mathematics*. New York: The Macmillan Company.

Hayes, E. (1897). *Algebra for High Schools and Colleges*. Norwood: J. S. Cushing & Company.

Hill, D. H. (1859). *Elements of Algebra*. Philadelphia: J. B. Lippincott & Company.

Hopkins, J. W. & Underwood, P. H. (1905). *A First Book of Algebra*. New York: The Macmillan Company.

Keal, H. M. & Leonard, C. J. (1938). *Mathematics for Electrical Students*. New York: John Wiley & Sons.

Keigwin, H. W. (1886). *Principles of Elementary Algebra*. Boston: Ginn & Company.

Klein, F. (1945). *Elementary Mathematics from an Advanced Viewpoint* (Vol. 1). New York: Dover Publications.

Lefevre, A. (1896). *Number and Its Algebra*. Boston: D. C. Heath & Company.

Long, E. & Brenke, W. C. (1913). *Algebra*. New York: The Century Company.

Newcomb, S. (1882). *A School Algebra*. New York: Henry Holt & Company.

Oliver, J. E. , Wait, L. A. & Jones, G. W. (1882). *A Treatise on Algebra*. Ithaca: The Authors.

Rietz, H. L. & Crathorne, A. R. (1910). *College Algebra*. New York: Henry Holt & Company.

Rushmer, C. E. & Dence, C. J. (1923). *High School Algebra*. New York: American Book Company.

Saunderson, N. (1739). *The Elements of Algebra*. Cambridge: The University Press.

Schuyler, A. (1870). *A Complete Algebra for Schools and Colleges*. Cincinnati: Wilson, Hinkle & Company.

Siegler L. E. (2002). *Fibonacci's Liber Abaci: A Translation into Modern English of Leonardo Pisano's Book of Calculation*. New York: Springer-Verlag.

Slaught, H. E. & Lennes, N. J. (1908). *High School Algebra: Advanced Course*. Boston: Allyn & Bacon.

Smyth, W. (1850). *Elementary Algebra*. Portland: O. L. Sanborn & Company.

Strong, T. (1859). *A Treatise on Elementary and Higher Algebra*. New York: Pratt, Oakley

& Company.

Taylor, J. M. (1889). *A College Algebra*. Boston: Allyn & Bacon.

Young, J. R. (1838). *An Elementary Treatise on Algebra*. Philadelphia: Carey, Lea & Blanchard.

24 中项的性质

赵丽红[*]

24.1 引言

早在公元前 6 世纪,古希腊毕达哥拉斯学派已经研究过算术、几何与调和 3 类中项;后来,毕达哥拉斯学派又相继研究了另外 7 类中项。公元前 4 世纪,阿契塔(Archytas,前 428? —前 350?)在《论音乐》中给出了上述 3 类中项的定义(汪晓勤,2017,p. 206)。在古希腊音乐理论中,基本协音对应特定比率:四度(4∶3),五度(3∶2),八度(2∶1)。这三种比率关系可以合为最简单的表述:12、9、8、6,其中 9、8 分别是 12 和 6 的算术中项与调和中项(费多益,2002)。基本协音比率中的四数 1、2、3、4,既构成等差数列,且和是毕达哥拉斯学派认为最完美的数 10;对应取倒数后又构成调和数列,若琴弦长度满足调和数列 1,$\frac{1}{2}$,$\frac{1}{3}$,$\frac{1}{4}$,…,则可弹出和声,这就是术语"和谐"(harmonical)或"音乐比例"(musical proportion)的来源(Loomis,1850,p. 201)。在几何上,公元 4 世纪,帕普斯(Pappus,290? —350?)已经给出了 3 类中项的几何作图法。

现行人教版 A 版、沪教版、苏教版和北师大版高中数学教科书均含有算术中项与几何中项的内容,而调和中项被视为拓展性知识。其中,"不等式"章着重考察 3 类中项的大小关系,而"数列"章则侧重从和与项、积与项的关系来考察算术、几何中项。可见,各版本教科书均从不同角度关注了 3 类中项的性质。这些性质及其证明蕴涵着数学抽象与逻辑推理等核心素养。

教育取向的历史研究对课堂教学具有重要意义(汪晓勤,张小明,2006)。已有的

---

[*] 贵阳市第十二中学教师。

教学实践表明,HPM 视角下的基本不等式教学较多地运用了几何方面的史料,而很少使用代数方面的史料,或者涉及的中项性质较为单一(孙冲,2015;沈金兴,2016)。为此,本章就 3 类中项的性质,对 19—20 世纪中叶美英代数教科书进行考察,以期为 HPM 视角下的数列或基本不等式的教学提供素材和思想启迪。

24.2 研究方法

24.2.1 研究对象

选取 1820—1959 年间出版的 155 种美英代数教科书作为研究对象。其中,149 种出版于美国,6 种出版于英国,书名主要有《代数基础》《初等代数》《大学代数》《中学代数》《大中学代数》等。以 20 年为一个时间段进行统计,这些教科书的出版时间分布情况如图 24‑1 所示。

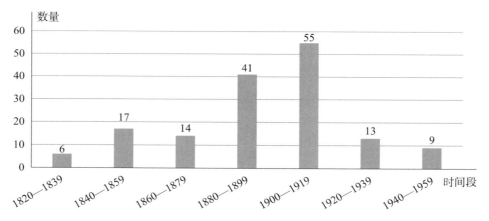

图 24‑1　155 种美英早期代数教科书的出版时间分布

24.2.2 统计方法

第一步,按年份从有关数据库中查找并摘录研究对象中的中项内容。具体包含:中项的类型、分布章节、定义与公式;随中项给出的定理、命题、性质、推论、注解等;例题与习题中与中项有关的典型证明题。对于仅以习题形式出现的中项,也视为统计对象。

第二步,对中项的性质进行界定,然后以此为依据从摘录的代数内容中初步筛选相关内容,并关注其出现的频次。在教科书中,有关中项的内容并不是特别多,中项性质的分布也较为零散。鉴于此,对于同一中项的性质,仍以性质的形式进行提炼;而对于不同中项之间的关系,以命题的形式进行提炼。

第三步,根据频次挑选较为典型的中项性质,最后进行分类与总结。

24.3 中项的类型

24.3.1 分类

考察发现,各种教科书呈现的中项主要有算术、几何与调和 3 类(分别简记为 A、G、H,下文不再赘述)。其中,有的教科书只给出了算术中项和几何中项,而有的教科书则同时给出了 3 类中项,具体分布如图 24 - 2 所示。

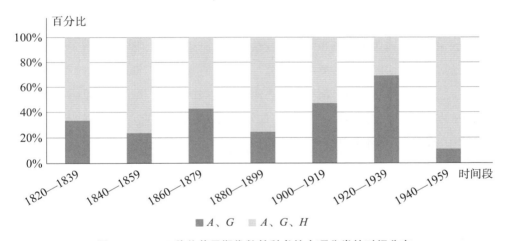

图 24‑2 155 种美英早期代数教科书的中项分类的时间分布

24.3.2 分布

在所考察的代数教科书中,3 类中项主要出现在"数列""级数""数列与级数""数列与极限""等差数列与等比数列""比与比例""比例与数列""不等式"等章。鉴于 3 类中项的定义比较明确和统一,我们主要将其划分在"数列"和"不等式"两章。其中,所有教科书的"数列"章都呈现了中项内容;而在"不等式"章,只有少数教科书在习题中出现了中项问题,但都不涉及中项的概念,只涉及中项 3 类大小关系的比较:(1)$A \geqslant G$;(2)$A \geqslant H$;(3)$G \geqslant H$。

24.3.3 定义

对于 3 类中项的定义和公式,大多数教科书直接以知识点的形式给出,而少数教科书仅以习题的形式呈现。此外,个别教科书从算术比、几何比、调和比的视角来分别引入算术中项、几何中项、调和中项。

已知两个正数 a、b,大多数早期代数教科书给出的 3 类中项定义与今天一致,而少数教科书给出了古希腊毕达哥拉斯学派所采用的定义:对于 3 个正数 a、c、b,若分别有 $\dfrac{a-c}{c-b}=\dfrac{a}{a}$、$\dfrac{a-c}{c-b}=\dfrac{a}{c}$ 和 $\dfrac{a-c}{c-b}=\dfrac{a}{b}$ 成立,则称 c 为 a 和 b 的算术中项、几何中项与调和中项(Colenso,1849,p. 123)

24.4 中项的性质

算术中项、几何中项与调和中项在数学、几何、音乐、建筑、财经以及统计等领域都有广泛的应用,这实际上与各类中项所蕴含的性质息息相关。Skinner(1917)在介绍 3 类中项时指出,求平均数时必须非常小心地选取适当的中项。纵观 155 种早期代数教科书中的 3 类中项,它们的性质丰富,但是分布较为零散。因此,我们分别从同一中项与不同中项的角度来分类总结有关性质。

24.4.1 同一中项的性质

在美英早期代数教科书中的"数列"章,算术中项与几何中项较为常见,其性质也极少被单独呈现,更多的是融入数列内容中。

(一)算术中项的性质

性质 1 等差数列各项的平均数等于首、末项的算术中项。(Gillet,1896,p. 340)

设等差数列的首、末项分别为 a_1 和 a_n,则其前 n 项和 $S_n=n\left(\dfrac{a_1+a_n}{2}\right)$,即 $\dfrac{S_n}{n}=\dfrac{a_1+a_n}{2}$。

(二)几何中项的性质

性质 2 若 G 是正数 a、b 的几何中项,则有 $\dfrac{a}{a+G}+\dfrac{b}{G+b}=1$。(Nowlan,1947,p. 153)

性质 3 若正数 a、b、c、d 成等比数列,则 $b+c$ 是 $a+b$ 和 $c+d$ 的几何中项。
(Marsh, 1905, p. 360)

(三)调和中项的性质

早期代数教科书对调和中项的性质介绍较多。一些教科书指出,调和中项的性质在几何与声音理论中具有重要作用,并且常以音乐比例作为引例。

性质 4 若 H 是 a、b 的调和中项,则 $\dfrac{a}{a-H}=\dfrac{a+b}{a-b}$。 (Morgan, 1943, p. 184)

性质 5 若 H 是 a、b 的调和中项,则 $\dfrac{1}{a}+\dfrac{1}{b}=\dfrac{1}{H-a}+\dfrac{1}{H-b}=\dfrac{2}{H}$。 (Miller & Thrall, 1950, p. 350)

性质 6 若 H 是 a、b 的调和中项,则 $\dfrac{H+a}{H-a}+\dfrac{H+b}{H-b}=2$。 (Smith, 1896, pp. 397—398)

性质 7 若 H 是 a、b 的调和中项,则 $\dfrac{a}{H+b}$、$\dfrac{H}{a+b}$、$\dfrac{b}{a+H}$ 构成调和数列。
(Smith, 1890, p. 290)

证明 因为 $\dfrac{1}{a}$、$\dfrac{1}{H}$、$\dfrac{1}{b}$ 构成等差数列,则 $\dfrac{a+H+b}{a}$、$\dfrac{a+H+b}{H}$、$\dfrac{a+H+b}{b}$ 亦是等差数列,也即 $1+\dfrac{H+b}{a}$、$1+\dfrac{a+b}{H}$、$1+\dfrac{a+H}{b}$ 为等差数列,于是 $\dfrac{H+b}{a}$、$\dfrac{a+b}{H}$、$\dfrac{a+H}{b}$ 为等差数列,因此 $\dfrac{a}{H+b}$、$\dfrac{H}{a+b}$、$\dfrac{b}{a+H}$ 构成调和数列。

性质 8 若 H 是 a、b 的调和中项,则 a、$a-b$、$a-H$ 与 b、$b-a$、$b-H$ 也构成调和数列。 (Smith, 1896, pp. 397—398)

性质 9 在 a、d 之间依次插入两个调和中项 b、c,则 $ab+bc+cd=3ad$。 (Smith, 1896, pp. 397—398)

性质 10 在 a、d 之间依次插入两个调和中项 b、c,则 $\dfrac{ab}{cd}=\dfrac{a-b}{c-d}$。 (Hind, 1837, p. 196)

24.4.2 不同中项之间的关系

(一)大小型

不等关系是现实生活中的一类重要关系,历史上有丰富的史料可用于求证不同中项之间的大小关系。在所考察的教科书中,只有部分涉及 3 类中项之间的大小关系,并且考虑相等的情况。

命题 1 两个正数 a、b 的($a \neq b$)算术中项、几何中项与调和中项分别为 $A = \dfrac{a+b}{2}$、$G = \sqrt{ab}$、$H = \dfrac{2ab}{a+b}$,则满足大小关系:$H < G < A$。

此即著名的均值不等式。命题成立基于下述 3 个不等关系:$A > G$、$G > H$、$A > H$,图 24-3 给出了教科书对 3 类中项大小关系的关注情况。

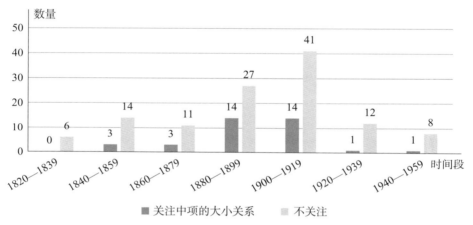

图 24-3 155 种美英早期代数教科书中 3 类中项大小关系的时间分布

(二) 比例型

早期代数教科书呈现了与算术中项、几何中项、调和中项相关的一些典型的比例关系。

命题 2 两个正数 a、b 的几何中项 G 是其算术中项 A 与调和中项 H 的几何中项。(Bowser,1888,p.368)

证明 因为 $AH = \dfrac{a+b}{2} \cdot \dfrac{2ab}{a+b} = ab = G^2$,所以可得命题的结论。

命题 2 揭示了算术中项、几何中项与调和中项之间十分重要的比例关系,很多早期代数教科书都对该命题给予了关注(如图 24-4 所示),并配置了相应习题。

命题 3 在 a、d 两数之间插入两个中项 b、c,使得 a、b、c 构成等差数列,b、c、d 构成调和数列,则有 $a : b = c : d$。(Hall,1840,p.200)

证明 因为 a、b、c 构成等差数列,所以 $2b = a + c$;因为 b、c、d 构成调和数列,所

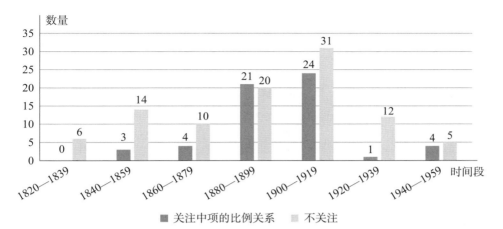

图 24－4　155 种美英早期代数教科书中 3 类中项比例关系的时间分布

以 $c=\dfrac{2bd}{b+d}$。进而得 $c=\dfrac{(a+c)d}{b+d}$，所以 $bc=ad$，即 $a:b=c:d$。

根据《几何原本》卷 5 中的命题 $\text{V}.23$，易知 $a:b=c:d$ 也是 a、b、c 与 b、c、d 的一组波动比例（欧几里得，2014，pp. 137—139）。此外，若 4 个数分别取 6、8、9、12，则 $6:8=9:12$ 还表征音乐中的四度音程。不过，教科书中并未提及此命题的比例关系与和谐音程有关联。

推论　若 a、b、c 构成等差数列，b、c、d 构成调和数列，则 a、$\dfrac{c^2}{d}$、c 与 b、$\dfrac{ad}{b}$、d 都构成调和数列。

命题 4　若 b 是正数 a、c 的几何中项，则 a、b 的算术中项与调和中项之比等于 b、c 的算术中项与调和中项之比。（Cowles，1947，p. 150）

命题 5　在正数 x 和 y 之间依次插入两个算术中项 a_1、a_2，两个几何中项 g_1、g_2，两个调和中项 h_1、h_2，则 $\dfrac{g_1 g_2}{h_1 h_2}=\dfrac{a_1+a_2}{h_1+h_2}$。（Smith，1896，pp. 397—398）

证明　由等比与等差性质，有 $xy=g_1 g_2$，$a_1+a_2=x+y$，$\dfrac{1}{x}+\dfrac{1}{y}=\dfrac{1}{h_1}+\dfrac{1}{h_2}$，则

$$\frac{x+y}{xy}=\frac{a_1+a_2}{g_1 g_2}=\frac{h_1+h_2}{h_1 h_2}，\text{所以}\frac{g_1 g_2}{h_1 h_2}=\frac{a_1+a_2}{h_1+h_2}。$$

（三）组合型

Young & Jackson(1913)在"历史注解"部分提到，一块巴比伦泥版刻有一列数：

5，10，20，40，80，96，112，128，144，160，176，192，208，224，240。

前 5 项构成等比数列，后 11 项构成等差数列，用来表示月相变化。（Young &
Jackson，1913，p. 489）此外，早期代数教科书还呈现了算术、几何与调和 3 类中项的
其他组合关系。

命题 6 若 a 是正数 b、c 的算术中项，b 是 a、c 的几何中项，则 c 是 a、b 的调和中
项。（Wentworth，1890，p. 322）

证明 因为 $2a = b + c$，$\dfrac{a}{b} = \dfrac{b}{c}$，利用等比性质，得 $\dfrac{a}{b} = \dfrac{b}{c} = \dfrac{a+b}{b+c}$，则 $\dfrac{b}{c} = \dfrac{a+b}{b+c} = \dfrac{a+b}{2a}$，$c = \dfrac{2ab}{a+b}$，所以 c 是 a、b 的调和中项。

命题 7 已知各数均为正，若 b 是 a、c 的算术中项，c 是 b、d 的几何中项，d 是 c、e
的调和中项，则 c 是 a、e 的几何中项。（Gillet，1896，p. 359）

证明 因为 $b = \dfrac{a+c}{2}$，$d = \dfrac{2ce}{c+e}$，所以 $c^2 = bd = \dfrac{a+c}{2} \times \dfrac{2ce}{c+e}$，化简，得 $c^2 = ae$。

（四）转化型

命题 8 两数 a、b 的调和中项是其倒数 $\dfrac{1}{a}$、$\dfrac{1}{b}$ 的算术中项的倒数。（Young &
Jackson，1913，p. 489）

命题 8 实际上揭示出调和中项与算术中项之间的内在关系，显化了调和中项所具
备的倒数性质。

命题 9 若两个正数 a、b 之间的算术中项、几何中项分别为 A、G，且 R^2 是 a^2、b^2
的算术中项，则 A^2 是 G^2、R^2 的算术中项。（Hall & Knight，1885，
p. 292）

证明 由已知，$A^2 = \left(\dfrac{a+b}{2}\right)^2$，$G^2 = ab$，$R^2 = \dfrac{a^2+b^2}{2}$，则满足 $2A^2 = G^2 + R^2$。

进一步考虑，显然 G^2、A^2、R^2 为递增的等差数列，因此开方后满足均值不等式 $G < A < R$（$R = \sqrt{\dfrac{a^2+b^2}{2}}$ 称为均方根）。

命题 10 若 b 是正数 a、c 的算术中项，在 a、b 与 b、c 之间分别插入几何中项 x 和
y，则 b^2 是 x^2、y^2 的算术中项。（Van Velzer & Slichter，1892，p. 341）

证明 由于 $2b = a + c$，$x^2 = ab$，$y^2 = bc$，则 $x^2 + y^2 = ab + bc = b(a+c) = b \times 2b = 2b^2$。

命题 11　若 b^2 是 a^2、c^2 的算术中项，则 $c+a$ 是 $a+b$、$b+c$ 的调和中项。（Milne，1902，p. 362）

证明　因为 $b^2-a^2=c^2-b^2$，即 $(b+a)(b-a)=(c+b)(c-b)$，所以等式两边同时除以 $(b+c)(c+a)(a+b)$，得 $\dfrac{b-a}{(b+c)(c+a)}=\dfrac{c-b}{(c+a)(a+b)}$，此式等价于

$$\frac{1}{c+a}-\frac{1}{b+c}=\frac{1}{a+b}-\frac{1}{c+a}。$$

推论　若 b^2 是 a^2、c^2 的算术中项，则 $\dfrac{1}{c+a}$ 是 $\dfrac{1}{a+b}$、$\dfrac{1}{b+c}$ 的算术中项。

命题 12　若 y 是 x、z 的调和中项，则 $(z+x-y)^2$ 是 $(y+z-x)^2$、$(x+y-z)^2$ 的算术中项。（Smith，1896，pp. 397—398）

证明　运用分析法，若 $(z+x-y)^2$ 是 $(y+z-x)^2$、$(x+y-z)^2$ 的算术中项，则

$$(z+x-y)^2-(y+z-x)^2=(x+y-z)^2-(z+x-y)^2，$$

化简，得 $x(y-z)=z(x-y)$，即 $\dfrac{x}{z}=\dfrac{x-y}{y-z}$，满足 y 是 x、z 的调和中项。

命题 13　若 b 是正数 a、c 的几何中项，则 $2b$ 是 $a+b$、$b+c$ 的调和中项。（Dickson，1902，p. 72）

证明　要证 $\dfrac{1}{a+b}+\dfrac{1}{b+c}=\dfrac{2}{2b}$ 成立，需证 $b(b+c)+b(a+b)=(a+b)(b+c)$，即 $b^2+bc+ab+b^2=ab+b^2+ac+bc$，因此只需证 $b^2=ac$。

命题 14　已知各数均为正数，若 b 是 a、c 的调和中项，则 b 是 $2a-b$、$2c-b$ 的几何中项。（Dickson，1902，p. 72）

证明　由调和比例 $\dfrac{a}{c}=\dfrac{a-b}{b-c}$，得 $\dfrac{a}{a-b}=\dfrac{c}{b-c}$，利用合比、分比性质，得 $\dfrac{a}{2a-b}=\dfrac{c}{b}$，$\dfrac{c}{2c-b}=\dfrac{a}{b}$，两式左、右等号两边分别相乘，得 $\dfrac{ac}{(2a-b)(2c-b)}=\dfrac{ac}{b^2}$，所以 $(2a-b)(2c-b)=b^2$。

推论　若 $\dfrac{1}{b-a}$、$\dfrac{1}{2b}$、$\dfrac{1}{b-c}$ 构成等差数列，则 a、b、c 构成等比数列。

命题 15 若 b 是 a、c 的算术中项,且 b^2 是 a^2、c^2 的调和中项,则 b 是 $-\dfrac{a}{2}$、c 的几何中项。 (Dickson,1902,p. 72)

证明 因为 $a-b=b-c$,且 $\dfrac{a^2}{c^2}=\dfrac{a^2-b^2}{b^2-c^2}=\dfrac{(a+b)(a-b)}{(b+c)(b-c)}$,所以 $\dfrac{a^2}{c^2}=\dfrac{a+b}{b+c}$,变形,

得 $b(c+a)=-ac$,即 $2b^2=-ac$,所以 $b^2=\dfrac{-ac}{2}$。

命题 16 已知各数均为正数,若 x、y、z 是调和数列,a、x、b 是等差数列,且 a、z、b 是等比数列,则 $y=2(a+b)\left[\left(\dfrac{a}{b}\right)^{\frac{1}{4}}+\left(\dfrac{b}{a}\right)^{\frac{1}{4}}\right]^{-2}$。 (Dupuis,1900,p. 203)

实际上,此命题的结论是指由两个正数的算术中项与几何中项构造而得的调和中项。

命题 17 若 b 是正数 a、c 的几何中项,在 a、b 与 b、c 之间分别插入算术中项 x 与 y,则有 $\dfrac{1}{x}+\dfrac{1}{y}=\dfrac{2}{b}$,$\dfrac{a}{x}+\dfrac{c}{y}=2$。 (Smith,1896,pp. 397—398)

证明 因为 $a=2x-b$,$c=2y-b$,则 $b^2=ac=(2x-b)(2y-b)$,化简,得 $2xy=b(x+y)$,进而变形为 $\dfrac{1}{x}+\dfrac{1}{y}=\dfrac{2}{b}$。同理,$b=2x-a$,$b=2y-c$,则 $ac=b^2=(2x-a)(2y-c)$,化简为 $2xy=xc+ay$,所以 $\dfrac{a}{x}+\dfrac{c}{y}=2$。

命题 18 在 x 和 y 之间依次插入两个算术中项 a、b 与两个调和中项 u、v,则 $xy=av=bu$。 (Smith,1896,pp. 397—398)

证明 设等差数列 "x,a,b,y" 与 "$\dfrac{1}{x}$,$\dfrac{1}{u}$,$\dfrac{1}{v}$,$\dfrac{1}{y}$" 的公差分别为 d_1 和 d_2,其中

$d_1=\dfrac{y-x}{3}$,$d_2=\dfrac{\dfrac{1}{y}-\dfrac{1}{x}}{3}$,则 $a=x+d_1=\dfrac{y+2x}{3}$,$b=x+2d_1=\dfrac{2y+x}{3}$;

同理有 $u=\dfrac{3xy}{2y+x}$,$v=\dfrac{3xy}{y+2x}$,所以 $xy=av=bu$。

24.5 教学启示

由上可见,美英早期代数教科书呈现了较为丰富的中项性质以及它们之间的关

系,为今日教学提供了丰富的素材,从中我们可以获得如下教学启示。

(1)关注3类中项的定义源流。在部分早期代数教科书中,除了给出我国教科书中中项的定义外,还引入了毕达哥拉斯学派所采用的定义,这值得我们借鉴。借助数学史揭示3类中项定义源流的同时,也帮助学生深化对中项的理解。

(2)注重3类中项的比例之用。$A:G=G:H$ 揭示了3类中项之间的内在关系,而我国教科书中并未涉及这一重要的比例关系。这一空缺的知识,实际上可作为学生课堂中探究的资源,拓展学生的知识圈。此外,《普通高中数学课程标准(2017年版2020年修订)》在 D 类课程中设置了"音乐中的数学",其中的一些乐理与3类中项息息相关。在教学中,教师可以向学生介绍音乐比例的术语来源,也可以充分利用本书295页中的命题3来巧妙引入音程的概念。数学融入音乐,既能营造课堂之趣,也能让学生感受文化之魅。

(3)设置3类中项的综合问题。在早期代数教科书中,呈现了许多将3类中项整合在一起的代数问题,比如不同中项之间的比例型、组合型与转化型,可谓题型多元、视角新颖。对于今日教学,教师可以从中汲取思想养料,指导自己编制一些有关3类中项的综合问题,并以此来培养学生的数学抽象与逻辑推理能力,进而达成能力之助。

(4)借助中项定义,考察不等关系。基于毕达哥拉斯学派给出的3类中项的定义,教师可让学生经历代数推理的过程,自行发现3类中项之间的不等关系。

(5)插入中项,判断数列单调性。课堂中引导学生从插入中项的角度出发,再结合数列的单调性,易判断出中项之间的不等关系,进而实现算术平均数、几何平均数、调和平均数与数列中的等差中项、等比中项、调和中项之间的沟通。

参考文献

费多益(2002).无形之和谐—古希腊早期自然哲学的表达和诠释.自然辩证法研究,18(3):1-3.

欧几里得(2014).几何原本.兰纪正,朱恩宽,译.北京:译林出版社.

沈金兴(2016).基于 HPM 视角的均值不等式证明.数学通报,(2):36-39.

孙冲(2015).基于 HPM 视角的均值不等式教学.中小学数学(高中版),(9):38-41.

汪晓勤(2017).HPM:数学史与数学教育.北京:科学出版社.

汪晓勤,张小明(2006).HPM 研究的内容与方法.数学教育学报,15(1):16-18.

Bowser,E. A. (1888). *College Algebra*. New York:D. Van Nostrand Company.

Colenso，J. W. (1849). *The Elements of Algebra Designed for the Use of Schools*. London：Longman & Company.

Cowles，W. H. & Thompson，J. E. (1947). *Algebra for Colleges and Engineering Schools*. New York：D. Van Nostrand Company.

Dickson，L. E. (1902). *College Algebra*. New York：John Wiley & Sons.

Dupuis，N. F. (1900). *The Principles of Elementary Algebra*. New York：The Macmillan Company.

Gillet，J. A. (1896). *Elementary Algebra*. New York：Henry Holt & Company.

Hall，H. S. & Knight，S. R. (1885). *Elementary Algebra for Schools*. London：Macmillan & Company.

Hall，T. G. (1840). *The Elements of Algebra*. London：John William Parker.

Hind，J. (1837). *The Elements of Algebra*. Cambridge：John William Parker.

Loomis，E. (1850). *A Treatise on Algebra*. New York：Harper & Brothers.

Marsh，W. R. (1905). *Elementary Algebra*. New York：Charles Scribner's Sons.

Miller，E. B. & Thrall，R. M. (1950). *College Algebra*. New York：Ronald Press Company.

Milne，W. J. (1902). *Advanced Algebra for Colleges and Schools*. New York：American Book Company.

Morgan，F. M. (1943). *College Algebra*. New York：American Book Company.

Nowlan，F. S. (1947). *College Algebra*. New York：McGraw-Hill Book Company.

Skinner，E. B. (1917). *College Algebra*. New York：The Macmillan Company.

Smith，C. (1896). *Elementary Algebra*. New York：The Macmillan Company.

Smith，G. W. (1890). *A Complete Algebra*. New York：American Book Company.

Van Velzer，C. A. & Slichter，C. S. (1892). *University Algebra*. Madison：Tracy, Gibbs & Company.

Wentworth，G. A. (1890). *A School Algebra*. Boston：Ginn & Company.

Young，J. W. A. & Jackson，L. L. (1913). *A High School Algebra*. New York：D. Appleton & Company.

25 二项式定理

杨孝曼[*]

25.1 引言

二项式定理是代数学的重要定理之一,在数学发展史上占有举足轻重的地位。《普通高中数学课程标准(2017 年版 2020 年修订)》要求"能用多项式运算法则和计数原理证明二项式定理,会用二项式定理解决与二项展开式有关的简单问题"。(中华人民共和国教育部,2020)但在实际教学中,由于这一内容的教学课时少,在高考中占的分值又较低,一些教师在教学时往往只注重形式,而忽略定理的证明,要求学生记住公式,会运用定理来解题即可。这种功利性的教学忽视了二项式定理的本质和丰富的内涵,影响了学生的数学理解(毛锡荣,2018)。

二项式定理的证明方法多种多样,其中蕴含着丰富的数学思想方法,与多项式乘法、排列组合、数列、数学归纳法等知识都有着密切联系(汪晓勤,沈中宇,2020,p. 290)。了解二项式定理的证明方法对建立数学知识之间的联系、锻炼学生数学思维具有重要意义。翻开数学历史的画卷,我们会发现:某一个命题或公式从产生到完备,从特殊到一般,往往走过几百年甚至几千年的漫长旅程,不同民族、不同时期的数学家都对它作出过贡献,二项式定理就是其中一例(汪晓勤,1999)。尤其是在其发展过程中,曾涌现出多种证明方法,而不同时期的数学教科书在一定程度上记录了这些方法及其演变过程。

以二项式定理为关键词,对有关数据库中出版于 1800—1939 年的 247 种美英代数教科书进行检索,发现共有 82 种教科书给出了二项式定理的证明。这 82 种教科书的出版时间分布如图 25 - 1 所示。

本章对 82 种美英早期代数教科书中二项式定理的证明方法进行分析和分类,并

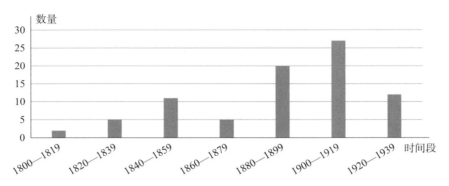

图 25 - 1　82 种美英早期代数教科书的出版时间分布

考察其演变方式，以期从中获得教学素材和思想启迪。

25.2　二项式定理的证明

82 种教科书中共出现 6 类证明方法，分别为先异后同法、待定系数法、除阶乘法、求导法、数学归纳法和计数原理法。

早期代数教科书中的 6 类证明方法均针对指数为正整数的情形，因此，本章的讨论均以正整数指数为前提。

25.2.1　先异后同法

首先给出几个不同的二项式相乘的结果：

$$(x+a)(x+b)=x^2+\begin{vmatrix}a\\b\end{vmatrix}x+ab,$$

$$(x+a)(x+b)(x+c)=x^3+\begin{vmatrix}a\\b\\c\end{vmatrix}x^2+\begin{vmatrix}ab\\ac\\bc\end{vmatrix}x+abc,$$

$$(x+a)(x+b)(x+c)(x+d)=x^4+\begin{vmatrix}a\\b\\c\\d\end{vmatrix}x^3+\begin{vmatrix}ab\\ac\\ad\\bc\\bd\\cd\end{vmatrix}x^2+\begin{vmatrix}abc\\abd\\acd\\bcd\end{vmatrix}x+abcd,$$

从中可以发现以下规律：

(1) 展开式的项数比二项式的个数多 1；

(2) 展开式第一项 x 的指数与二项式的个数相同,且逐项递减 1；

(3) 展开式的第一项系数为 1；第二项系数为所有二项式第二项之和,共有 n 项相加；第三项系数为所有二项式的第二项两两乘积之和,共有 $\dfrac{n(n-1)}{2}$ 项相加；第四项系数为所有二项式的第二项中任意三个的乘积之和,共有 $\dfrac{n(n-1)(n-2)}{2\times3}$ 项相加；以此类推,最后一项为所有二项式的第二项的乘积。

若设所有因子都为 $(x+a)$,则

$$(x+a)^n = x^n + nax^{n-1} + \frac{n(n-1)}{2}a^2x^{n-2} + \frac{n(n-1)(n-2)}{2\times3}a^3x^{n-3} + \cdots + a^n。$$

以上通过观察和归纳,最终得到二项式定理。(Simpson,1809,pp. 227—228)

25.2.2　待定系数法

82 种教科书中共出现以下 4 类不同形式的待定系数法。

(一) 待定系数法 1

由代数运算规则,易知

$$(a+x)^m = a^m + ma^{m-1}x + Ba^{m-2}x^2 + Ca^{m-3}x^3 + Da^{m-4}x^4 + \cdots,$$

据此,可设

$$[1+(y+z)]^m = 1 + A_1(y+z) + A_2(y+z)^2 + \cdots,$$

$$[(1+y)+z]^m = (1+y)^m + A_1z(1+y)^{m-1} + A_2z^2(1+y)^{m-2} + \cdots,$$

令 $1+y=p$,且由

$$[1+(y+z)]^m = [(1+y)+z]^m,$$

得

$$1 + A_1(y+z) + A_2(y^2+2yz+z^2) + A_3(y^3+3y^2z+3yz^2+z^3) + \cdots$$

$$= p^m + A_1p^{m-1}z + A_2p^{m-2}z^2 + A_3p^{m-3}z^3 + \cdots,$$

即

$$\begin{matrix} 1 \\ A_1 y \\ A_2 y^2 \\ A_3 y^3 \\ \cdots \end{matrix} \left| \begin{matrix} A_1 \\ 2A_2 y \\ +3A_3 y^2 \\ 4A_4 y^3 \\ \cdots \end{matrix} \right| \begin{matrix} A_2 \\ 3A_3 y \\ z+6A_4 y^2 \\ 10A_5 y^3 \\ \cdots \end{matrix} \left| z^2 + \cdots = p^m + A_1 p^{m-1} z + A_2 p^{m-2} z^2 + A_3 p^{m-3} z^3 + \cdots \right.$$。

比较 z 的同次幂系数,得

$$p^m = 1 + A_1 y + A_2 y^2 + A_3 y^3 + \cdots, \tag{1}$$

$$A_1 p^{m-1} = A_1 + 2A_2 y + 3A_3 y^2 + 4A_4 y^3 + \cdots, \tag{2}$$

因为 $1 + y = p$,则(1)等价于

$$(1+y)^m = 1 + A_1 y + A_2 y^2 + A_3 y^3 + \cdots,$$

将其代入(2)左边,得

$$A_1 p^{m-1} = A_1 \frac{p^m}{p} = \frac{A_1}{1+y}(1 + A_1 y + A_2 y^2 + A_3 y^3 + \cdots),$$

再代回(2),整理得

$$(A_1 + 2A_2 y + 3A_3 y^2 + 4A_4 y^3 + \cdots)(1+y) = A_1 + A_1^2 y + A_1 A_2 y^2 + A_1 A_3 y^3 + \cdots,$$

等号左边展开,得

$$A_1 + \begin{matrix} 2A_2 \\ A_1 \end{matrix} \Big| y + \begin{matrix} 3A_3 \\ 2A_2 \end{matrix} \Big| y^2 + \begin{matrix} 4A_4 \\ 3A_3 \end{matrix} \Big| y^3 + \cdots = A_1 + A_1^2 y + A_1 A_2 y^2 + A_1 A_3 y^3 + \cdots,$$

因此,有

$$A_1 = A_1,$$

$$2A_2 = A_1^2 - A_1,$$

$$3A_3 = A_1 A_2 - 2A_2,$$

$$4A_4 = A_1 A_3 - 3A_3$$

$$\cdots$$

$$nA_n = A_1 A_{n-1} - (n-1)A_{n-1},$$

于是,得

$$A_1 = A_1,$$

$$A_2 = \frac{A_1(A_1 - 1)}{2},$$

$$A_3 = \frac{A_2(A_1 - 2)}{3},$$

$$A_4 = \frac{A_3(A_1 - 3)}{4},$$

$$\cdots$$

$$A_n = \frac{A_{n-1}[A_1 - (n-1)]}{n}。$$

又已知 $A_1 = m$,则定理得证。(Ryan & Adrain, 1826,pp. 314—316)

(二)待定系数法 2

通过观察并利用数学归纳法,可以证明

$$(1 + v)^m = 1 + mv + Bv^2 + Cv^3 + \cdots,$$

设

$$(1 + y + z)^m = [1 + (y + z)]^m = 1 + m(y + z) + B(y + z)^2 + C(y + z)^3 + \cdots$$

$$= 1 + my + By^2 + Cy^3 + Dy^4 + \cdots + mz + 2Byz + 3Cy^2z + 4Dy^3z + \cdots,$$

$$(3)$$

又因为

$$(1 + y + z)^m = \left[(1 + y)\left(1 + \frac{z}{1+y}\right) \right]^m = (1 + y)^m \left(1 + \frac{z}{1+y}\right)^m$$

$$= (1 + y)^m \left[1 + m\left(\frac{z}{1+y}\right) + B\left(\frac{z}{1+y}\right)^2 + C\left(\frac{z}{1+y}\right)^3 + \cdots \right]$$

$$= (1 + y)^m + m(1 + y)^{m-1}z + B(1 + y)^{m-2}z^2 + C(1 + y)^{m-3}z^3 + \cdots$$

$$= 1 + my + By^2 + Cy^3 + Dy^4 + \cdots + mz[1 + (m-1)y$$

$$+ B'y^2 + C'y^3 + D'y^4 + \cdots] + \cdots,$$

$$(4)$$

其中,B', C', D', $\cdots$ 是当指数为 $m-1$ 时的系数,比较(3)和(4),可得 $2B = m(m - 1)$,于是,得

$$B = \frac{m(m-1)}{1 \times 2}。$$

因为 B' 是当指数为 $m-1$ 时的系数，则 $B' = \frac{(m-1)(m-2)}{1 \times 2}$，同理可得

$$3C = mB' = \frac{m(m-1)(m-2)}{1 \times 2},$$

从而得

$$C = \frac{m(m-1)(m-2)}{1 \times 2 \times 3}$$

$$C' = \frac{(m-1)(m-2)(m-3)}{1 \times 2 \times 3},$$

以此类推，则定理得证。（Hind，1837，pp. 222—224）

（三）待定系数法 3

设 $(1+x)^n = 1 + Ax + Bx^2 + Cx^3 + Dx^4 + \cdots$，两边平方，得

$$
\begin{aligned}
(1+x)^{2n} = {}& 1 + Ax + Bx^2 + Cx^3 + Dx^4 + \cdots \\
& + Ax + A^2x^2 + ABx^3 + ACx^4 + \cdots \\
& + Bx^2 + ABx^3 + B^2x^4 + \cdots \\
& + Cx^3 + ACx^4 + \cdots \\
& + Dx^4 + \cdots 。
\end{aligned}
$$

又有

$$
\begin{aligned}
(1+x)^{2n} = {}& [(1+x)^n]^2 \\
= {}& [1 + (2x + x^2)]^n \\
= {}& 1 + A(2x + x^2) + B(2x + x^2)^2 + C(2x + x^2)^3 + \cdots \\
= {}& 1 + 2Ax + Ax^2 + 4Bx^2 + 4Bx^3 + Bx^4 + 8Cx^3 + 12Cx^4 + \cdots + 16Dx^4 + \cdots,
\end{aligned}
$$

对比上述两个等式，得

$$2A = 2A,$$

$$2B + A^2 = 4B + A,$$

$$2C + 2AB = 8C + 4B,$$

$$2D + 2AC + B^2 = 16D + 12C + B,$$

$$\cdots$$

于是,得

$$B = \frac{A(A-1)}{2},$$

$$C = \frac{A(A-1)(A-2)}{2 \times 3},$$

$$D = \frac{A(A-1)(A-2)(A-4)}{2 \times 3 \times 4},$$

$$\cdots$$

已知 $A = n$,以此类推,则定理得证。(Alsop,1846,p.236)

(四) 待定系数法 4

第 4 种待定系数法用到了如下定理:

$$\left(\frac{z^n - u^n}{z - u}\right)_{u=z} = nz^{n-1},$$

其中 n 是有理数。

证明过程如下:

设

$$(1+z)^n = A + Bz + Cz^2 + Dz^3 + Ez^4 + \cdots,$$

其中 A,B,C,D,E,$\cdots$ 与 z 无关。令 $z = 0$,得 $A = 1^n = 1$,则

$$(1+z)^n = 1 + Bz + Cz^2 + Dz^3 + Ez^4 + \cdots, \tag{5}$$

$$(1+u)^n = 1 + Bu + Cu^2 + Du^3 + Eu^4 + \cdots。 \tag{6}$$

(5)$-$(6),得

$$(1+z)^n - (1+u)^n = B(z-u) + C(z^2 - u^2) + D(z^3 - u^3) + E(z^4 - u^4) + \cdots。 \tag{7}$$

(7)左边除以 $(1+z) - (1+u)$,右边除以 $z - u$,由于 $(1+z) - (1+u) = z - u$,则等式仍成立,得

$$\frac{(1+z)^n - (1+u)^n}{(1+z)-(1+u)} = B + C\left(\frac{z^2-u^2}{z-u}\right) + D\left(\frac{z^3-u^3}{z-u}\right) + E\left(\frac{z^4-u^4}{z-u}\right) + \cdots。 \quad (8)$$

令 $1+z=r$，$1+u=v$，则

$$\frac{r^n - v^n}{r-v} = B + C\left(\frac{z^2-u^2}{z-u}\right) + D\left(\frac{z^3-u^3}{z-u}\right) + E\left(\frac{z^4-u^4}{z-u}\right) + \cdots。 \quad (9)$$

根据结论，当 $v=r$，即 $u=z$ 时，有

$$\left(\frac{z^2-u^2}{z-u}\right)_{u=z} = 2z，$$

$$\left(\frac{z^3-u^3}{z-u}\right)_{u=z} = 3z^2，$$

$$\left(\frac{z^4-u^4}{z-u}\right)_{u=z} = 4z^4。$$

代入(9)，得

$$nr^{n-1} = B + 2Cz + 3Dz^2 + 4Ez^3 + \cdots。 \quad (10)$$

两边同乘以 $r=1+z$，则

$$nr^n = (B + 2Cz + 3Dz^2 + 4Ez^3 + \cdots) + (Bz + 2Cz^2 + 3Dz^3 + \cdots)。$$

因为 $r=1+z$，所以

$$n(1+z)^n = B + (B+2C)z + (2C+3D)z^2 + (3D+4E)z^3 + \cdots。 \quad (11)$$

(5)两边同乘 n，得

$$n(1+z)^n = n + nBz + nCz^2 + nDz^3 + nEz^4 + \cdots。 \quad (12)$$

比较(11)和(12)，得

$$B + (B+2C)z + (2C+3D)z^2 + (3D+4E)z^3 + \cdots$$
$$= n + nBz + nCz^2 + nDz^3 + nEz^4 + \cdots。$$

比较等式两边同次幂系数，得

$$B=n，\ B+2C=nB，\ 2C+3D=nC，\ 3D+4E=nD，\cdots，$$

于是，得

$$B=n，$$

$$C = \frac{n(n-1)}{2},$$

$$D = \frac{n(n-1)(n-2)}{2 \times 3},$$

$$E = \frac{n(n-1)(n-2)(n-3)}{2 \times 3 \times 4},$$

$$\cdots$$

定理得证。(Stoddard & Henkle，1857，pp. 403—406)。

25.2.3 除阶乘法

首先给出 $(a+x)^1$、$(a+x)^2$、$(a+x)^3$、$(a+x)^4$ 的展开式,然后在这 4 个等式的左、右两边分别除以 $1!$、$2!$、$3!$、$4!$,得到如下 4 个等式:

$$\frac{(a+x)^1}{1!} = \frac{a^1}{1!} + \frac{x^1}{1!},$$

$$\frac{(a+x)^2}{2!} = \frac{a^2}{2!} + \frac{a^1 x^1}{1! \, 1!} + \frac{x^2}{2!},$$

$$\frac{(a+x)^3}{3!} = \frac{a^3}{3!} + \frac{a^2 x^1}{2! \, 1!} + \frac{a^1 x^2}{1! \, 2!} + \frac{x^3}{3!},$$

$$\frac{(a+x)^4}{4!} = \frac{a^4}{4!} + \frac{a^3 x^1}{3! \, 1!} + \frac{a^2 x^2}{2! \, 2!} + \frac{a^1 x^3}{1! \, 3!} + \frac{x^4}{4!}。$$

因为添加一个因式 $(a+x)$ 使得 $(a+x)^{n-1}$ 变为 $(a+x)^n$,所以可以合理假设,若上述规律对 $(a+x)^{n-1}$ 成立,则对 $(a+x)^n$ 也成立(早期代数教科书中没有给出严格证明,但实际上可以通过数学归纳法来证明)。又已知指数为 4 时定理成立,从而对所有的正整数 n,都有

$$\frac{(x+a)^n}{n!} = \frac{x^n}{n!} + \frac{ax^{n-1}}{1!\,(n-1)!} + \frac{a^2 x^{n-2}}{2!\,(n-2)!} + \frac{a^3 x^{n-3}}{3!\,(n-3)!} + \cdots + \frac{a^n}{n!},$$

等式两边同乘以 $n!$ 便可得到二项式定理。(Venable，1872，pp. 263—264.)

25.2.4 求导法

设

$$(1+z)^n = A + Bz + Cz^2 + Dz^3 + Ez^4 + \cdots, \tag{13}$$

其中 A，B，C，D，E，$\cdots$ 是与 z 无关的待定系数。(13) 两边对 z 求导，得

$$n(1+z)^{n-1} = B + 2Cz + 3Dz^2 + 4Ez^3 + \cdots, \tag{14}$$

(14)两边对 z 求导，得

$$n(n-1)(1+z)^{n-2} = 2C + 2 \times 3Dz + 3 \times 4Ez^2 + \cdots。 \tag{15}$$

同理可得

$$n(n-1)(n-2)(1+z)^{n-3} = 2 \times 3D + 2 \times 3 \times 4Ez + \cdots, \tag{16}$$

$$n(n-1)(n-2)(n-3)(1+z)^{n-4} = 2 \times 3 \times 4E + \cdots。 \tag{17}$$

上述等式对 z 的任意取值均成立，令 $z=0$，则由(13)，得 $A=1$，由(14)，得 $B=n$，以此类推，可知

$$C = \frac{n(n-1)}{2},$$

$$D = \frac{n(n-1)(n-2)}{2 \times 3},$$

$$E = \frac{n(n-1)(n-2)(n-3)}{2 \times 3 \times 4},$$

$$\cdots$$

定理得证。(Olney，1873，pp. 165—166)

此外，Taylor(1889)给出了另外一种求导法。根据泰勒公式，有

$$f(x) = f(0) + f'(0)x + f''(0)\frac{x^2}{2!} + \cdots + f^{n-1}(0)\frac{x^{n-1}}{(n-1)!} + \cdots。 \tag{18}$$

若 $f(x) = (a+x)^m$，则

$$f(x) = (a+x)^m,$$

$$f'(x) = m(a+x)^{m-1},$$

$$f''(x) = m(m-1)(a+x)^{m-2},$$

$$f'''(x) = m(m-1)(m-2)(a+x)^{m-3},$$

$$\cdots$$

$$f^{n-1}(x) = m(m-1) \cdot \cdots \cdot (m-n+2)(a+x)^{m-n+1},$$

$$\cdots$$

于是，依次得

$$f(0) = a^m,$$

$$f'(0) = ma^{m-1},$$

$$f''(0) = m(m-1)a^{m-2},$$

$$f'''(0) = m(m-1)(m-2)a^{m-3},$$

$$\cdots$$

$$f^{n-1}(0) = m(m-1) \cdot \cdots \cdot (m-n+2)a^{m-n+1},$$

将上述结果带回泰勒公式,则定理得证。(Taylor,1889,pp. 163—164)

25.2.5 数学归纳法

(1) 已知 $n = 1$ 时,$(a+x)^1 = x+a$。

(2) 假设 $n = k$ 时,二项式定理成立,即

$$(a+x)^k = x^k + kax^{k-1} + \frac{k(k-1)}{2!}a^2x^{k-2} + \cdots$$

$$+ \frac{k(k-1) \cdot \cdots \cdot (k-r+1)}{r!}a^rx^{k-r} + \cdots + a^k,$$

则当 $n = k+1$ 时,有

$$(a+x)^{k+1}$$

$$= (a+x)^k(a+x)$$

$$= \left[x^k + kax^{k-1} + \frac{k(k-1)}{2!}a^2x^{k-2} + \cdots \right.$$

$$\left. + \frac{k(k-1) \cdot \cdots \cdot (k-r+1)}{r!}a^rx^{k-r} + \cdots + a^k \right](a+x)$$

$$= x^{k+1} + kax^k + \frac{k(k-1)}{2!}a^2x^{k-1} + \cdots + \frac{k(k-1) \cdot \cdots \cdot (k-r+1)}{r!}a^rx^{k-r+1}$$

$$+ \frac{k(k-1) \cdot \cdots \cdot (k-r)}{(r+1)!}a^{r+1}x^{k-r} + \cdots + a^kx + ax^k + ka^2x^{k-1} + \frac{k(k-1)}{2!}a^3x^{k-2}$$

$$+ \cdots + \frac{k(k-1) \cdot \cdots \cdot (k-r+1)}{r!}a^{r+1}x^{k-r} + \frac{k(k-1) \cdot \cdots \cdot (k-r)}{(r+1)!}a^{r+2}x^{k-r-1} + \cdots + a^{k+1}$$

$$= x^{k+1} + (k+1)ax^k + \frac{k(k+1)}{2!}a^2x^{k-1} + \cdots$$

$$+ \frac{k(k-1) \cdot \cdots \cdot (k-r+1)}{(r+1)!}a^{r+1}x^{k-r} + \cdots + a^{n+1},$$

因此,当 $n=k+1$ 时定理成立。

由步骤(1)(2)可知,对所有的正整数 n,二项式定理成立。(Boyd,1901,pp. 606—607)

25.2.6 计数原理法

设 $(x+a)(x+a)(x+a) \cdot \cdots \cdot (x+a)$,共有 n 个因式相乘,所有因式都选 x,得到 x^n,仅有 1 种选择,得到第一项为 x^n;任意一个因式选 a,其他因式选 x,得到 ax^{n-1},有 n 种选择,得到第二项为 nax^{n-1};任意两个因式选 a,其他因式选 x,得到 $a^2 x^{n-2}$,有 $C_n^2 = \dfrac{n(n-1)}{1 \times 2}$ 种选择,得到第三项为 $\dfrac{n(n-1)}{1 \times 2} a^2 x^{n-2}$;一般地,任意 r 个因式选 a,其他因式选 x,有 $C_n^r = \dfrac{n!}{r!(n-r)!}$ 种选择,得到第 $r+1$ 项为 $\dfrac{n!}{r!(n-r)!} a^r x^{n-r}$,从而定理得证。(Van Velzer & Slichter,1892,p. 333)

25.3 证明方法的演变

以 20 年为一个时间段进行统计,图 25-2 给出了 6 类证明方法的时间分布情况,其中有 2 种教科书同时给出了 2 类证明方法。

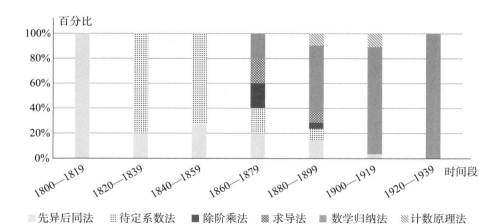

图 25-2 6 类证明方法的时间分布

由图可见,19 世纪上半叶的教科书主要以先异后同法和待定系数法为主,但随着其他方法的出现,这两类方法逐渐减少,特别是进入 20 世纪后,几乎没有再出现。到了 19 世纪下半叶,6 类方法同时存在,且所占比例大抵相当,呈现"百花齐放"的状态。进入 20 世纪后,数学归纳法后来居上,逐渐取代了其他方法。

从上述讨论可见,早期代数教科书中的二项式定理经历了从强调观察、归纳和发现到严谨证明的演变。其中先异后同法、待定系数法和除阶乘法是"从特殊到一般"的不完全归纳,而求导法、数学归纳法和计数原理法则属于严谨的数学证明方法。

25.4 结论与启示

综上,1800—1939 年间的美英代数教科书采用了多类方法证明二项式定理,从以先异后同法和待定系数法为主,发展到 6 类方法并存,之后数学归纳法逐渐占据了主导地位。与我国现行教科书不同的是,计数原理法在早期代数教科书中昙花一现,随后便被数学归纳法所取代。

早期代数教科书中呈现的多类证明方法及其演变方式为今天的教科书编写和课堂教学带来了一定的启示,同时也提供了丰富的资源。

现行教科书中普遍采用计数原理法,学生很少有机会接触到其他证明方法,而这些方法背后蕴含的数学思想方法也是教学目标之一。因此,教师还可以制作微视频,介绍二项式定理悠久的历史和精彩纷呈的证明方法,并引导学生比较不同方法的优劣,突显数学证明的严谨性,彰显方法之美。

课堂中还可以设置自主探究活动,为学生提供"再创造"的机会,让学生经历前人思考和探索的过程,进而营造探究之乐。传统课堂往往"重实际应用,轻逻辑证明",但只有真正理解定理背后的概念性知识,"知其然又知其所以然",学生才能在不同的情境下灵活运用定理。因此,在学生自主探究的基础上,教师可以选择几类方法重点讲解,帮助学生理解二项式定理的本质,培养学生数学运算、逻辑推理的核心素养,实现能力之助。

二项式定理具有深厚的历史底蕴,不同国家、不同时期的数学家都对其作出过贡献,我国古代数学家也取得过较高成就,教师可以将这些素材制作成阅读材料发放给学生,让学生感受东西方文化的异同,展示文化之魅。

最后,二项式定理的内容非常丰富,与其他数学知识之间具有广泛联系,例如,组合、导数、概率与统计、数学归纳法等。教师在进行二项式定理的教学时,应注重知识间的联系,帮助学生体会数学学习的乐趣,感悟数学的严谨性,增强学好数学的信念,从而实现在教学中渗透学科德育的教学目标,达成德育之效。

参考文献

毛锡荣(2018).凸显数学的思维过程,促进学生的长效发展.数学通报,57(03):18-22.

汪晓勤(1999).二项式定理史略.中学数学杂志,(11):44-46.

汪晓勤,沈中宇(2020).数学史与高中数学教学:理论、实践与案例.上海:华东师范大学出版社.

中华人民共和国教育部(2020).普通高中数学课程标准(2017年版2020年修订).北京:人民教育出版社.

Alsop, S. (1846). *An Elementary Treatise on Algebra*. Philadelphia: E. C. & J. Biddle.

Boyd, J. H. (1901). *College Algebra*. Chicago: Scott, Foresman & Company.

Hind, J. (1837). *The Elements of Algebra*. Cambridge: John William Parker.

Olney, E. (1873). *A University Algebra*. New York: Sheldon & Company.

Ryan, J. & Adrain, R. (1826). *An Elementary Treatise on Algebra*. New-York: Collins & Hannay.

Simpson, T. (1809). *A Treatise of Algebra*. Philadelphia: Mathew Carey.

Stoddard, J. F. & Henkle, W. D. (1857). *An Algebra: Designed for the Use of High Schools, Academies, and Colleges*. New York: Sheldon, Blakeman & Company.

Taylor, J. M. (1889). *A College Algebra*. Boston: Allyn & Bacon.

Van Velzer, C. A. & Slichter, C. S. (1892). *University Algebra*. Madison: Tracy, Gibbs & Company.

Venable, C. S. (1872). *An Elementary Algebra*. New York: University Publishing Company.

思 想 篇

26 数学归纳法

方 倩[*]

26.1 引言

众所周知,数学归纳法是证明与正整数有关的数学命题十分重要的方法,是高中数学的重要内容之一,是发展学生逻辑推理素养的重要工具。人教版 A 版教科书将数学归纳法安排在"推理与证明"这一章,先用多米诺骨牌的例子引出数学归纳法,再给出该方法的步骤,并将其应用于数列通项公式和一些等式的证明。沪教版教科书将数学归纳法安排在数列之后,先介绍归纳法,再给出数学归纳法的步骤,并将其应用于等差数列通项公式和一些等式的证明。

《普通高中数学课程标准(2017 年版 2020 年修订)》在教科书编写建议中指出,要把数学文化融入数学学习内容中,充分体现数学的文化价值,体现数学对于人类文明发展的贡献。在内容中,既要结合数学史适时吸收一些体现中华民族优秀传统文化的素材;也要借鉴异域文化的优秀成分,展现高中数学教科书应有的国际视野。

近年来,在 HPM 研究领域,教学实践与案例开发日益成为人们关注的焦点。有关数学归纳法教学案例的开发,离不开丰富的史料。另一方面,教科书编者也希望从西方教科书中吸取有用的素材和思想养料。

为此,本章针对数学归纳法这一主题,选取历史上 21 种初等代数教科书进行考察。这 21 种代数教科书中,有 1 种出版于加拿大,3 种出版于英国,17 种出版于美国;11 种出版于 19 世纪,10 种出版于 20 世纪。本章的研究问题是:数学归纳法在早期代数教科书中经历了怎样的演变过程? 主要用于证明哪些命题?

---

[*] 华东师范大学第一附属中学教师。

26.2 不完全归纳法的应用

在所考察的 21 种教科书中,多数并未专门介绍数学归纳法,而只是应用该方法来证明有关命题。

Perkins(1850)提到了归纳法(induction)一词,但并未真正运用数学归纳法。书中利用排列数的计算,从 n 个数 a_1, a_2, a_3, $\cdots$, a_n 中选择 2 个数排列,将 a_1 放在 a_2, a_3, $\cdots$, a_n 之前,共有 $n-1$ 种方法,共有 n 个数,方法种数为 $n(n-1)$。再从 n 个数 a_1, a_2, a_3, $\cdots$, a_n 中选择 3 个排列,将 a_1 放在前面,则其余两个有 $(n-1)(n-2)$ 种排列,共有 n 个数,方法种数为 $n(n-1)(n-2)$。以此类推,从 n 个数 a_1, a_2, a_3, $\cdots$, a_n 中选择 r 个进行排列,排列数为 $n(n-1)(n-2) \cdot \cdots \cdot (n-r+1)$。

Robinson(1874)运用归纳法证明了二项式系数公式。Potts(1879)给出了归纳法的定义为:从一些特例出发,推导一个序列或一般代数式的过程,叫做归纳法。书中还提及,牛顿(I. Newton,1643—1727)通过试验和归纳法得出了二项式系数。

Shoup(1880)使用了数学归纳法(mathematical induction)的名称,但并未按照数学归纳法的步骤来证明命题,书中所应用的实际上还是不完全归纳法。Wentworth(1881)和 Venable(1881)也都应用了不完全归纳法。

实际上,即使教科书中已经出现了数学归纳法,不完全归纳法的使用依然是十分普遍的。例如,Beman & Smith(1900)即通过不完全归纳得出等差数列和等比数列的通项公式。

26.3 数学归纳法的应用

一些教科书已经应用了数学归纳法。数学归纳法主要应用于对以下 4 类命题的证明。

(1) 二项式定理

Smith(1886)利用数学归纳法证明了二项式定理:

$$(x+a)^n = x^n + nax^{n-1} + \frac{n(n-1)}{1 \times 2} a^2 x^{n-2} + \frac{n(n-1)(n-2)}{1 \times 2 \times 3} a^3 x^{n-3} + \cdots 。$$

在早期代数教科书中,数学归纳法最普遍的应用莫过于该定理的证明了。

（2）幂和公式

1890 年，英国数学家和数学史家鲍尔在《初等代数》中应用了数学归纳法，除了证明二项式定理，还证明了若干求和公式（Ball，1890，pp. 372—374）。这些公式包括：

$$1^2 + 2^2 + 3^2 + \cdots + n^2 = \frac{1}{6} n(n+1)(2n+1);$$

$$1^3 + 2^3 + 3^3 + \cdots + n^3 = \frac{1}{4} n^2(n+1)^2 。$$

（3）格雷戈里—牛顿插值公式

Hall & Knight(1895)应用数学归纳法证明了格雷戈里—牛顿插值公式。

设 $u_1, u_2, u_3, \cdots, u_n$ 为一列有理函数，则一阶差分为：$\Delta u_1 = u_2 - u_1$，$\Delta u_2 = u_3 - u_2$，$\cdots$；二阶差分为：$\Delta_2 u_1 = \Delta u_2 - \Delta u_1$，$\Delta_2 u_2 = \Delta u_3 - \Delta u_2$，$\cdots$。一般地，$k$ 阶差分为

$$\Delta_k u_1 = \Delta_{k-1} u_2 - \Delta_{k-1} u_1, \ \Delta_k u_2 = \Delta_{k-1} u_3 - \Delta_{k-1} u_2, \ \Delta_k u_3 = \Delta_{k-1} u_4 - \Delta_{k-1} u_3, \ \cdots,$$

不难得到

$$u_2 = u_1 + \Delta u_1,$$
$$u_3 = u_1 + 2\Delta u_1 + \Delta_2 u_1,$$
$$u_4 = u_1 + 3\Delta u_1 + 3\Delta_2 u_1 + \Delta_3 u_1,$$

一般地，有

$$u_n = u_1 + C_{n-1}^1 \Delta u_1 + C_{n-1}^2 \Delta_2 u_1 + \cdots + C_{n-1}^{n-1} \Delta_{n-1} u_1 。$$

（4）连分数的化简

Fisher & Schwatt(1899)运用数学归纳法对连分数进行化简。从正整数 m 开始，构造一系列分数：

$$\frac{N_0}{D_0} = \frac{m}{1},$$

$$\frac{N_1}{D_1} = m + \frac{1}{d_1} = \frac{md_1 + 1}{d_1},$$

$$\frac{N_2}{D_2} = m + \cfrac{1}{d_1 + \cfrac{1}{d_2}} = \frac{d_2(md_1 + 1) + m}{d_1 d_2 + 1} = \frac{d_2 N_1 + N_0}{d_2 D_1 + D_0},$$

$$\frac{N_3}{D_3}=m+\cfrac{1}{d_1+\cfrac{1}{d_2+\cfrac{1}{d_3}}}=\frac{d_3(md_1d_2+m+d_2)+(md_1+1)}{d_3(d_1d_2+d)+d_1}=\frac{d_3N_2+N_1}{d_3D_2+D_1}。$$

若指标为 k 时,有

$$\frac{N_k}{D_k}=m+\cfrac{1}{d_1+\cfrac{1}{d_2+\cfrac{1}{d_3+\cdots+\cfrac{1}{d_{k-1}+\cfrac{1}{d_k}}}}}=\frac{d_kN_{k-1}+N_{k-2}}{d_kD_{k-1}+D_{k-2}},$$

则指标为 $k+1$ 时,有

$$\frac{N_{k+1}}{D_{k+1}}=m+\cfrac{1}{d_1+\cfrac{1}{d_2+\cfrac{1}{d_3+\cdots+\cfrac{1}{d_k+\cfrac{1}{d_{k+1}}}}}}$$

$$=\frac{\left(d_k+\cfrac{1}{d_{k+1}}\right)N_{k-1}+N_{k-2}}{\left(d_k+\cfrac{1}{d_{k+1}}\right)D_{k-1}+D_{k-2}}$$

$$=\frac{d_{k+1}(d_kN_{k-1}+N_{k-2})+N_{k-1}}{d_{k+1}(d_kD_{k-1}+D_{k-2})+D_{k-1}}$$

$$=\frac{d_{k+1}N_k+N_{k-1}}{d_{k+1}D_k+D_{k-1}}。$$

由于等式对于指标 1 成立,故对指标 2 成立,从而对指标 3 也成立。以此类推,对任意正整数 $n(n>1)$,均有

$$\frac{N_n}{D_n}=m+\cfrac{1}{d_1+\cfrac{1}{d_2+\cfrac{1}{d_3+\cdots+\cfrac{1}{d_{n-1}+\cfrac{1}{d_n}}}}}=\frac{d_nN_{n-1}+N_{n-2}}{d_nD_{n-1}+D_{n-2}}。$$

除了数学归纳法定义出现之前的 4 类应用,定义出现之后还增加了一类应用,即有关整除性命题的证明,例如:

- n 为正整数时, $a^n - b^n$ 能被 $a - b$ 整除;

- n 为正整数时, $n(n+1)(2n+1)$ 能被 6 整除。

在 21 种教科书中,有 14 种将数学归纳法应用于二项式定理的证明,6 种应用于求和公式的证明,1 种应用于格雷戈里—牛顿插值公式的证明,1 种应用于连分数的化简,4 种应用于整除性命题的证明。

图 26 - 1 呈现了 5 类应用的时间分布情况。

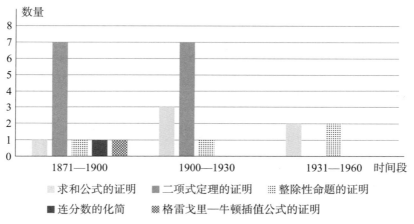

图 26 - 1   数学归纳法应用的时间分布

26.4   数学归纳法的定义

Tanner(1907)最早给出了数学归纳法的定义。在 21 种教科书中,有 5 种给出了数学归纳法的定义,定义的表述形式共有 4 种。

定义 1   当我们证明任何一个无穷序列的命题成立时,数学归纳法是一个特殊有效的方法。为了使用该方法,需要将无穷序列与正整数建立一一对应关系,我们用 S_1, S_2, S_3, ⋯ 来表示这些命题,该方法的目标就是证明每个 $S_i (i \in \mathbf{N}^*)$ 成立,此方法主要有两个步骤:第一步,证明 S_1 成立;第二步,证明当 S_n 成立时, S_{n+1} 也成立。(Perkins,1850,pp. 239—241)

定义 2   数学归纳法用来证明某些代数命题的正确性,包含三个独立的步骤:(1)证明,若命题对任意一个正整数 n 成立,则对 $n+1$ 也成立;(2)再证明,命题对最小的 n(如 $n=1$) 成立;(3)接下来可推断,命题对 $n=2$ 成立,那么对 $n=3$ 也成立,以此类推,可知命题对任一正整数 n 都成立。(Robinson,1874, p. 171)

定义 3 数学归纳法主要由两个重要步骤组成:(1)通过观察、尝试或者其他方法得出一个或多个正确的结论;(2)证明:若命题对任一给定的项成立,那么对后一项也成立。(Potts,1879, pp. 42—43)

定义 4 数学归纳法是代数中的一种常用方法,由两部分组成:(1)若命题对某个正整数成立,证明命题对其后一个正整数仍然成立;(2)验证所要证明的命题对某个特定的正整数成立。(Shoup,1880, p. 61)

26.5 数学归纳法的逻辑基础

Levi(1954)给出了数学归纳法的逻辑基础——皮亚诺公理。皮亚诺公理是关于自然数集 S 的一个公理,满足以下 5 条性质:

Ⅰ. 1 是集合 S 的元素;

Ⅱ. 对于集合 S 的元素 a,都有 S 中的一个确定的元素 a^+,a^+ 叫做后继数;

Ⅲ. 对于集合 S 中的每个元素 a, a^+ 不是 1;

Ⅳ. 如果 a 和 b 是集合 S 中的元素,若 $a^+=b^+$,则 $a=b$;

Ⅴ. 若 S 的每个子集 T 满足下列条件,则 T 就是 S 本身:

(i) 1 是 T 的元素;

(ii) 若 a 是 T 的元素,则 a^+ 也是 T 的元素。

S 中的加法和乘法分别定义为:$x+1=x^+$,$x+y^+=(x+y)^+$;$x \cdot 1=x$, $x \cdot y^+=x \cdot y+x$,其中 x、y 是 S 的元素。

26.6 数学归纳法历史在教科书中的反映

以上我们看到,数学归纳法在一个世纪的西方初等代数教科书中经历了四个阶段:不完全归纳法的应用、数学归纳法思想的出现、数学归纳法定义的形成,最后确立了数学归纳法的逻辑基础。图 26-2 呈现了上述演变过程。

从历史上看,古代文明的很多数学文献中已经呈现了古人对不完全归纳法的应

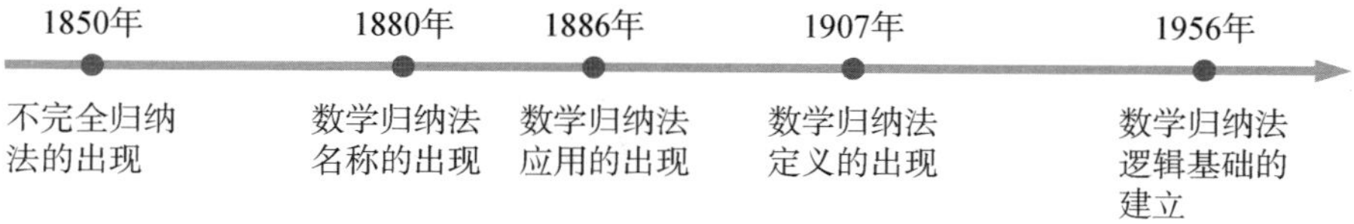

图 26 - 2　数学归纳法在早期代数教科书中的演变

用。例如,在塞琉古时期(公元前 3 世纪)的泥版上,已经出现了二次幂和公式

$$1^2+2^2+3^2+\cdots+10^2=\left(\frac{1}{3}\times1+\frac{2}{3}\times10\right)\times55。$$

古人不会用字母表示数,上述等式已经具有一般意义。要得出这样的公式,古人不可能不用归纳的方法。

　　公元 4 世纪,古希腊数学家帕普斯在证明关于鞋匠刀形的一个命题时,已经运用了数学归纳法的两个步骤。14 世纪法国犹太数学家热尔松、16 世纪意大利数学家毛罗利科(F. Maurolico,1494—1575)都运用过数学归纳法,他们的做法是:先证明相关的递推公式,确保当 $n=k$ 时命题成立,必有当 $n=k+1$ 时命题也成立;再验证当 $n=1$ 时命题成立。 17 世纪法国数学家帕斯卡在证明算术三角形性质时,先证明了两个引理,分别对应于数学归纳法的两个步骤(汪晓勤,韩祥临,2002),顺序与我们今天所惯用的步骤相同。

　　然而,19 世纪之前,数学归纳法并没有明确的名称。1845 年,英国数学家德摩根在为《便士百科全书》撰写"归纳法(数学)"这一辞条时,建议使用"递次归纳法"(successive induction)这一名称(De Morgan,1838),有趣的是,"递次归纳法"之名无人问津,而"数学归纳法"之名反倒被人们普遍采用。德摩根列举了两个例子,一是等式 $1+3+5+\cdots+(2n-1)=n^2$,二是等幂差的整除性。德摩根也采用先归纳假设,再验证特例的做法。

　　数学归纳法的逻辑基础直到皮亚杰公理提出后才建立起来。

　　可见,数学归纳法在早期代数教科书中的演变过程是数学归纳法历史的一个缩影。早期代数教科书大多先证明当 $n=k$ 时结论成立,则当 $n=k+1$ 时结论亦成立;再找一个特定的正整数 n_0,使得结论成立,这与热尔松、毛罗利科、德摩根等的做法是一致的。

26.7　结论与启示

　　从 19 世纪 50 年代到 20 世纪 50 年代的一个世纪里,21 种西方早期代数教科书中数学归纳法的演变过程是数学归纳法历史的缩影,反映了人们证明与正整数相关命题的思想方法从不严谨到严谨、从不规范到规范的演进过程。

早期代数教科书所呈现的有关数学归纳法的内容与今日教科书有所不同。在定义方面,数学归纳法的两个步骤与今天我们耳熟能详的两个步骤顺序相反;在应用方面,今日教科书中数学归纳法往往与数列知识相结合,而早期代数教科书很少将两者结合起来。在早期代数教科书中,数学归纳法最为普遍的应用是二项式定理的证明,此外还有排列组合公式、求和公式、等幂差的整除性命题以及插值公式等的证明,但未涉及不等式。

数学归纳法的演变过程告诉我们,在面对与正整数相关的数学命题时,不完全归纳法是人们的自然选择。对于等差数列和等比数列通项公式,早期教科书普遍采用不完全归纳法,没有一种教科书采用数学归纳法。因此,在今日教学中,选择恰当的例子(如命题"费马数是素数"),揭示数学归纳法的必要性是十分重要的。另一方面,人们喜欢用多米诺骨牌来引入数学归纳法,而多米诺骨牌恰好对应于早期教科书中数学归纳法的两个步骤:先要确保一块倒必导致下一块倒,然后推倒第一块。从这个意义上说,早期教科书中的先归纳假设再验证特例的顺序是十分自然的。

参考文献

汪晓勤,韩祥临(2002). 中学数学中的数学史. 北京:科学出版社.

Ball,W. W. R. (1890). *Elementary Algebra*. Cambridge:The University Press.

Beman,W. W. & Smith, D. E. (1900). *Elements of Algebra*. Boston:Ginn & Company.

Cajori, F. (1916). *Elementary Algebra*. New York:The Macmillan Company.

Crawford, J. T. (1935). *Senior High School Algebra*. Toronto:The Macmillan Company.

De Morgan, A. (1838). Induction (Mathematics). *The Penny Cyclopaedia* (Vol. 12), London: Charles Knight & Company. , 465 - 466.

Fisher, G. E. & Schwatt, I. J. (1899). *Elements of Algebra*. New York:The Macmillan Company.

Hall,H. S. & Knight, S. R. (1895). *Elementary Algebra*. New York:Macmillan & Company.

Hall,H. S. & Knight, S. R. (1922). *Elements of Algebra*. New York:Macmillan & Company.

Levi, H. (1954). *Elements of Algebra*. New York:Chelsea Publishing Company.

Perkins, G. R. (1850). *The Elements of Algebra*. New York: D. Appleton & Company.

Potts, R. (1879). *Elementary Algebra*. London: Longmans & Company.

Ray, J. M. D. (1890). *Elements of Algebra*. New York: American Book Company.

Robinson, H. N. (1874). *New Elementary Algebra*. New York: Ivison, Blakeman, Taylor & Company.

Schultze, A. (1915). *Elementary Algebra*. New York: Macmillan & Company.

Shoup, F. A. (1880). *The Elements of Algebra*. Washington, D. C. : E. J. Hale & Son.

Slaught, H. E. & Lennes, N. J. (1915). *Elementary Algebra*. Boston: Allyn & Bacon.

Smith, C. (1886). *Elementary Algebra*. London: Macmillan & Company.

Somerville, F. H. (1908). *Elementary Algebra*. New York: American Book Company.

Tanner, J. H. (1904). *Elementary Algebra*. New York: American Book Company.

Tanner, J. H. (1907). *High School Algebra*. New York: American Book Company.

Venable, C. S. (1881). *High School Algebra*. New York: University Publishing Company.

Wells, W. S. B. (1912). *New High School Algebra*. New York: D. C. Heath & Company.

Wentworth, G. A. (1881). *Elements of Algebra*. Boston: J. S. Cushing & Company.

文 化 篇

27 代数学的价值

邵爱娣[*]　　刘思璐^{**}

邵爱娣[*]　　刘思璐[**]

27.1 引言

理想的教学要求教师不仅要知道"教什么""如何教",还要知道"为何教"(Young, 1907, p. 10),而教师只有深刻理解数学的价值,才能知道"为何教"。关于数学的价值,《普通高中数学课程标准(2017 年版 2020 年修订)》指出:"数学是自然科学的重要基础,在形成人的理性思维、科学精神和智力发展中发挥着不可替代的作用,它还是表达与交流的语言,其应用渗透在人们日常生活的各个方面。"(中华人民共和国教育部,2020)其还在课程目标中提出"让学生认识数学的科学价值、应用价值、文化价值、审美价值"的要求。

调查表明,学生在初等教育时期,受以功利性和实用性为主的升学考试的影响,随着学段的升高,其数学观各维度的水平逐步下降,高中最低。(周琰,谭顶良,2010;谢明初,2015)鉴于此,一些学者大力提倡在数学教学中凸显数学的价值,改变学生消极的数学观。(周立栋,2010;吴维煊,2011;朱立明,马云鹏,2014)

代数是数学的一个分支,在中小学数学教育中占有重要地位。要在代数教学中体现数学的价值,首先需要深入探讨代数学所特有的价值。虽然有许多学者在这方面作过探讨(李忠,2012;王尚志,胡凤娟,2018;刘鹏飞,孟建伟,2019),但很少见到基于历史视角的文献研究。事实上,对于代数学价值的探讨可以上溯至 17 世纪,法国数学家笛卡儿称:"一切问题均可转化为代数问题,一切代数问题均可转化为方程问题。"19世纪以来,部分西方代数教科书或多或少都对代数学教育价值作过论述,对于这些代

---

* 上海市延安初级中学教师。
** 华东师范大学教师教育学院博士研究生。

数教科书的价值观进行考察,一方面能够帮助今天的教师更深刻、全面地理解代数学的教育价值,另一方面也能够为今日代数教学和教科书编写带来一定的启示。

本章对 1800—1959 年间出版的美英代数教科书进行考察,以试图回答以下问题:早期代数教科书提出了代数学的哪些教育价值?这些价值在教科书中是如何体现的?对今日中学代数教学和教科书编写有何启示?

27.2　研究方法

27.2.1　对象选取

研究者详细阅读有关数据库中 200 余种出版于 1800—1959 年间的美英代数教科书的前言和正文引言部分,从中筛选出论及代数学价值的教科书作为研究对象。关于代数学价值的表述有以下 4 类:

第 1 类:直接描述代数学的价值;

第 2 类:描述数学的价值,因其出现在代数教科书的前言部分,将其归为代数学的价值;

第 3 类:描述该教科书或教科书的某一部分(如例题)所要达成的教育价值,因其出现在代数教科书的前言部分,将其归为代数学的价值;

第 4 类:描述代数学中某一个知识点的价值。

最终确定 155 种教科书为研究对象,其中 112 种在前言中论及代数学的价值,25 种在正文引言部分论及代数学的价值,18 种在前言和正文引言部分同时论及代数学的价值。以 20 年为一个时间段进行统计,这些教科书的出版时间分布情况如图 27-1 所示。

27.2.2　分类框架的建立

为了回答"中学代数的价值是什么"这个问题,Kelley(1920)对数学家以及从事各行各业的人们进行了一项调查。通过对 Kelley(1920)的调查结果进行分析和归类,形成了初步的代数学价值分类框架。运用该框架对美英早期代数教科书的代数学价值进行统计时,根据统计情况,反过来又对分类框架进行适当修正,最终形成正式的代数学价值分类框架,见表 27-1。

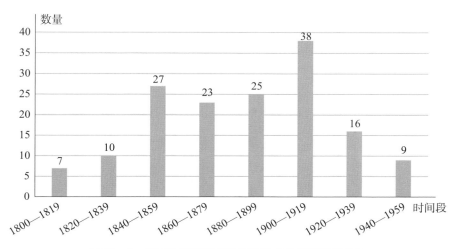

图 27 - 1　155 种美英早期代数教科书的出版时间分布

表 27 - 1　代数学价值的分类框架

类 别	具 体 内 涵
学科基础	数学学科基础；其他学科基础。
思维训练	推理能力；分析能力；概括能力；抽象能力。
品质培养	自主性；专注力；坚韧性；进取和探索精神。
实际应用	科学发展；职业需要；日常生活；问题解决。
数学交流	语言；表达；陈述。
情感信念	鉴赏数学；培养兴趣。
学科优势	代数的一般性；代数的便捷性。

27.2.3　分类统计

确定分类框架后，由两位研究者运用文本分析法对 155 种教科书的前言及正文引言部分进行研究，提炼出其中关于代数学价值的统计单位，根据分类框架对统计单位进行分类。对于分类有争议的地方，研究者进行再讨论，直至全部一致。

统计结果显示，有 81 种教科书论及 1 类价值，47 种论及 2 类价值，19 种论及 3 类价值，4 种论及 4 类价值，2 种论及 5 类价值，2 种论及 6 类价值。7 类价值共出现 270次，具体分布情况如图 27 - 2 所示。

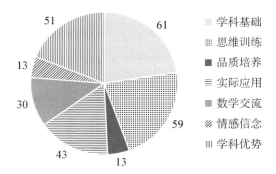

图 27‑2　代数学价值的分布

27.3　代数学的价值

27.3.1　学科基础

有 61 种教科书(占 39.4%)提及代数作为学科基础的价值,这也是代数学价值中占比最多的一类。数学上,除了算术和初等几何以外,没有什么学科离得开代数学。三角学、解析几何、微积分,没有代数学可谓寸步难行。作为跨学科基础,代数知识是学习诸如物理、化学、工程、商业等其他学科所需要的必备知识。表 27‑2 给出了代表性的具体观点。

表 27‑2　关于学科基础的代表性观点

类别	具 体 观 点	代表性教科书
数学学科基础	代数被认为是整个数学科学所依赖的重要支柱。	Williams(1840)
	代数被认为是所有数学知识的主要基础之一。每一个人要想对高等数学有全面的了解,就必须从学习和充分掌握代数原理开始。	Alsop(1846)
	除了一些初等几何和最简单的算术知识外,倘若没有代数知识,其他数学分支就不可能存在。抛开代数去学数学,就如同不用双脚去走路一样。	Myers & Atwood (1916)
其他学科基础	本书的目的是让年轻的学生学习代数,特别是代数中那些对学习几何、测量、物理和化学不可或缺的部分。	Hopkins & Underwood (1912)
	本书以各种方式介绍了来自其他研究分支的关键和永恒的数字事实和定律。这使代数与地理、历史和其他学科相联系。通过使用这些分支中一些最重要的公式,以及让学生熟悉它们的基本概念和数字事实,可以进一步与物理和工程联系起来。	Durell(1914)

27.3.2 思维训练

有59种教科书(占38.1%)提到代数的思维训练价值。通过学习代数,学生能够提高智力,增强逻辑推理能力,发展抽象概括能力,并且能够缜密地思考问题,等等。总之,这里的思维训练是指跟脑力活动相联系的教育价值。表27-3给出了代表性的具体观点。

表27-3 关于思维训练的代表性观点

类别	具 体 观 点	代表性教科书
推理能力	毫无疑问,学习代数应该培养和训练学生的推理能力。	Clarke(1881)
分析能力	通过对整本书的梳理,希望能锻炼学生的分析能力。	Lawrence(1853)
概括能力	将一个有限的数值问题以更一般的形式提出,以便培养学生的概括能力。	Loomis(1876)
抽象能力	代数运算在很大程度上要求学生进行抽象练习。	Green(1839)

27.3.3 品质培养

有13种教科书(占8.4%)提到代数在培养学生品质方面的价值。这里的品质指的是学生的行为和作风显示出来的品性、认识等。无论是锻炼坚韧的意志、培养良好的习惯,还是培育探索精神、增加卓识远见,学习代数都带来了很大的帮助。表27-4给出了代表性的具体观点。

表27-4 关于品质培养的代表性观点

类别	具 体 观 点	代表性教科书
自主性	教科书能帮助学生避免灰心,引导他们自力更生,从而接近理想。	Gilbert & Sullivan (1903)
专注力	学生从这些练习中获得了极大的益处,通过练习可以集中注意力。	Tower(1855)
坚韧性	整个数学科学,特别是代数,其本质都是耐心而稳步地不断进步。很明显,学生必须把每一件事都彻底地弄明白,即在学习下一个内容之前,必须先完全理解前面学习过的每一个规则和问题。要让学生记住,坚持不懈的毅力可以完成几乎所有的事情。	Williams(1840)
进取和探索精神	在所有激发进取精神和探索精神的科学中,没有一门比数学更有用的了。	Bonnycastle (1806)

27.3.4 实际应用

有 43 种教科书(占 27.7%)提到了代数的实用价值。代数渗透于日常生活的许多方面,是从事多种行业的人员必须掌握的一门学科。表 27-5 给出了代表性的具体观点。

表 27-5 关于实际应用的代表性观点

类别	具 体 观 点	代表性教科书
科学发展	代数的实用性理应得到重视,要做到这一点,教科书就必须引入简单的几何和物理公式,并将代数应用于学生易于理解的现代工业、商业和科学问题。	Young & Jackson (1910)
	试图借鉴几何学、物理学、投资理论及纯科学和应用科学的其他分支来举例说明,从而强调代数的直接实用性。	Skinner(1917)
职业需求	就数学研究而言,总是有两类学生:那些在以后的生活中将数学作为其职业工具之一的学生——工程师、建筑师、会计师、教师和科学家;那些不愿意这么做的人。	Jones(1892)
	代数语言在商业期刊、工匠手册和商业手册中有如此明确地位的时代已经到来,以至于商店里的工人和办公室里的商人都有各自的实际需要。	Wentworth & Smith(1911)
	今日的领导者并非昔日伟大的演讲家和富有魅力的说话者,而是数学化的思想家。正是后者获得了这个商业和工业时代的各项大奖。	Myers & Atwood (1916)
日常生活	选择的问题一般是在数学和科学的研究中出现的实际问题。本书希望用代数在世界生活中的重要性和价值来打动学生。	Comstock (1907)
	大量的应用问题,使学生了解数学在日常生活中的许多应用。	Rothrock & Whitacre(1932)
问题解决	正确的生活不过是解决一连串的问题,每一个想要成功的人都必须与生活中的问题作斗争。生活中的问题要比代数问题难,但是获得解决难题能力的最好方法是先掌握一些处理简单问题的技巧。就特殊意义而言,代数教授的就是解决问题的策略和技巧。不懂代数,就等于被剥夺了最有效的问题解决工具。	Myers & Atwood (1916)

27.3.5 数学交流

有 30 种教科书(占 19.4%)给出了代数在数学交流上的价值。代数语言是人们精确表达思想的强有力的工具,同时,代数也能锻炼学生的表达能力。表 27-6 给出了代表性的具体观点。

表 27-6　关于数学交流的代表性观点

类别	具 体 观 点	代表性教科书
语言	代数是一种用符号书写的无声语言。	Dupuis(1900)
	今天,每一个文明的民族都在使用这种语言。在世界上现存的所有语言中,它最应该被称为人类的通用语言。	Myers & Atwood (1916)
表达	教师和教科书的基本任务都应该是训练学生表达的准确性和简洁性,数学本身在很大程度上是实现这一目标的媒介。	Ford(1922)
陈述	精确的陈述是学习代数所追求的目标。	Gilbert & Sullivan (1903)

27.3.6　情感信念

有 13 种教科书(占 8.4%)认为,学习代数有助于改善学生对该学科的情感和信念。这里的情感信念指的是学生对于数学学科或数学学习的一种态度的感受和认识。表 27-7 给出了代表性的具体观点。

表 27-7　关于情感信念的代表性观点

类别	具 体 观 点	代表性教科书
鉴赏数学	本书的目的是引导年轻人欣赏数学推理。	Olney(1874)
	一个通晓算术的人会发现学习代数是一件非常愉快的事,而且一般说来,也不是什么难事。	Greenleaf(1852)
培养兴趣	本书包括提高学生代数水平所必需的一切,以一种有意引起他们兴趣的方式安排和举例,培养他们对分析研究的兴趣。	Docharty(1867)
	代数的学习从来都是有趣和有益的。	Hull(1904)

27.3.7　学科优势

有 51 种教科书(占 32.9%)指出,与算术相比,代数有其独特的优势。代数是算术的一种延续,它能解决用算术和几何方法难以解决或不可能解决的问题。表 27-8 给出了代表性的具体观点。

表 27-8　关于学科优势的代表性观点

类别	具 体 观 点	代表性教科书
代数的一般性	算术的对象是有限的,应用是片面的,但代数,或者说分析的艺术,是普遍的、全面的,可以成功地应用于一切需要真理和正确数据的场合。	Bonnycastle (1806)
	算术是数的艺术或科学,它处理数的本质和性质,但仅限于通常使用的某些计算方法。代数更加全面,被牛顿称为通用算术。	Loomis(1846)
代数的便捷性	代数使我们能够进行比算术更容易、更迅速的推理,并得出问题的答案,而这些问题单靠算术是很难解决的,甚至是不可能解决的。	Sherwin(1841)
	日常生活中的许多问题常用算术来解决,但若用代数来处理,则会简单得多。为什么锋利、便捷的工具如此容易得到,还要使用钝的、笨拙的工具呢?现代农场主对于用镰刀而不用自动割麦机来收割麦子的想法嗤之以鼻。	Myers & Atwood (1916)

27.4　代数学价值的分布

由于每个时间段的教科书数量有差别,因而对上述 7 类代数学的价值在不同时段所占百分比进行统计,并绘制图表。图 27-3 给出了各类代数学价值的时间分布情况。

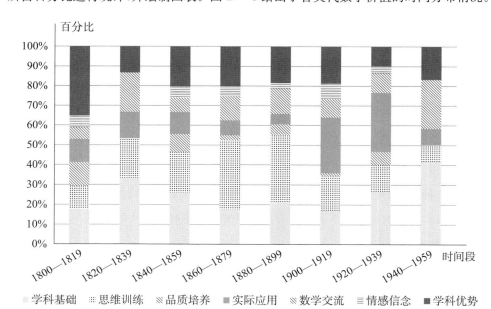

图 27-3　各类代数学价值的时间分布

以 20 年为一个时间段,则 160 年分成了 8 个时间段。由图可见,品质培养和情感信念出现在其中的 6 个时间段,其余 5 类价值出现在所有时间段。由此,19 世纪至 20 世纪上半叶,代数教科书对代数学的 7 类价值都有所关注。总的来说,早期代数教科书呈现出了代数学价值的多样性。就单个价值而言,学科基础和思维训练两种价值占比最高。而变化比较明显的是思维训练和实际应用,19 世纪末,思维训练占比较高,进入 20 世纪之后,实际应用占比迅速上升,这与 20 世纪初西方的数学教育改革运动息息相关。

27.5 代数学价值在教科书中的体现

在对早期代数教与学的研究中发现,Hotz(1918)从加法和减法、乘法和除法、方程和公式以及问题、图像 5 个方面编制了代数测试量表;Durell(1921)从口头和书面问题、图像、公式、新颖的例子等方面给出了代数教学的建议;而 Thorndike 等(1923)从公式、方程、问题、图像 4 个方面阐述了学习代数需要具备的能力。因此,早期代数教科书比较注重学生对于代数运算、公式、方程、图像和问题 5 个方面的学习。以下我们从这 5 个方面来分析代数学价值在教科书中的体现。

27.5.1 代数运算

相比于算术,代数运算代表了更一般化的数字运算,因而早期代数教科书通过代数运算来培养学生的抽象和概括能力。如 Lyman & Darnell(1917)在讲解多项式乘以多项式时类比两位数竖式乘法的方式,如图 27-4,要把 32 乘以 24,可以先把 $30+2$ 乘以 4,然后再乘以 20,最后把部分乘积相加。要把 $2a+3b$ 乘以 $3a+b$,先把 $2a+3b$ 乘以 $3a$,然后再乘以 b,最后把部分乘积相加。该过程让学生体会从特殊的例子当中抽象出一般的代数乘法的运算过程,从而达到锻炼学生思维的目的。

$$
\begin{array}{rl}
32 = & 30+2 \\
24 = & 20+4 \\
128 = & 120+8 \\
640 = & 600+40 \\
768 = & 600+160+8
\end{array}
\qquad
\begin{array}{l}
2a+3b \\
3a+b \\
6a^2+9ab \\
\quad 2ab+3b^2 \\
6a^2+11ab+3b^2
\end{array}
$$

图 27-4　Lyman & Darnell(1917)中的多项式乘法运算

此外,Gillet(1896)认为反复练习代数运算有助于加强记忆、加快理解,培养精确的习惯。可见,早期代数教科书通过代数运算来训练学生的思维、培养学生良好的品质。

27.5.2 公式

早期代数教科书给出了许多物理、工程、商业等学科中的公式以及运算。Wentworth,Smith & Schlauch(1917)写道:"今天任何一种商业活动中,公式都是非常有用的。没有公式的知识、价值和帮助,一个人不可能成为商业领域的真正主人。"可见公式对于商业领域的重要性。Schorling & Clark(1924)也在其教科书中突出强调公式的结构、意义和使用,认为公式是作为简洁的语言、计算的简写规则、问题的通解、表示一个量对另一个量的依赖关系的方法。

部分教科书会设置专门的章来阐述公式及其应用。如 Stone & Millis(1911)列出了不同学科领域中的 19 个公式,涉及电流强度、子弹发射后枪的反冲速度、风力、自由落体运动的距离、摄氏温标与华氏温标之间的关系、蒸汽发动机的马力、横梁的挠度、海拔、烟囱通风压力、并联电阻、石拱的张力、水泵的排水量、物体的比重等,并称:"各种公式的使用是基于这样一种信念——如果学生知道这类事情必须由从事社会工作的人来做,他们就会对求解过程产生更大的兴趣。"一个例子是:"如果一根 L 英尺长的梁两端都有支撑,并且在整个长度上均匀受力,每英尺受力 W 磅,根据所用材料 E 和 I 的特定值,可算出中点处最大挠度 D(单位为英寸)为 $D = \dfrac{5WL}{384EI}$。"建筑师在建筑设计中离不开这个公式。

总之,早期代数教科书利用公式来彰显代数的实际应用价值和数学的交流价值。

27.5.3 方程

方程刻画了现实世界中某些事件所遵循或近似遵循的规则或定律,是初等代数的中心问题。Myers & Atwood(1916)认为:"使用方程的能力是精确思考者的主要装备,代数实质上是方程的科学与艺术。"Kent(1913)明确表示:"代数的主要目的之一是解决用算术方法难以解决或不可能解决的问题,而方程是获得这些解的手段,事实上,方程是这门课的中心思想。"Young & Jackson(1910)通过突出方程在教科书中的地位来体现代数的应用价值。一些教科书专门用整章的篇幅来呈现方程的应用,如 Taylor

(1900)分别用一章的篇幅介绍一元一次方程(含6道例题、57道习题)和一元二次方程(含6道例题、53道习题)的应用。

因此,方程是早期代数教科书训练学生思维能力、凸显代数学科优势以及实际应用价值的重要工具之一。

27.5.4 图像

通过图像能够直观地表示出两个变量之间的关系。早期代数教科书运用函数图像或方程曲线,一方面让学生通过观察图像了解事物的变化规律,从而推断出其中隐含的信息;另一方面让学生动手操作,绘制图像并能根据图像回答问题。

Schorling & Clark(1924)认为数学关系的图像表示,利用了更广泛的感官体验。在其他条件相同的情况下,附带图像的问题容易被更多的学生理解和欣赏。Schultze & Breckenridge(1925)认为,图解法不仅有很大的实用价值,而且毫无疑问地提供了一种非常好的方法,以防止"学校代数退化为一种机械地应用记忆规则的倾向"。Slaught & Lennes(1915)、Rietz, Crathorne & Taylor(1915)等列专门的章介绍图像表示法,其中主要涉及函数或方程的图像或图形。Cajori & Odell(1916)用图像来表示午后12小时之内的温度变化情况以及1860—1914年间美国无烟煤价格的变化情况。Hawkes, Luby & Touton(1917)在其图像表示法一章中称:"商业世界的科学数据和数字统计经常以图像的形式清晰而简洁地表示出来。"

易知,图像的运用可用来训练学生的思维能力,激发学生的学习兴趣,并解释代数在现实世界的广泛应用。

27.5.5 问题

这里的问题主要指的是文字题,大部分问题通常具有一定的学科背景或实际背景。Lawrence(1853)提到:"在代数教学方面的经验证明,只有把这些原理应用到实际问题的解决中,才能使学生熟悉这些原理。因此,教科书中包含大量的实际例子和问题。在选择这些例子时,一个突出的目标是选择那些最有可能使学生感兴趣的,同时这些例子的解决方案又将加强学生的分析能力。"有大量的早期代数教科书会用专门的章来呈现问题。例如 Day & Thomson(1844)和 Lawrence(1853)等通过专门的章阐述了代数在几何中的应用,如问题"给定了平面三角形的三条边,求它的面积""一个人要高出地球表面多少,才能看到地球表面的三分之一",等等。Wentworth(1881)第十章共给出了 76 道练习题,涉及年龄问题、钟表问题、行程问题、工程问题、图形面积问题、动物比赛问题、军事问题、经济问题等,可谓丰富多彩。

Durell & Arnold(1920)认为,代数的其他任何部分都不如语言问题那样发展思想力量和培养对代数精神的欣赏。Seaver & Walton(1882)指出,教科书中精心安排了问题集,其推理可以很容易地在头脑中进行并通过口头表达出来。这种口头使用代数语言被认为是一种非常有效的教学方法。

可见,早期代数教科书在问题选择时关注了代数学的学科基础、思维训练、实际应用、数学交流和情感信念等价值。

27.6 结论与启示

综上,1800—1959 年间 155 种美英代数教科书呈现了 7 类代数学的价值,即学科基础、思维训练、品质培养、实际应用、数学交流、情感信念和学科优势。在 160 年间,7 类价值并没有呈现出明显的大起大落现象。由此可见,早期代数教科书编者对于代数学的价值有着比较全面和客观的认识。早期教科书的代数学价值对今日中学代数教学和教科书编写具有一定的启示。

(1)注重代数的思维训练价值。早期代数教科书中思维训练价值占了很高的比例,说明代数的学习有助于学生的思维能力发展。在实际教学和教科书编写时,要以该价值的实现为目标,从代数运算、方程求解、问题解答等方面出发,促进学生的积极思考与实践,让学生的思维真正得到锻炼。

(2)促进代数与其他学科的融合。代数作为学科基础这一价值普遍受到了早期代数教科书编者的关注,一切需要抽象原理的学科都离不开代数知识。在实际教学中要让学生体会到代数这门学科的优势所在,加强与其他学科的交流,如从公式应用、问题设计等方面着手,让学生体会到代数在其他学科发展中的重要性。

(3)重视代数学习对学生的品质及情感信念的影响。学生一开始从算术思维过渡到代数思维必定会遇到一定的困难,教师要注意对学生进行适当的引导,便于他们能顺利渡过这个时期。鼓励学生遇到困难不要退缩,要努力地战胜困难。在代数运算中培养学生的专注力和耐力,在问题解答中培养学生独立思考、积极进取、勇于探索的精神。让学生真正体验到学习代数的乐趣。

(4)加强学生代数表达的训练。代数语言是一种通用语言,其在训练学生表达的精确性和简洁性方面起到了决定性的作用。教学中应重视代数语言的学习、加强代数表达的训练，一方面能够有益于学生逻辑思维的培养，另一方面也便于其他相关学科的学习。

（5）坚持课堂教学与实践相结合。代数的实用价值告诉我们，数学源于生活，又服务于生活。很多学生由于缺乏生活实践，因而对书本上的内容一知半解。代数教学既要挖掘生活素材，又要让学生走出课堂，体验生活。从公式应用、图像辅助、问题设计等方面让学生感知代数的实用价值，消除代数无用的疑虑。这就要求教师从改变课堂教学方法入手，让学生成为课堂的主人，通过自身的体验感知，真正理解数学知识。

参考文献

李忠(2012).数学的意义与数学教育的价值.课程・教材・教法,32(01)：58-62.

刘鹏飞,孟建伟(2019).论数学的人文价值.自然辩证法研究,35(06)：113-117.

王尚志,胡凤娟(2018).数学教育的育人价值.人民教育,(Z2)：40-44.

吴维煊(2011).勿让"分数场"遮蔽数学教育的核心价值.教育理论与实践,31(32)：18-20.

谢明初(2015).数学教育的人文追求.数学教育学报,24(01)：6-8.

中华人民共和国教育部(2020).普通高中数学课程标准(2017年版2020年修订).北京：人民教育出版社.

周立栋(2010).学生数学意识养成教育——数学教育应有的价值取向.上海教育科研,(04)：93-94.

周琰,谭顶良(2010).学生数学观发展状况的调查研究.数学教育学报,19(04)：27-30.

朱立明,马云鹏(2014).基于新课标的学生数学价值感悟研究.数学教育学报,2014,23(05)：33-35+55.

Alsop, S. (1846). *An Elementary Treatise on Algebra*. Philadelphia：E. C. & J. Biddle.

Bonnycastle, J. (1806). *An Introduction to Algebra*. Philadelphia：Joseph Crukshank.

Cajori, F. & Odell, L. R. (1915). *Elementary Algebra：First Year Course*. New York：The Macmillan Company.

Clarke, J. B. (1881). *Algebra for the Use of High Schools, Academies and Colleges*. San Francisco：A. L. Bancroft & Company.

Comstock, C. E. (1907). *Elementary Algebra*. Peoria：C. E. Comstock.

Day, J. & Thomson, J. B. (1844). *Elements of Algebra*. New Haven：Durrie & Peck.

Docharty, G. B. (1867). *The Institutes of Algebra*. New York：Harper & Brothers.

Dupuis, N. F. (1900). *The Principles of Elementary Algebra*. New York：The Macmillan

Company.

Durell, F. & Arnold, E. E. (1920). *A Second Book in Algebra*. New York: Charles E. Merrill Company.

Durell, F. (1914). *Durell's Algebra*. New York: Charles E. Merrill Company.

Durell, F. (1921). *Suggestions on the Teaching of Algebra*. New York: Charles E. Merrill Company.

Ford, W. B. (1922). *A Brief Course in College Algebra*. New York: The Macmillan Company.

Gilbert, J. H. & Sullivan, E. (1903). *Practical Lessons in Algebra*. New York: Richardson, Smith & Company.

Gillet, J. A. (1896). *Elementary Algebra*. New York: Henry Holt & Company.

Green, R. W. (1839). *Gradations in Algebra*. Philadelphia: I. Ashmead & Company.

Greenleaf, B. (1852). *A Practical Treatise on Algebra*. Boston: R. S. Davis & Company.

Hawkes, H. E., Luby, W. A. & Touton, F. C. (1917). *First Course in Algebra*. Boston: Ginn & Company.

Hopkins, J. W. & Underwood, P. H. (1912). *Elementary Algebra*. New York: The Macmillan Company.

Hotz, H. G. (1918). *First Year Algebra Scales*. New York: Teachers College, Columbia University.

Hull, G. W. (1904). *Elements of Algebra for Beginners*. New York: American Book Company.

Jones, G. W. (1892). *A Drill-Book in Algebra*. Ithaca: George W. Jones.

Kelley, T. L. (1920). Values in high school algebra and their measurement. *Teachers College Record*, 21(03): 246 - 290.

Kent, F. C. (1913). *A First Course in Algebra*. New York: Longmans, Green, & Company.

Lawrence, C. D. (1853). *Elements of Algebra*. New York: Alden, Beardsley & Company.

Loomis, E. (1846). *A Treatise on Algebra*. New York: Harper & Brothers.

Loomis, E. (1876). *Elements of Algebra*. New York: Harper & Brothers.

Lyman, E. A., Darnell, A. (1917). *Elementary Algebra*. New York: American Book Company.

Myers, G. W. & Atwood, G. E. (1916). *Elementary Algebra*. Chicago: Scott, Foresman & Company.

Olney, E. (1874). *Introduction to Algebra*. New York: Sheldon & Company.

Rietz, H. L., Crathorne, A. R. & Taylor, E. H. (1915). *School Algebra: First Course*. New York: Henry Holt & Company.

Rothrock, D. A. & Whitacre, M. A. (1932). *First Year Algebra*. New York: Charles Scribner's Sons.

Schorling, R. & Clark, J. R. (1924). *Modern Algebra: Ninth School Year*. New York: World Book Company.

Schultze, A. & Breckenridge, W. E. (1925). *Elementary and Intermediate Algebra*. New York: The Macmillan Company.

Seaver, E. P. & Walton, G. A. (1882). *The Franklin Elementary Algebra*. Philadelphia: J. H. Butler.

Sherwin, T. (1841). *An Elementary Treatise on Algebra*. Boston: Sanborn, Carter, Bazin & Company.

Skinner, E. B. (1917). *College Algebra*. New York: The Macmillan Company.

Slaught, H. E. & Lennes, N. J. (1915). *Elementary Algebra*. Boston: Allyn & Bacon.

Stone, J. C. & Millis, J. F. (1911). *Elementary Algebra: First Course*. Boston: Benj H. Sanborn & Company.

Taylor, J. M. (1900). *Elements of Algebra*. Boston: Allyn & Bacon.

Thorndike, E. L., Woodyard, E., et al. (1923). *The Psychology of Algebra*. New York: The Macmillan Company.

Tower, D. B. (1855). *Intellectual Algebra*. New York: Daniel Burgess & Company.

Wentworth, G. A. & Smith, D. E. (1911). *Vocational Algebra*. Boston: Ginn & Company.

Wentworth, G. A. (1881). *Elements of Algebra*. Boston: Ginn & Heath.

Wentworth, G. A., Smith, D. E. & Schlauch, W. S. (1917). *Commercial Algebra*. Boston: Ginn & Company.

Williams, J. D. (1840). *An Elementary Treatise on Algebra*. Boston: Hilliard, Gray & Company.

Young, J. W. A. & Jackson, L. L. (1910). *A Second Course in Elementary Algebra*. New York: D. Appleton & Company.

Young, J. W. A. (1907). *The Teaching of Mathematics in the Elementary and the Secondary School*. New York: Longmans, Green, & Company.

28 代数学的历史

汪晓勤[*]

28.1 引言

我们在 19 世纪以前的数学教科书中很少见到数学史的影子。事实上，以蒙蒂克拉（J. E. Montucla，1725—1799）、康托尔（M. Cantor，1829—1920）等为代表的早期数学史家，并非为了教育而去研究数学史，数学史的教育价值远未受到人们的普遍关注，即使在今天，数学史研究者大多也仍未关注自己所研究主题的教育价值。另一方面，绝大多数教科书编者对相关领域的历史也不甚了了，且数学教育领域与数学史领域的学者之间很少有思想交流，导致大多数数学教科书与数学史之间的隔阂。

然而，在 19 世纪末，以史密斯和卡约黎为代表的美国数学史家改变了数学史受教科书冷遇的现状。史密斯和卡约黎既是数学史家，也是数学教育家，对于数学史的教育价值有着深刻的认识。史密斯是国际数学教育委员会的创始人，曾先后担任该委员会的副主席（1908—1920）和主席（1928—1932），卡约黎则先后担任了全美教育协会"十人委员会"成员（1892）、美国几何大纲"十五人委员会"成员（1910—1913）。与前辈蒙蒂克拉和康托尔不同，他们撰写数学史的主要目的是为数学教育服务。他们利用自己在数学史方面的学术优势，在各自参编的数学教科书中较多地运用了数学史素材。史密斯和卡约黎对同时代的其他教科书编者产生了一定的影响。

我们选择 20 世纪前 20 年间在美国出版的 11 种代数教科书，对其中的数学史材料进行考察，以试图回答以下问题：11 种代数教科书运用了哪些数学史料？有何特点？它们又是如何运用这些史料的？

---

[*] 华东师范大学教师教育学院教授、博士生导师。

28.2 教科书中的数学史材料

28.2.1 名人名言

Slaught & Lennes(1915)在扉页中引用培根(R. Bacon，1214—1294)的话来强调数学的价值：

- 一切科学最终都依赖于数学。
- 数学应被看作一切哲学的基础。
- 只有神圣的数学，能够净化人的心智，使学生得以获取一切知识。

然而，很少有教科书引用名人名言。

28.2.2 数学词源

Beman & Smith(1900)在附录中给出了全书涉及的数学术语的词源分析表，帮助学生更好地理解这些术语。表 28-1 给出了其中的一些重要术语的词源分析。

表 28-1　Beman & Smith(1900)中的部分数学术语词源

术语	词源	分　　析	中译名
algebra	阿拉伯语	al：定冠词；jabr：还原，合并。出自花拉子米代数学著作的书名《还原与方程的科学》。	代数学
arithmetic	希腊语	arithmos：数。	算术
eliminate	拉丁语	e：往外；limen：门槛。把……赶出门外。	消除
evolution	拉丁语	e：往外；volvere：卷。打开根。	开方
fraction	拉丁语	frangere：打碎；fractus：破碎的。	分数
function	拉丁语	functus：完成的。	函数
integer	拉丁语	in：否定的；tangere：接触。未接触的，完整的。	整数
involution	拉丁语	in：往内；volvere：卷。把根卷成幂。	乘方
logarithm	希腊语	logos：比；arithmos：数。比数。	对数
problem	希腊语	pro：向前；ballein：掷，向前抛出。problema：提出供人解决的问题。	问题
symmetry	希腊语	syn：一起；metron：度量。一起度量。	对称
symbol	希腊语	syn：一起；ballein：放置。放到一起。	符号
theorem	希腊语	theorema：所思考的一个原理。	定理

在数学教科书中补充数学名词的词源分析,这是编者贝曼(W. W. Beman,
1850—1922)和史密斯的一项创举。

28.2.3 数学人物

Beman & Smith(1900)在附录中扼要介绍代数学的历史之后,收录了书中出现的
43 位数学家的生卒年和简介。Cajori & Odell (1915;1916)使用了韦达、笛卡儿、沃利
斯、牛顿、欧拉和德摩根的画像(图 28 - 1),画像之下配有简要的文字介绍。

牛顿　　　　　　　　　　欧拉　　　　　　　　　　韦达

笛卡儿　　　　　　　　　沃利斯　　　　　　　　　德摩根

图 28 - 1　Cajori & Odell (1915;1916)中的数学家画像

Slaught & Lennes(1915)使用了魏德曼(J. Widmann,1462—1498)、韦达、哈密尔
顿、牛顿、毕达哥拉斯、沃利斯、笛卡儿、高斯和帕斯卡的画像(图 28 - 2),画像之下附有
简单的生平介绍。

毕达哥拉斯　　　　　　　魏德曼　　　　　　　　帕斯卡

哈密尔顿　　　　　　　高斯

图 28－2　Slaught & Lennes (1915)中的数学家画像

Hallett & Anderson(1917)使用了毕达哥拉斯、欧几里得、韦达、帕斯卡、笛卡儿、牛顿、高斯的画像,画像之下配有简单的生平介绍。

28.2.4　文献资料

文献资料指的是历史上数学书(包括手稿)的书影、历史上天文学家和数学家所使用的测量工具、反映数学主题的绘画作品等。

Wentworth,Smith & Brown(1917)代数部分给出雷科德《砺智石》中出现"等号"的一页书影(图 28－3)、魏德曼算术书中的加减号(图 28－4)、16 世纪数学书中代数式的写法(图 28－5)、花拉子米《代数学》拉丁文译文的手抄本书影(图 28－6)等。

在与史密斯合作之前,美国数学家温特沃斯在其独立编写的各种数学教科书中,未曾使用过任何数学史料。而作为著名的数学史家,史密斯无论是在课堂教学中还是在编写教科书时,都十分重视有关数学历史文献的图片,由于他拥有丰富的藏书,因而可以自由地使用相关的图片。

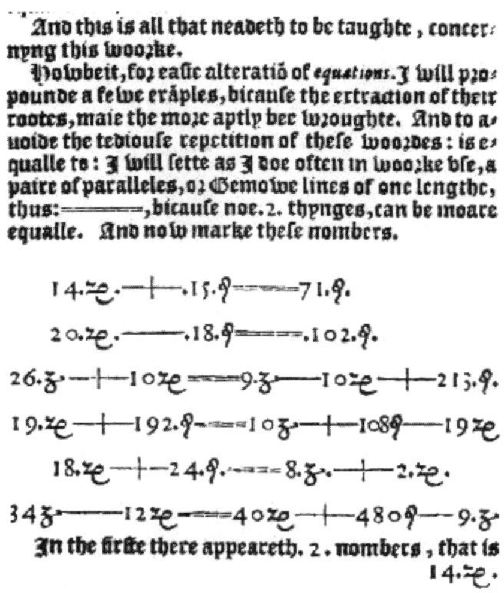

图 28-3　等号的创用(《砺智石》,1557)

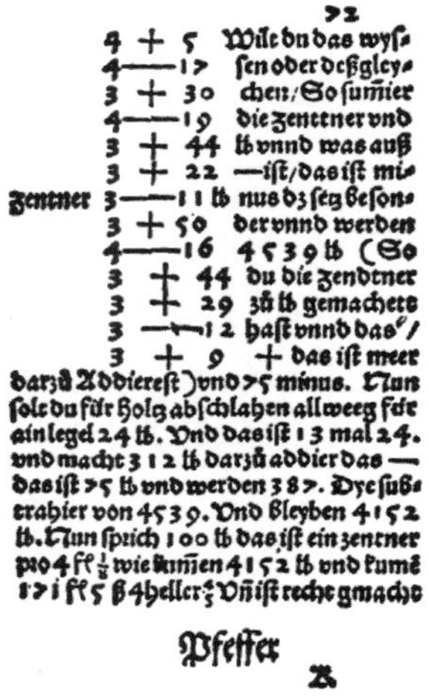

图 28-4　加减号的创用
(魏德曼算术,1489)

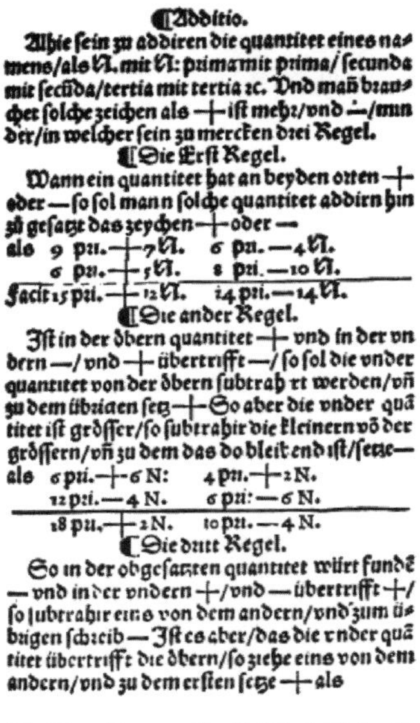

图 28-5　一次多项式的加法
(格兰迈特乌斯,1518)

图 28-6　花拉子米《代数学》手抄本
(1456)

28.2.5　数学问题

数学的历史为教科书提供了取之不尽、用之不竭的问题。Beman & Smith(1900)在"一元一次方程"一章中,呈现了数学史上的 10 个问题,具体见表 28-2。

表 28 - 2　Beman & Smith(1900)中的历史问题

题次	问 题	提出者或出处	时间
1	若 9 个搬运工 8 天饮 12 桶酒,则 24 个搬运工 30 天饮多少桶酒?	塔尔塔利亚	16 世纪
2	德谟查雷尔(Democharers)的 $\frac{1}{4}$ 为童年,$\frac{1}{5}$ 为青年,$\frac{1}{3}$ 为壮年,最后,又度过了 13 年的老年生活。问:他当时几岁?	米特若多鲁斯(Metrodorus)	5 世纪
3	有 4 根水管,用第一根水管注水,1 天满池;用第二根水管注水,2 天满池;用第三根水管注水,3 天满池;用第四根水管注水,4 天满池。问:四根水管同时注水,几日满池?	海伦	1 世纪
4	今有池方一丈,葭生其中央,出水一尺。引葭赴岸,适与岸齐。问:水深、葭长各几何?	《九章算术》	1 世纪*
5	马、驴驮麦,同行于道。马谓驴曰:"若你给我一袋,则我所驮是你的两倍;若我给你一袋,则我俩所驮相同。"最博学的几何学大师,请告诉我它们各负多少。	欧几里得	公元前 3 世纪
6	一堆,它的全部和它的 $\frac{1}{7}$ 之和为 19。(求这堆)	莱茵德纸草书	公元前 17 世纪
7	一个数的 $\frac{1}{3}$ 与 1 的和乘以这个数的 $\frac{1}{4}$ 与 2 的和,乘积等于 13。	花拉子米	9 世纪
8	池中生莲,出水半尺,风吹莲动,恰没于水,距直立处二尺。问:水深几何?	婆什迦罗	12 世纪
9	二隐士居于高为 h 之山崖之巅,崖底距邑 mh。一隐士下崖至底,步行赴邑,另一隐士升高 x,直飞赴邑,二者行程相等。试求 x。	婆罗摩笈多	7 世纪
10	古问称:提图斯与凯乌斯同坐用餐。凯乌斯吃了 7 份,提图斯吃了 8 份。此时,辛普洛涅斯加了进来,三人各吃相同份数。辛普洛涅斯取出 30 第纳尔,说:"你们分这些钱,用来付我的餐费。"问:提图斯与凯乌斯各得多少钱?	不详	不详

　　Betz & Webb(1912)也采用了若干历史名题,如《九章算术》中的"引葭赴岸"问题,并在习题中给出了 17 世纪波兰数学家科赞斯基(A. A. Kochansky,1631—1700)的圆周长近似作图法。

---

* Beman & Smith(1900)误为公元前 2600 年。

Young & Jackson(1908a)采用了 14 世纪数学手稿以及 17—18 世纪法国数学家奥泽南(J. Ozanam,1640—1718),英国数学家桑德森、辛普森(T. Simpson,1710—1761)和 19 世纪英国数学家布兰德(M. Bland,1786—1868)有关著作中的数学问题,如:

• 今有 3 个酒桶,总容积为 79 加仑。第二个酒桶比第一个酒桶的一半多了 3 加仑,第三个酒桶比第二个酒桶少 7 加仑。问:每个酒桶的容积各为多少加仑?(14 世纪数学手稿)

• 甲对乙说:"若你给我 3 个硬币,则我的硬币和你一样多。"乙回答说:"若你给我 3 个硬币,则我的硬币是你的两倍。"求甲、乙各有的硬币数。(奥泽南《代数基础》,1702)

• 若干人在酒馆付账。他们发现,若增加 3 人,则每人各少付 1 先令;若减少 2 人,则每人需多付 1 先令。求原来的人数和账款。(桑德森《代数基础》,1740)

• 7 年前,某人的年龄是其儿子的 4 倍;7 年过去了,他的年龄变成儿子年龄的 2 倍。求父子的年龄。(辛普森《代数专论》,1767)

• 一辆长途汽车从剑桥出发开往伦敦,车厢外所载旅客比车厢内多了 4 人,7 位车厢外旅客的车费比 4 位车厢内旅客的车费便宜 2 先令;全部旅客的车费为 180 先令。汽车行驶半程后,又新载了 1 位车厢内旅客和 3 位车厢外旅客,他们的车费是原来旅客车费的 $\frac{2}{15}$。求旅客总数以及各人的车费。(布兰德《代数问题》,1816)

Young & Jackson(1908b)采用了法国数学家奥泽南、克莱罗(A. Clairaut,1713—1765)、英国数学家牛顿等的数学问题,如:

• 信使从巴黎出发去格勒诺布尔,两地相距 120 里,共用了 4 天时间。从第二天开始,每一天比前一天少走 2 里。问:每天各走几里?(奥泽南《代数基础》,1702)

• 甲单独完成 a 单位工作量,需要 b 单位时间;乙单独完成 c 单位工作量,需要 d 单位时间;丙单独完成 e 单位工作量,需要 f 单位时间。问:三人一起完成 g 单位工作量,需要多长时间?(克莱罗《代数》,1746)

• 甲、乙两地相距 59 英里。A 和 B 各从甲地和乙地出发,相向而行。B 比 A 迟 1 小时出发。A 2 小时走 7 英里,B 3 小时走 8 英里。问:A 与 B 相遇时,A 走了多远?(牛顿《通用算术》,1707)

Young & Jackson(1913)采用了 18 世纪英国数学家桑德森、瑞士数学家欧拉和法国数学家波素(C. Bossut,1730—1814)的数学问题:

- 甲、乙、丙各欠某人若干镑。已知甲、乙共欠 60 镑，甲、丙共欠 80 镑，乙、丙共欠 92 镑。问：甲、乙、丙各欠多少镑？（桑德森《代数基础》，1740）

- 一座房子值钱 100 元。若 A 除了自己的钱外，还拥有 B 的钱的一半，B 除了自己的钱外还拥有 C 的钱的三分之一，C 除了自己的钱外还拥有 A 的钱的四分之一，他们各自就能买得起这座房子。问：A、B、C 各有多少钱？（欧拉《代数基础》，1770）

- 一个装满水的容器共有 A、B、C 三个排水孔。若三孔同开，则 6 小时排空；仅用 B 孔排空容器所需时间是仅用 A 孔所需时间的 $\frac{3}{4}$ 倍；仅用 C 孔排空容器所需时间是仅用 B 孔所需时间的两倍。问：各排水孔单独排空容器，各需多长时间？（波素《代数基础》，1773）

Schultze（1918）在全书最后给出 1012 道复习题，其中有 3 道题源于数学史：

- 根据开普勒定律，行星到太阳的距离的立方之比，等于它们的公转周期的平方之比。已知地球与木星到太阳的距离之比为 1：5.2，地球的公转周期为 $365\frac{1}{4}$，求木星的公转周期。

- 完满数指的是与所有真因数之和相等的数。若数列 2^0，2^1，2^2，…，2^n 的和为素数，则该数乘以数列的最后一项，结果为完满数。（《几何原本》第 9 卷命题 IX.36）试求出 4 个完满数。

- 一则阿拉伯传说指出，象棋是由一位名叫赛萨的人为娱乐印度国王希兰而发明的。这位国王承诺奖赏发明者：在棋盘的第一格放 1 粒麦子，在第二格放 2 粒麦子，在第三格放 4 粒麦子，等等，后一格的麦粒数是前一格的两倍。试求赛萨将要获得的麦粒数。

28.2.6 专题历史

数学专题的历史通常以注解的形式出现，主要追溯某个主题（公式、定理）的起源、发现者或简史。

Slaught & Lennes（1915）在书中的 18 个主题之后加了历史注解：印度—阿拉伯数码的起源、运算符号的起源、括号（包括大、中、小括号）的起源、乘除法分配律的起源、"代数"一词的起源、用字母表示未知数、负数概念的发展、加法的结合律与交换律、乘法的结合律与交换律、指数、毕达哥拉斯定理、分数的书写方法、比与比例、字母系数方程与求根公式、用图形表示方程、根式、二次方程与虚根、二项式定理。

Young & Jackson(1913)则在每一章的末尾给出历史注解,见表 28-3。

表 28-3　Young & Jackson(1913)中的历史注解

章名	专题	具体内容
字母符号及其用途	字母符号的历史	丢番图墓志铭;丢番图最早使用字母符号。
基本术语的定义	数学符号的历史	丢番图表达二次多项式的方法;加、减、乘、除、根号、等号的发明。
正负数	负数的历史	印度人最早使用负数并将其解释为"欠债";婆什迦罗、笛卡儿、卡丹等人的工作。
方程	一次方程的历史	阿莫斯纸草书上的一元一次方程 $x + \dfrac{1}{7}x = 19$ 及其解法。
除法	"代数"一词的起源	花拉子米的代数学著作。
方程	因式分解法的历史	哈里奥特最早运用因式分解法解方程。
一次方程的图像	解析几何的历史	笛卡儿与解析几何。
乘方与开方	二项式定理的历史	印度、阿拉伯数学家以及韦达、帕斯卡和牛顿的有关工作。
二次方程	一元二次方程的历史	印度数学家以及花拉子米、斯蒂菲尔、斯蒂文的有关工作。
二次方程组	二次方程组的历史	丢番图、热尔贝(Gerbert,946—1003)的有关工作。
复习与拓展	运算律的历史	哈密尔顿与结合律、交换律和分配律。
指数与根	指数的历史	韦达表达幂的方法;沃利斯的生平;沃利斯最早创用负整数指数。
对数	对数的历史	纳皮尔发明对数;布里格斯将对数改进为常用对数;对数的意义。
虚数与复数	复数的历史	维塞尔和高斯用几何方法表示虚数;"数学王子"高斯的生平。
二次方程	方程求解的历史	塔尔塔利亚、卡丹与三次方程的解法;费拉里与四次方程的解法;阿贝尔的结论。
数列	数列的历史	巴比伦泥版上的各种数列;16 世纪教科书上的等比数列问题;婆什迦罗与等差、等比数列的通项公式、求和公式。

与其他教科书不同,Cajori & Odell (1915;1916)将有关数学史内容以整节的篇幅写入正文之中(但用了小号字),而非放在全书或某一章最后的附录之中。如代数学的肇始、一元二次方程的历史、分数的历史、运算律的历史、对数的发明,等等。

关于代数学的早期历史(图 28‐7)，Cajori & Odell(1915；1916)介绍了古埃及人表达方程的方法，丢番图(Diophantus，3 世纪)、韦达、努内茨(P. Nunes，1502—1578)表达幂的方法，雷科德发明的等号"＝"。

| 阿莫斯纸草书：一次方程的表示与求解 | 丢番图：字母表示未知数，符号表示幂 | 古代印度：展示代数技巧，推动代数发展 | 阿拉伯：代数学的发展与代数学向欧洲的传播 | 雷科德：等号"＝"的创用 | 韦达：符号代数与方程的简便表示 |
| 公元前17世纪 | 3 世纪 | 5 世纪 | 中世纪 | 1557 | 1595 |

图 28‐7　Cajori & Odell(1915；1916)所介绍的代数学早期历史

关于运算律，编者告诉读者，尽管代数学的历史可以上溯到公元前 2000 年，但在 19 世纪以前，人们只是默认交换律、结合律和分配律是正确的，无人给出证明，19 世纪法国、德国、美国有关数学家的工作才使代数学臻于完善。法国数学家赛尔瓦(F. J. Servois，1768—1847)最早给出"交换律"和"分配律"之名；英国数学家哈密尔顿最早给出"结合律"之名。

关于对数的历史，编者介绍了苏格兰数学家纳皮尔在发明对数之前的一段经历：纳皮尔曾长期住在恩德里克河畔一座风景秀丽的城堡里。城堡对岸有一家棉绒厂，厂里发出的噪音常常打断纳皮尔的思路，纳皮尔曾希望厂主关掉工厂。

28.2.7　数学概念

如果一个知识点产生和发展的逻辑序和历史序有差异，那么教科书在编排该知识点时就需要在参照学生心理序的基础上，在两者之间作出适当的选择。Beman & Smith(1900)借鉴历史序来呈现数系扩充的过程，如图 28‐8 所示。编者将零的引入安排在负数之后，也符合历史序。

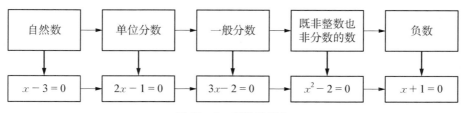

图 28‐8　负数的引入

28.2.8 思想方法

Slaught & Lennes(1915)在一元二次方程的解法中,除了通常的配方法,还采用了"印度配方法":在方程 $ax^2+bx+c=0$ 的两边乘以二次项系数 $4a$,得

$$4a^2x^2+4abx=-4ac,$$

等号两边加上 b^2,得

$$4a^2x^2+4abx+b^2=b^2-4ac,$$

即

$$(2ax+b)^2=b^2-4ac。$$

这种配方法最早由 11 世纪印度数学家释律陀罗给出,其优点是避开了分数的使用(参阅本书第 16 章)。

28.3 讨论

28.3.1 数学史的运用方式

数学教科书运用数学史的方式可分为点缀式、附加式、复制式、顺应式和重构式五种。

点缀式是以"装饰""美化""人性化"为目的的运用方式。数学家的画像、古代数学书籍、数学符号、测量或作图工具的图片、反映数学主题的艺术作品等都属于点缀式素材。在所考察的 11 种代数教科书中,出现最多的点缀式素材是数学家的画像。但点缀式素材并非仅仅为点缀而点缀,而是以图辅文、图文相配。例如,Cajori & Odell (1915;1916)在介绍代数学历史时,介绍了韦达和笛卡儿表达方程的方式,故在不同章的末尾配上两位数学家画像,并在画像的下方给出各自的方程表达方式。一般地说,教科书使用的都是对所涉及学科或主题作出重大贡献的数学家的画像。

附加式是以"追溯历史起源、补充历史知识、提供辅助材料"为目的的运用方式,附加式素材通常以附录、注解的形式出现,可与正文内容分离。在所考察的 11 种代数教科书中,名人名言、词源分析、数学家生平介绍、数学专题的历史注解均属于附加式素材。

复制式是指原原本本采用历史上的数学问题、问题解法、定理证法等,或直接在正

文中介绍有关主题的历史。复制式数学史素材是教科书正文不可分割的一部分,其功能是提供数学问题、再现古人智慧、促进数学学习。在 11 种教科书中,采自数学史文献的问题和方法都属于复制式素材。

所谓顺应式,是指对根据历史材料来编制问题,或将历史上的数学问题进行改编,使之更适合于今日的教学,或将历史上的思想方法进行改进、简化使之顺应时代。顺应式数学史素材也是教科书不可分割的一部分,其功能是提供数学问题、增加探究机会、展示数学思想、激发学习兴趣。尽管 11 种教科书采用了较多的数学史问题,但只有 Schultze(1918)的开普勒行星定律的应用问题和完满数问题属于顺应式。

重构式是指借鉴知识的产生和发展历史,以发生法来呈现知识。重构并非原原本本的重复,而是在借鉴历史的基础上,结合知识的逻辑序和学生的心理序,自然而然地呈现一个主题,其功能是把握认知基础、激发学习动机、促进数学理解。Beman & Smith(1900)中的负数概念的引入即属于重构式。然而,这种方式在早期教科书中用得很少。

图 28-9 给出了 11 种教科书中的数学史素材类别与五种运用方式之间的对应关系。

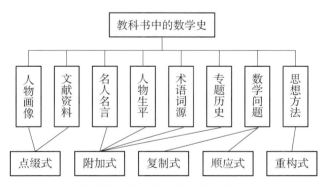

图 28-9　各类数学史素材在教科书中的不同运用方式

28.3.2　数学史素材的若干特点

早期代数教科书对数学史素材的运用,呈现出以下特点。

其一,不同教科书运用数学史的情况千差万别。

所考察的 11 种代数教科书或多或少都运用了数学史,但运用数学史的数量和方式不尽相同,并没有一定的标准。若进一步考察同时代更多的代数教科书,则会发现:

在很多教科书中几乎见不到任何数学史素材。显然,数学教科书中是否运用数学史、运用多少、如何运用,都取决于编者对数学史的了解以及对数学史教育价值的认识。Beman & Smith(1900)、Young & Jackson(1913)、Cajori & Odell(1915;1916)、Slaught & Lennes(1915)等运用数学史,成了那个时代的典范。

其二,数学教科书运用数学史的情况与同时代数学史学术研究状况密切相关。

史密斯、卡约黎和贝曼都是数学史家,而杨格、斯劳特(H. E. Slaught,1861—1937)等数学家对数学史也都有浓厚的兴趣,杨格在数学史方面也有著述。尽管如此,他们所掌握的数学史知识明显有着时代的局限性。例如,他们在教科书中只字未提中国古代数学家对负数的运用以及在二项式定理、一元高次方程、高次方程组、等差数列等方面具有世界意义的工作。实际上,在英国著名科学史家李约瑟(J. Needham,1900—1995)出版《中国的科学与文明》之前,西方学者对于中国古代数学成就知之甚少,甚至连 M·克莱因这样学问宏博的数学史家也完全忽略中国古代数学的成就。

其三,数学课程改革对数学教科书产生重要影响。

在 11 种教科书中,除了 Beman & Smith(1900),数学史素材用得多的教科书基本上都是 20 世纪 10 年代出版的,如 Young & Jackson(1913)、Wentworth & Smith(1913)、Slaught & Lennes(1915)、Cajori & Odell(1915)等。20 世纪初,培利运动如火如荼,科学人文主义运动方兴未艾,数学课程处在变革之中。由美国数学协会(斯劳特先后担任过副会长和会长)成立、杨格担任主席的"全国数学要求委员会"试图对美国的数学课程进行重构,该委员会在报告中建议,为了激发学生对数学的兴趣,揭示该学科的意义,必须在教学中广泛使用数学历史和传记材料。在这样的背景下,作为课程改革的引领者,斯劳特、杨格、史密斯等在教科书中注重数学史素材的运用,也就成为自然而然的事了。

28.4　结论与启示

20 世纪初的 11 种美国代数教科书使用了较为丰富的数学史素材,涉及名人名言、数学人物、数学名词、文献资料、数学问题、数学概念、思想方法、专题历史等,其中使用最多的是数学问题和专题历史;运用数学史的方式有点缀式、附加式、复制式、顺应式和重构式,但顺应式和重构式很少出现;教科书运用数学史的情况与同时代数学史研究、编者的数学史素养及当时的数学课程改革大背景息息相关。

数学史融入数学教科书,在今天仍是一个颇受关注的主题,早期教科书所用数学史素材的类别较为丰富,为我们带来了很多思想启迪。

其一,名人名言、数学术语的词源、专题历史等附加式素材在今日教科书中并不多见,而这些素材都有助于学生对相关主题的学习,完全可用于今日教科书或课堂教学之中。

其二,历史上的数学问题或基于数学史编制的数学问题是最重要的复制式或顺应式素材,尽管近年来中考或高考试卷上出现了一些数学文化问题,但问题来源相对单一,基于数学史的问题编制理应成为未来数学教师重要的研究课题。

其三,兼顾历史序、逻辑序和心理序,是教科书中概念呈现或概念教学的指导思想,是否遵循这一指导思想,决定数学史运用水平的高低。

将数学史融入数学教科书是一项系统工程。编者不仅需要对数学学科的育人价值及数学史独特的教育价值有深刻的认识,而且需要掌握丰富的数学史素材和对数学史料进行裁剪和加工的策略。在 20 世纪初浩如烟海的西方代数教科书中,只有极少数运用数学史,这一事实充分说明:对于教科书编者而言,数学史的运用并非易事。我们有理由相信,教科书如何运用数学史素材、用什么数学史素材,是需要长期研究的课题。

参考文献

汪晓勤(2012).法国初中教科书中的数学史.数学通报,51(3):16 - 20;23.

Beman, W. W. & Smith, D. E. (1900). *Elements of Algebra*. Boston: Ginn & Company.

Cajori, F. & Odell, L. R. (1915). *Elementary Algebra*: *First Year Course*. New York: The Macmillan Company.

Cajori, F. & Odell, L. R. (1916). *Elementary Algebra*: *Second Year Course*. New York: The Macmillan Company.

Durell, F. (1912). *Introductory Algebra*. New York: Charles E. Merrill Company.

Hallett, G. H. & Anderson, R. F. (1917). *Elementary Algebra*. Boston: Silver, Burdett & Company.

Schultze, A. (1918). *Elements of Algebra*. New York: The Macmillan Company.

Slaught, H. E. & Lennes, N. J. (1915). *Elementary Algebra*. Boston: Allyn & Bacon.

The National Committee of Mathematical Requirements (1922). *The Reorganization of Mathematics in Secondary Education*. Washington: The Mathematical Association of

America.

Wentworth, G. A., Smith, D. E. & Brown, J. C. (1917). *Junior High School Mathematics*, Boston: Ginn & Company.

Young, J. W. A. & Jackson, L. L. (1908a). *Elementary Algebra*. New York: D. Appleton & Company.

Young, J. W. A. & Jackson, L. L. (1908b). *A First Course in Elementary Algebra*. New York: D. Appleton & Company.

Young, J. W. A. & Jackson, L. L. (1913). *A High School Algebra*. New York: D. Appleton & Company.